# 自然災害の
# シミュレーション
# 入門

井田喜明

【著】

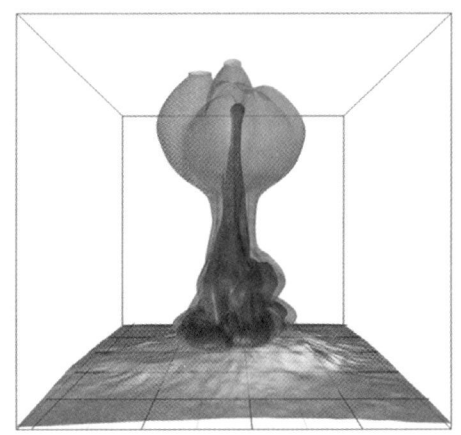

朝倉書店

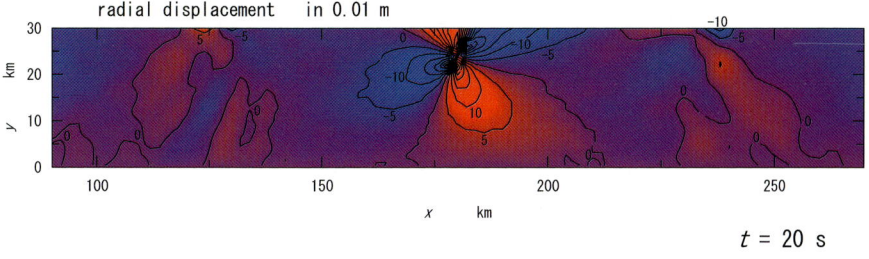

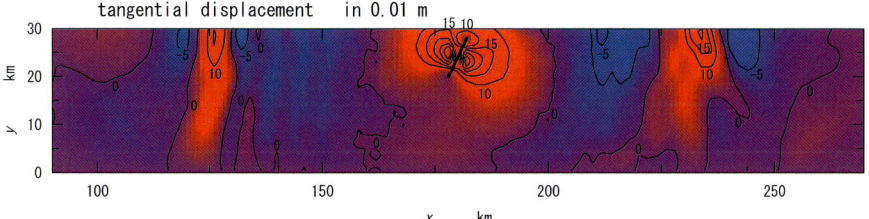

**口絵1** 浅い断層すべり（図2.8）により $t=20$ s のときに生ずる変位の動径成分（上）と偏角成分（下）の分布［本文 p.61, 図2.9］
$x=125$ km と 235 km の表面付近にレイリー波の伝播の影響が見られる．

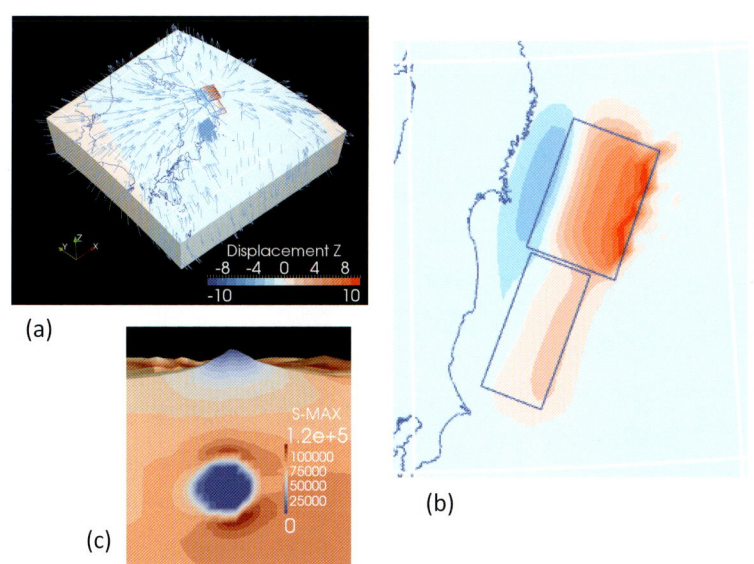

**口絵2** 東北地方太平洋沖地震（2011年3月11日）の断層すべりによる地殻変動の計算例（菊池ほか, 2013）［本文 p.95, 図2.29］
(a) 計算領域の形状と地表の最大主応力の方向．(b) 断層の形状と断層すべりによる鉛直変位（上向きが正）の分布．(c) 富士山直下で生じた応力（非静水圧成分の平均値，ミーゼス応力）の変化．断層の形状とすべり量は国土地理院による．

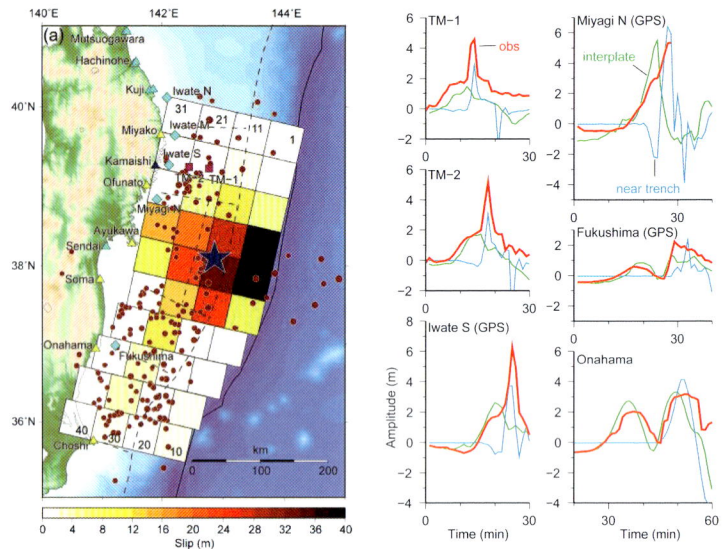

**口絵 3** 東北地方太平洋沖地震（2011年3月11日）に伴う津波の解析（Fujii *et al.*, 2011）
［本文 p.98, 図 2.30］
左はインバージョンにより求められた断層面上のすべり量の分布．右はおもな観測点で得られた津波の観測（赤線）を計算結果と比較する．計算結果は海溝近傍の隆起による寄与（青線）と陸近くの沈降による寄与（緑線）を分けて示す．

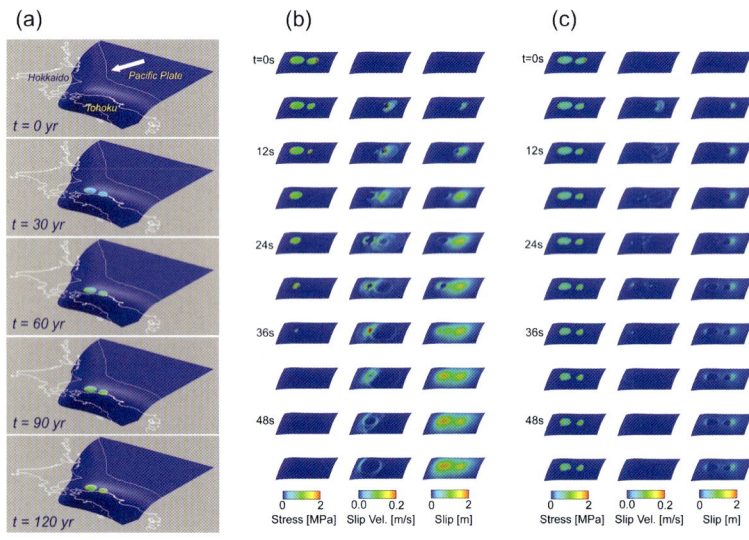

**口絵 4** 十勝沖地震（1968年）の地震発生サイクルのシミュレーション（松浦, 2012）
［本文 p.100, 図 2.31］
(a) プレート運動による応力の蓄積状況の変化．(b) 応力が120年間蓄積して臨界状態に達した時点での地震破壊の拡大．(c) 応力が60年間蓄積した時点で強制的に開始させた破壊の広がり．

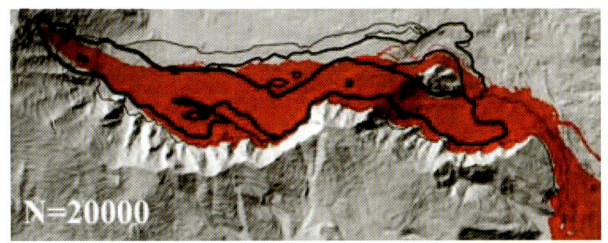

**口絵 5** 地形の傾斜をたどって決められた溶岩流の流域（Favalli *et al.*, 2005）［本文 p.160，図 3.26］
各地点の標高に最大 3 m のゆらぎをランダムに与えて 20,000 回流路を追跡し，重ね合わされた範囲（色づけた範囲）を流路とした．実線はエトナ山 1992 年の 3 回の噴火で実測された溶岩流の輪郭である．

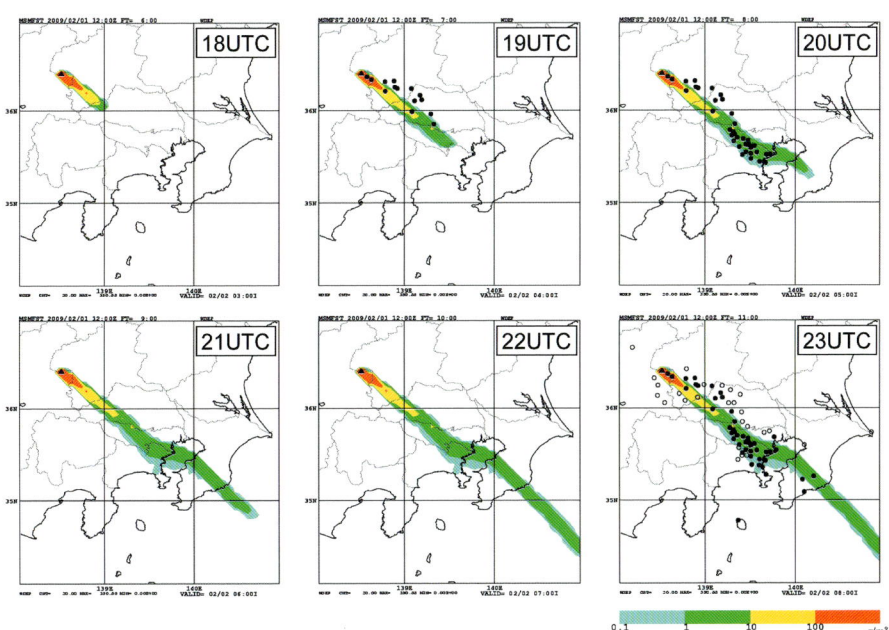

**口絵 6** 移流拡散モデルによる降灰予測の事例（新堀ほか，2010）［本文 p.161，図 3.27］
浅間山 2009 年 2 月 2 日の噴火について，降灰量の時間的な推移を降灰量で色分けして示す．黒丸は降灰が実際に観測された地点，白丸は観測されなかった地点である．

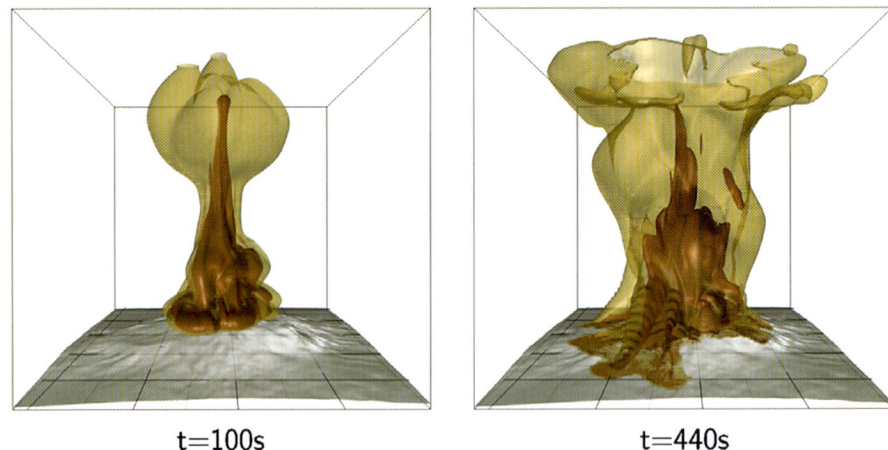

**口絵7** 3次元の流体計算による噴煙と火砕流の形成過程(Ongaro *et al.*, 2007)[本文 p.163, 図 3.28]
噴霧流の状態は粒子の体積分率が $10^{-4}$(内側の濃い面)と $10^{-6}$(外側の薄い面)をもつ2面の分布で表現する.噴火はベスビオ山の山頂火口から $5 \times 10^7$ kg/s の噴出率で起こったと想定する.

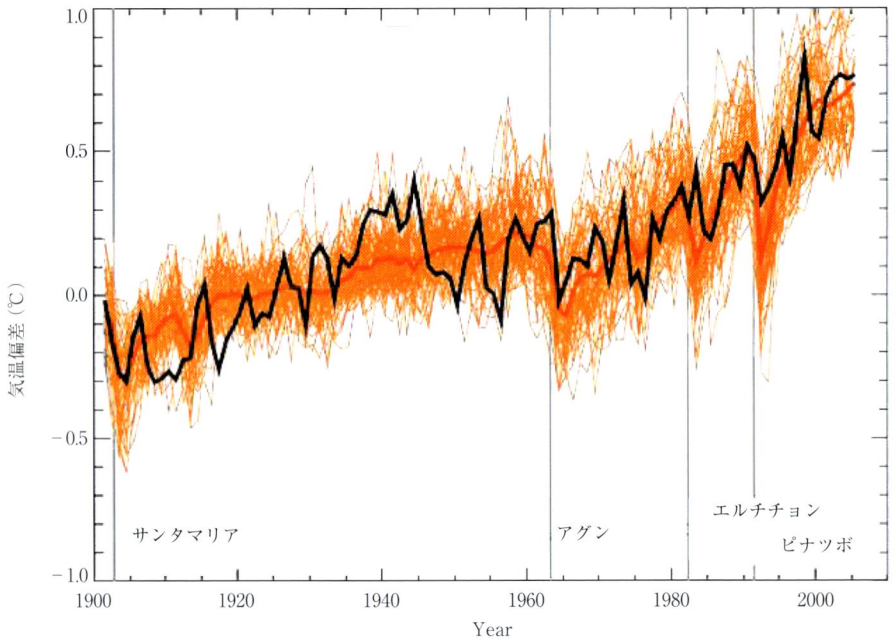

**口絵8** 過去100年あまりにわたる気温変化のシミュレーション結果(14本の細い線)と実測(黒線)の比較(IPCC, 2007)[本文 p.238, 図 4.38]
赤い太線はシミュレーション結果の平均である.気温は 1901〜1950 年の平均からの差で表示する.

# まえがき

　自然科学の多くの分野で，コンピュータを用いたシミュレーションが重要な手段になっている．自然災害の原因となる地震，噴火，気象現象についても例外ではない．研究や防災の現場では，現象をできるだけ忠実に表現するために多数の要素を組み込んだ複雑なプログラムが開発され，それを用いた高度なシミュレーションが行われるようになった．一方で，基本的な関係式に基づく簡単なシミュレーションはパソコンを用いて手軽に実行できるようにもなっている．本書はこの状況を読者に伝えることを目的に編まれた．

　自然現象の多くは解説書を読むだけでは理解が深まらない．自分でシミュレーションを実行して現象に主体的にかかわることで，楽しみながら現象を深く学習することができる．シミュレーションをさらに独自な方向に展開できれば，学術的に未知な領域に踏み込むことも不可能ではない．この点を考慮して，本書は現象の理解に役立つような基本的なシミュレーション例題を提示することを内容の中心にすえる．取り上げる例題（目次に設けた例題一覧を参照されたい）は本書の解説だけでプログラムが組め，特別な情報やデータを必要とせずにシミュレーションが実行できるものばかりである．

　自然災害には誰もが遭遇する恐れがあるので，地震，噴火，気象現象には多くの人たちが知識を深めるのが望ましい．この知識は災害が迫ったときに適切な対応をとる上で役立つばかりでなく，災害に強い社会を築くための原動力になる．その趣旨に沿う学習の題材としても，手軽に実行できるシミュレーション例題は役立つはずである．多くの読者がシミュレーションに馴染むのを助けるために，本書で扱う自然現象やその解析に用いる計算技術については，最初の章と地震，噴火，気象現象を扱う各章の最初の節で基礎事項を解説する．

　研究や防災の現場で具体的にどのようなことが問題になっているかについては，各章の最後の節で概観する．シミュレーション技術の現状を認識し，活用をどう広げるかを考える材料として役立ててほしい．なお，この目的をさらに深く追求するために，個々の問題について第一線の研究者が直接執筆する書籍を本書

の続編として計画している．続編にはシミュレーション技術の詳細や応用の実例が豊富に盛り込まれるはずなので，期待していただきたい．

　現在，天気予報にはシミュレーションがすでに数値予報として定着している．とはいえ，気象現象にも未解決な問題は少なからず残されており，それが予測の限界になっている．地震現象や噴火現象は発生に至る過程の理解がまだ不十分で，シミュレーションが予測に活用できるのは一部の問題に限られる．いずれの分野でも，現象の解明を進めてシミュレーションの応用範囲を拡大することは今後も重要な課題になる．それを進める上でも本書が多少なりとも貢献できることを願っている．

　本書の草稿段階で，木村龍治東京大学名誉教授，新野宏東京大学教授，古村孝志東京大学教授には原稿に目を通す労をお願いし，本書を改善するための助言を多数いただいた．また，朝倉書店編集部には，本書の企画から出版に至るまでの各段階で適切な助言とサポートをいただいた．ここに記して感謝の意を表したい．

2014年8月

井 田 喜 明

# 目　　次

## 1章　自然災害シミュレーションの基礎

1.1　シミュレーションの目的と方法 …………………………………………… 1
　a．シミュレーションとモデル　1
　b．シミュレーションの方法　3
　c．プログラミングの基本的な技術　6
1.2　連続体の基礎方程式 …………………………………………………………… 8
　a．連続体近似　8
　b．保存則　10
　c．弾性体　12
　d．流　体　16
　e．温度と熱　21
　f．初期条件と境界条件　22
1.3　数値計算の方法 ……………………………………………………………… 23
　a．微分と差分　23
　b．常微分方程式　25
　c．熱伝導方程式　26
　d．波動方程式　28
1.4　地球の概観 …………………………………………………………………… 31
　a．惑星としての地球　31
　b．大気と海洋　33
　c．固体地球　35

## 2章　地震と津波

2.1　地震現象と地震災害の概要 ………………………………………………… 40

  a．地震と震源　41
  b．断層と応力　42
  c．地震の起こる場所　45
  d．地殻変動と津波　47
  e．地震に伴う災害　47
**2.2 地震の発生と地震波の伝播** …………………………………………… 49
  a．差分による運動方程式の離散化　50
  b．震源域の導入　51
  c．境界条件　52
  d．P波とS波の広がり　54
  e．表面波　57
  f．爆発に伴う地震波　62
**2.3 地震に伴う地殻変動** ………………………………………………… 66
  a．地殻変動の計算方法　67
  b．地殻変動の計算例　68
**2.4 津波の伝播** …………………………………………………………… 72
  a．津波伝播の偏微分方程式　73
  b．1次元の津波　75
  c．津波伝播の2次元計算　79
**2.5 地震波の伝播と地球内部の構造** …………………………………… 84
  a．地震波線の追跡　84
  b．走時曲線の計算　86
  c．地球の内部構造　88
**2.6 シミュレーションの現状と課題** …………………………………… 90
  a．地震波の伝播計算　91
  b．震源過程　92
  c．地殻変動　94
  d．津　波　96
  e．地震の発生条件　99

# 3章　噴　　　火

**3.1 噴火に関連する基礎事項** …………………………………………… 103

a．マグマ　103
　　b．噴　火　107
　　c．火　山　109
　　d．火山災害　112
　　e．火山防災　115
3.2　マグマ上昇過程と噴火 ………………………………………………… 117
　　a．マグマ上昇流の定常解　117
　　b．マグマ上昇流の計算方法　120
　　c．爆発的な噴火と溶岩の流出　122
　　d．シミュレーションの拡張　127
3.3　溶　岩　流 ……………………………………………………………… 129
　　a．斜面を下る流れ　129
　　b．冷却の効果　131
　　c．溶岩流の計算方法　133
　　d．溶岩流の計算例　134
3.4　爆発的な噴火による破砕物の噴出 …………………………………… 139
　　a．定常的に上昇する噴煙　139
　　b．噴煙定常解の計算方法　141
　　c．噴煙と火砕流　144
　　d．噴石と降灰　147
　　e．降灰の計算例　151
3.5　噴火に関するシミュレーションの現状と課題 ……………………… 154
　　a．マグマ上昇過程　154
　　b．溶岩流　157
　　c．爆発的な噴火　159

## 4章　気象災害と地球環境

4.1　気象現象の概要 ………………………………………………………… 165
　　a．太陽からのエネルギー　166
　　b．コリオリ力　169
　　c．大気の運動を支配する方程式　171
　　d．地球規模の大気の循環　173

e．低気圧と前線　177
　　f．気象災害と環境問題　180
　　g．天気予報と環境予測　182
4.2　大気の運動とコリオリ力 ……………………………………………… 185
　　a．コリオリ力下の気塊の運動　185
　　b．浅水波モデルによる解析　189
　　c．浅水波モデルの数値計算　191
　　d．低気圧と高気圧　192
　　e．偏西風の蛇行　197
4.3　対　　　流 ……………………………………………………………… 200
　　a．対流の基礎方程式　201
　　b．対流の数値計算法　203
　　c．対流の計算例　205
4.4　水蒸気の凝結を伴う大気の上昇 ……………………………………… 209
　　a．大気上昇過程の定式化　210
　　b．サーマル上昇過程の計算方法　212
　　c．サーマル上昇過程の計算例　215
4.5　太陽エネルギーと地球表層環境 ……………………………………… 219
　　a．赤道と極の間の温度分布　219
　　b．温度分布の定常解　220
　　c．一様な反射率をもつ地球　223
　　d．氷床の分布　225
　　e．デージーワールド　227
4.6　シミュレーションの展望と課題 ……………………………………… 230
　　a．雲と雨　230
　　b．長期にわたる予測の問題点　233
　　c．地球環境の変動　237

索　　　引 ………………………………………………………………………… 241

## ● シミュレーション例題一覧 ●

|  | | |
|---|---|---|
| 例題 1-A | 熱伝導方程式 | 1.3 節 c 項 |
| 例題 1-B | 波動方程式 | 1.3 節 d 項 |
| 例題 2-A | 断層すべりによる地震波の発生と伝播 | 2.2 節 a～e 項 |
| 例題 2-B | 体積変化による地震波の発生と伝播 | 2.2 節 f 項 |
| 例題 2-C | 体積変化によって生じる地殻変動 | 2.3 節 a～b 項 |
| 例題 2-D | 断層すべりによって生じる地殻変動 | 2.3 節 b 項 |
| 例題 2-E | 津波の伝播と遡上 | 2.4 節 a～b 項 |
| 例題 2-F | 津波伝播に対する波動源の形状の効果 | 2.4 節 c 項 |
| 例題 2-G | 津波伝播に対する海底の凹凸の効果 | 2.4 節 c 項 |
| 例題 2-H | 波線理論による地震波の追跡と走時曲線 | 2.5 節 a～b 項 |
| 例題 3-A | マグマの上昇と噴火の形態 | 3.2 節 a～c 項 |
| 例題 3-B | 溶岩流の流下と固化 | 3.3 節 a～d 項 |
| 例題 3-C | 噴煙の上昇 | 3.4 節 a～c 項 |
| 例題 3-D | 噴煙による噴石や火山灰の輸送 | 3.4 節 d～e 項 |
| 例題 4-A | コリオリ力を受けた気塊の運動 | 4.2 節 a 項 |
| 例題 4-B | 高気圧・低気圧・ジェット気流の変遷 | 4.2 節 b～e 項 |
| 例題 4-C | 対流 | 4.3 節 a～c 項 |
| 例題 4-D | 上昇気流の成長と水蒸気の凝結 | 4.4 節 a～c 項 |
| 例題 4-E | 一様な反射率をもつ地球表層の温度分布 | 4.5 節 a～c 項 |
| 例題 4-F | 地球表層の温度分布と氷床の存否 | 4.5 節 d 項 |
| 例題 4-G | デージーワールド | 4.5 節 e 項 |
| 例題 4-H | カオスの性質をもつローレンツ方程式 | 4.6 節 e 項 |

# 1
# 自然災害シミュレーションの基礎

　自然現象を予測する上でコンピュータを用いた数値シミュレーションは重要な手段である．大気運動のシミュレーションは天気予報に使われており，津波や噴火についてのシミュレーションもハザードマップの作成などに活用されている．シミュレーションは現象の理解を進めるための研究にもよく使われる．

　自然災害や地球環境に関するシミュレーションを題材に，本書は第2章で地震・津波現象，第3章で噴火現象，第4章で大気現象を取り上げる．シミュレーションの例題は，現象の理解に役立つことを主眼にして取り組みやすい簡単な問題を選び，予備知識なしに実行できるようにていねいに解説される．その記述を補うために，各章の最初の節で背景となる基礎知識が，最後の節で研究や防災の動向がまとめられる．

　第1章は全体の導入部であり，1.1節でシミュレーションの一般的な目的や方法を短くまとめる．1.2節ではモデル化の基礎となる連続体の概念と保存則について，1.3節では数値処理の方法について要点を整理する．最後の節は地球に関する豆知識である．

　実用的な予測を目的とするシミュレーションは，計算結果を現実に近づけるために計算方法にさまざまな工夫や技巧がこらされる．この技術的な内容や応用の実例は各章の最後の節で触れられるが，さらに詳しい内容を集めた本書の続編（応用編）も計画されている．

## 1.1　シミュレーションの目的と方法

　本節はシミュレーションの目的や方法について概要をまとめ，本書でシミュレーションを扱う際の基本的な方針を述べる．

### a.　シミュレーションとモデル

　シミュレーションは「真似をする」という意味の語で，性質や挙動が本物によく似た偽物を生み出すことを指す．自然科学では，実際の現象を簡略化してコンピュータや室内実験で表現することをいう．そのときに用いる簡略化した現象を

モデル，モデルを考案することをモデル化とよぶ．コンピュータの発達でかなり複雑なモデルも扱えるようになったので，シミュレーションはさまざまな分野で広く活用されるようになった．

　見方を変えれば，シミュレーションは自然界を支配する共通の基礎原理を個々の現象に適用して，現象の性質や時間的な展開を予測する手段である．現象が複雑で基礎原理との関係が容易に見通せないような場合に，シミュレーションは特に威力を発揮する．地球科学で扱う現象の多くは連続体の近似で解析されるので，質量，運動量，エネルギーの保存則がモデルを組み立てる基盤原理となる（1.2節）．

　しかし，基礎原理だけではモデルは完結せず，現象に関与する物質の性質や現象を外部から制御する条件なども定める必要がある．現象の内部構造や構成要素についても，不明な部分は想像で補ってモデルに組み込む必要がある．現象の不確定な部分に対処し，それを計算可能な形に定式化するのはモデル化の役割である．その結果として，シミュレーションの信頼性はモデルの良し悪しに大きく左右されることになる．

　このような事情でモデルには正当性が保証されない仮定がしばしば含まれる．しかし，モデルがいったんできあがれば，シミュレーションで現象の性質や推移が予測できるようになり，予測結果を観測や実験と比較して仮定を検証することも可能になる．この手続きでモデルの不確実な部分が除かれれば，それは現象に関する理解の進展を意味する．最終的に十分に練り上げられたモデルができれば，実用に役立つ予測が可能になる．

　シミュレーションの目的には通常次の2つが上げられる．その1つは既知の現象を再現するモデルを探して現象の仕組みを把握すること，もう1つは確立されたモデルを用いて未知の現象の性質や展開を予測することである．シミュレーションを研究に活用する場合には仕組みの把握が，防災に応用する場合には予測が主要な目的になる．

　天気予報（数値予報）はシミュレーションが予測目的に実用化された好例である（4.1節g項）．数値予報では，シンプルモデルとよばれるモデルに基づき，高速で大容量のコンピュータを用いて世界中の大気運動が常時計算され，観測データと対比されて修正を受けながら，次の時間帯の予測に使われる．一方で，局地的な集中豪雨や竜巻など，予測の難しい大気現象は多数あり，現象の理解を進めることの重要性はこの分野でも小さくない．

　地震や噴火については，現象の発生に向かう過程が定量的なモデルで記述でき

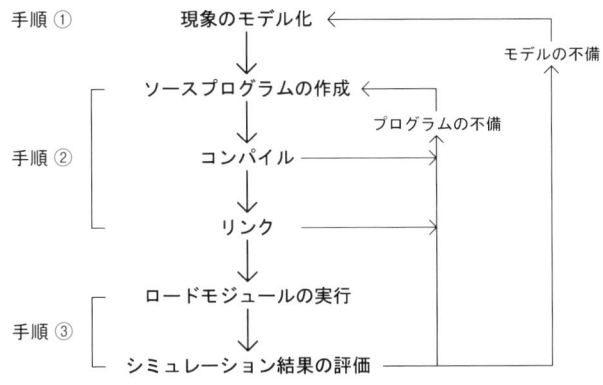

**図1.1** 数値シミュレーションの準備から実行までの手順

ていないので，地震予知や噴火予知は実用化に至っていない（2.6節e項，3.5節a項）．この状況を打開するには現象の仕組みに関する理解を進めることが不可欠である．一方で，地震が発生したときのゆれや，噴出したマグマの広がり方などについては，シミュレーションがすでに実用的な予測にも活用されている（2.6節a項，3.5節b，c項）．

シミュレーションは教育目的にも活用できる．映像技術の進んだ現代では，本物に直接触れるのが難しい場面でコンピュータが生み出す擬似映像が代役としてよく使われる．図や映像は現象の理解を深める上できわめて有効なので，それを通して災害への適切な対応方法が示せれば，シミュレーションは防災教育の重要な手段となる．

学生，研究者，防災担当者を対象とする教育には，シミュレーションはもっと積極的に活用できる．シミュレーションを自分で計画して実行すれば，現象に関する擬似体験や詳細な知識が得られ，それは研究や防災対応に貴重な材料を提供する．シミュレーションには室内実験と同様な役割を課すことができるのである．

**b. シミュレーションの方法**

コンピュータを用いた数値シミュレーションは一般に次の手順で準備され実行される（図1.1）．

①シミュレーションの対象となる現象をモデル化する．
②シミュレーションを実行するためのプログラムをモデルに沿って作成する．
③シミュレーションを実行して計算結果を検討する．

このうち①についてはモデル化の意味や必要性を前項で解説した．

　手順の②と③には，道具としてのコンピュータと作業を支援するソフトウェアが必要になる．コンピュータは，通常の文書作成やインターネットとの接続などに用いるパーソナルコンピュータ（PC）が十分な機能を有するが，もっと高性能のスーパーコンピュータなどももちろん使える．ソフトウェアについては後で触れる．

　②は作業全体の中心となる部分で，プログラムを作成することをプログラミング（またはコーディング）とよぶ．プログラムとはコンピュータに演算の手順を逐一指示する指南書のことである．ここでいう演算は，通常の計算ばかりでなく，データの読み書き（入出力）や各種の制御を含めて，コンピュータが実行する動作のすべてを指す．

　コンピュータはプログラムの指示どおりに演算を実行するから，プログラムはミス（これをバグとよぶ）を含まず，隅から隅まで完璧なものでなければならない．ここでいう「完璧である」とは，目的とする演算が意図どおりに実行できることを指す．

　プログラムは特定なプログラム言語を用いてその文法に沿ってつくられる．プログラム言語として科学計算によく使われるのはFORTRANとC言語（C++言語）である．FORTRANは20世紀半ばにコンピュータが開発されて間もなく導入された言語で，長期にわたって広く使われてきた．文法は何度も改訂され，現在はC言語にかなり近いものになっている．C言語は科学計算の他に，入出力などコンピュータの基本機能を直接扱うプログラミングにも適している．

　プログラム言語を用いて書かれたプログラムはソースプログラム（ソースコード）とよばれる．C++言語で書かれた簡単なソースプログラムの例を次のc項にあげる（図1.2）．ソースプログラムは英数字，ピリオド，スペース，改行などの記号（アスキーコード）を用いて書かれたテキスト形式のプログラムであり，人間がその意味を容易に判読できる．しかし，コンピュータが効率的に演算を処理するには不都合なので，その目的に適したバイナリ形式のロードモジュールに変換される．

　プログラムはひと続きの単一な記述で構成されるとは限らない．実行の開始から終了までを管理するメインプログラムの他に，他のプログラムからよびだされるサブプログラム（FORTRANのfunctionやsubroutine，C言語の関数）を含むことも多い．そこで，ソースプログラムからロードモジュールをつくる手続きは次の2段階で実行される．

まず，コンパイルとよばれる手続きでメインプログラムやサブプログラムのそれぞれをオブジェクトモジュールに変換する．次に，リンクとよばれる手続きで，それらを結合してロードモジュールをつくる．入出力の管理，三角関数や指数関数の計算などには標準で提供されるサブプログラム（ライブラリー）が使われるが，これらとの結合もリンクの際になされる．

オブジェクトモジュールやロードモジュールは，一般にコンピュータや制御システム（OS）の種類によって形式が異なるので，異なる計算環境でシミュレーションをする場合には，それぞれでコンパイルとリンクの作業をやり直す必要がある．

こうしてロードモジュールがつくられたら，それを実行する手順③に入る．計算で使われる定数の値は，プログラムに直接書き込んでもよいが，入力データとして実行時にコンソールや別のファイルから読み込むこともでき，そうすることでプログラムの柔軟性が高まる．

入力データは適当な名前をつけたテキストファイルに書き込んでおけば，標準的な方法で読み込むことができる．テキストファイルはアスキーコードのみから構成されるテキスト形式のファイルで，その作成や編集にはPCに付属するメモ帳などのソフトが使える．計算結果の出力にもテキストファイルを用いるほうが簡単である．

以上のような手順でプログラムを作成して実行するが，その作業を支援する一番重要なソフトはソースプログラムをコンパイルしリンクするコンパイラーである．コンパイラーはCDなどの形で購入してインストールすることができる．また，LinuxやCygwinなどのフリーソフトをインターネットからダウンロードすれば，その中にコンパイラーも含まれている．ソースプログラムはテキスト形式なので，その作成や編集にはメモ帳なども利用できるが，通常はコンパイラーに付属するエディターを用いる．

計算結果をテキストファイルに出力した場合には，その内容はメモ帳などのソフトを用いて見ることができる．しかし，数値の羅列から意味を読み取るのは簡単でないので，通常はそれを適当に図化する．図化に使える最も身近なソフトはExcelであるが，その他にもインターネットから各種の図化ソフトをダウンロードすることができる．なお，著者は図化のためにVisual C++言語で自作したソフトを用いている．

本書では，シミュレーションの題材のそれぞれに対して，手順①のモデル化について詳しく解説する．③についても物性定数などを適当に選択した計算結果を

例示して，その意味を考察する．しかし，②のプログラミングについては，計算に必要な数式や処理の手順は詳しく示すものの，実践は読者に任される．著者の作成したソースプログラムはいずれインターネット上などで公開する予定である．

#### c. プログラミングの基本的な技術

プログラムを作成する上の細かい技術は選択したプログラム言語に依存する．ここではプログラミングの感触をつかんでもらうために簡単なプログラムの例をあげ，プログラミングについて基本的な注意事項をつけ加える．

図1.2は4.5節e項で取り上げるシミュレーションのソースプログラムで，C++言語で書かれている．シミュレーションの内容はそこでの解説にまかせて，ここではプログラムの記述をざっと眺める．なお，この図で各行冒頭の行番号は説明の便宜のために印刷時につけられたもので，プログラムの本体には含まれていない．

図1.2のプログラムは5～48行のmainと50～58行の関数sfluxから構成される．sfluxは絶対温度Tと反射率aからエネルギー流量を計算する関数である．この関数を他のプログラムでよびだせるようにするために，3行目に関数の定義を書き加える．1～2行はリンクの際に入出力や数値演算の標準的な関数と結合するための宣言である．

このプログラムは多くの部分がデータの入出力にあてられる．11～17行は入出力ファイルの定義と，入力ファイルが見つからなかったときの処置である．入力データは20～28行で読み込まれ，その内容が出力ファイルにそのまま書き出される．こうしておくと，何を計算したかが出力ファイルだけから見分けられる．32～45行が目的の計算で，温度の関数として入射エネルギーを計算しながら計算結果を出力ファイルに書き出していく．

以上がプログラムの概要である．C++言語の文法については説明しないが，プログラムの各行が何を意図するかは，その記述から容易に推測できるだろう．プログラミングとはこのような記述を生み出す作業であるが，通常はプログラムがもっと長く複雑になるので，作業に工夫が必要になる．

著者の見解では，プログラミングをする際に心がけるべき重要な点は，人間は間違いをする動物であると認識することである．ミスのない完璧なプログラムを最初から書こうとせずに，ミスを素早く見つける技を身につけることである．

ミスのうちで，制御文のスペルの間違いなど，プログラム言語の文法に違反す

## 1.1 シミュレーションの目的と方法

```
 1: #include <stdio.h>
 2: #include <math.h>
 3: double sflux(double T, double a);
 4:
 5: int main()
 6: {
 7:   FILE *fr,*fw;
 8:   double a,ab,aw,ao,dT,T,Tl,Th,Tm,To,J,Js,Jo,x;
 9:
10: // prepare for input & output
11:   fw = fopen("daisy_d.txt","w");
12:   fr = fopen("daisy_i.txt","r");
13:   if (fr == NULL)
14:   {
15:     fprintf(fw," daisy_i.txt  cannot be opened\n");
16:     fclose(fw);   return 0;
17:   }
18:
19: // input & output of parameters
20:   fscanf(fr,"%lf%lf%lf",&ab,&aw,&ao);
21:   fprintf(fw," reflectivity: black %5.3lf white %5.3lf, standard %5.3lf\
22:     ab,aw,ao);
23:   fscanf(fr,"%lf%lf%lf",&Tl,&Th,&To);
24:   fprintf(fw," temperature: daisy %6.1lf to %6.1lf, standard %6.1lf\n",
25:     Tl,Th,To);
26:   fscanf(fr,"%lf%lf",&dT,&Tm);
27:   fprintf(fw," tempereture: step %7.2lf  max %7.2lf\n",
28:     dT,Tm);
29:   fclose(fr);
30:
31: // calculation
32:   fprintf(fw,"    T       Js       J        x\n");
33:   Jo = sflux(To, ao);
34:   for (T = 0.0; T <= Tm; T = T + dT)
35:   {
36:     Js = sflux(T, ao)/Jo;
37:     x = 0.0;
38:     if (T >= Th) x = 1.0;
39:     if ((T > Tl) && (T < Th))
40:       x = (T - Tl)/(Th - Tl);
41:     a = aw*x + ab*(1.0 - x);
42:     J = sflux(T, a)/Jo;
43:     fprintf(fw,"%7.2lf %8.4lf %8.4lf %7.4lf\n",
44:       T,Js,J,x);
45:   }
46:
47:   fclose(fw);   return 0;
48: }
49:
50: double sflux(double T, double a)
51: // equilibrium solar flux
52: //    for temperature T & reflectivity a
53: {
54:   double J,t;
55:   t = T*T;   t = t*t;
56:   J = t/(1.0 - a);
57:   return J;
58: }
```

図 1.2　C++ 言語で書かれたソースプログラムの例
デージーワールドの安定性を議論するための計算で，詳細は 4.5 節 e 項，結果は図 4.35 を参照．

るものは，ソースプログラムをコンパイルする段階でエラーメッセージとして指摘される．また，定義されていないサブプログラムをよびだそうとしたり，よびだし方が不適切だったりすると，リンクの段階でエラーメッセージが出る．これらのミスを直すのは困難でない．

面倒なのは，プログラムの実行ができるようになった後で，計算が無限大に発散したり，計算結果が正しくなかったりする場合である．長いプログラムを一息に書いてからこのような状態に陥ると，どこを直したらいいかを見つけるのに四苦八苦する．それを防ぐ一般的な方策は，プログラムをサブプログラムなどの細かい部分に分けて，各部分が正しく機能することをこまめに確かめながら，全体の構築を進めることである．

前項ではシミュレーションの手順を，①現象のモデル化，②プログラミング，③プログラムの実行の3段階に分けた（図1.1）が，この手順ですんなりとシミュレーションができるのはむしろ例外的に幸運な場合である．多くの場合はプログラムを実行してみてその欠陥に気づいたり，モデルの不完全さを認識したりして，①や②の手順からやり直すことになる．この過程を繰り返して，最後にプログラムを完成させるのである．

作業を手探りで進めてプログラムを完成させ，満足なシミュレーション結果を得るのは忍耐のいる仕事である．しかし，その過程には探偵が犯人を追いつめるときに感じるようなスリルと興奮があり，完成時には大きな満足感が得られる．本書を通して多くの読者にこの快感を味わっていただけることを願っている．

## 1.2 連続体の基礎方程式

地球科学で扱う現象は関与する物質を連続体で表現して解析することが多い．ここでは連続体の概念を解析に用いる基本的な方程式とともにまとめる．連続体の理論については，弾性体と流体に関する恒藤（1983）の解説など，多数の参考書がある．

### a. 連続体近似

物質は不連続な原子でできているが，日常的にはこのような微視的な構造を意識することはほとんどない．例えば，大気，海，大地はそれぞれがひとつながりの物質でできていると認識される．このひとつながりの物質が連続体である．微視的な構造を無視して物質を連続体で近似することで，数学的な表現や取り扱い

## 1.2 連続体の基礎方程式

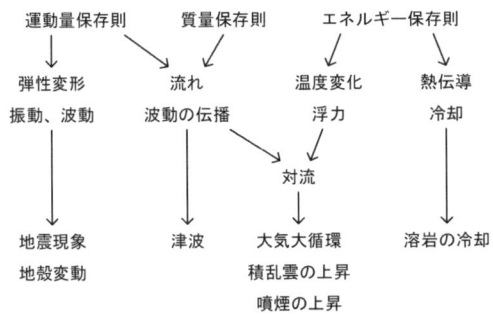

**図 1.3** 質量,運動量,エネルギー保存則と連続体で記述される現象の関係

がずっと簡単になり,多くの現象の解析が可能になる.

地球科学の対象となる多くの現象は連続体の近似のもとで定量的な解析と理解が進められてきた.この場合,連続体は単に原子レベルの不連続性を無視するばかりでなく,もっと大きな水滴,鉱物,岩石などの不均質な分布もならして一様な物質とみなす.連続体の近似が許されるのは,着目する現象の関与する空間的なスケールが不均質性による変化よりずっと大きいときである.

連続体の状態や変化を記述する基礎方程式は,次項以降で詳細に解説されるように,質量,運動量,エネルギーの保存則から得られる.運動量保存則は運動方程式ともよばれ,物質の変形,振動,流れなどを記述する(図 1.3).質量保存則は流れを解析する際に運動量保存則を補う.エネルギー保存則は温度変化や熱の流れを考慮するときに必要になる.

これら3つの保存則は,最も一般的な場合には,すべてをモデルに組み込んで連立して問題を解く.本書で扱うシミュレーションの題材では,対流を扱う 4.3 節が典型的な例で,そこでは流れと熱が相互に作用し合って現象を生み出す.同様に,火山の火口から噴煙が噴出する問題(3.4 節)でも流れと熱が作用し合う.溶岩流にも熱の流れが関与するが,3.3 節では保存則を直接導入せず,保存則から得られた解析解を利用する.

流れの問題でも熱が本質的な寄与をしない場合には,力学的な部分だけを取り出して,質量と運動量の保存則からモデルをつくる.津波(2.4 節)や大気の水平運動(4.2 節)の解析がその例である.マグマの上昇過程も冷却の効果を無視すれば同様な扱いが可能になる(3.2 節).

逆に,流れが簡単なモデルで表現できる場合には,実質的にはエネルギー保存則のみに基づくモデルで問題の解析ができる.赤道と極の間の温度分布(4.4 節)

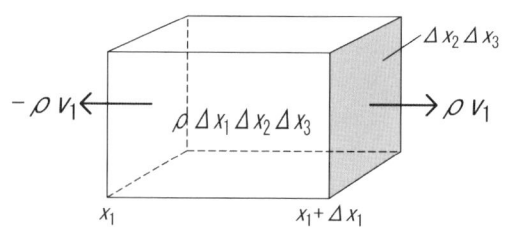

**図 1.4** 質量保存則の導き方

$x_1, x_2, x_3$ 方向に $\Delta x_1, \Delta x_2, \Delta x_3$ の長さをもつ小さな直方体を考え，そこに出入りする質量の総和が直方体内の質量の時間変化に等しいことを用いる．平行な 2 面から出入りする流量は位置の差 $\Delta x_i$ の分だけ異なるので，その差は偏微分を使って書ける．

はこのような近似で計算されて，地球表層環境の安定性の議論に使われる．

振動や変形の解析は物質を弾性体として扱う．弾性体の問題では運動する各点が平衡状態の位置と対応させて区別できるので，質量保存則を改めて考慮する必要がない．温度変化も通常は本質的な寄与をしないので，地震波の伝播（2.2節）や地震による変形（2.3節）の解析は運動量保存則のみを基礎にする．

現象の記述には保存則のみでは不十分で，問題に関与する物質の性質を決める必要がある．物質の性質を表現する関係式を構成方程式とよぶ．

構成方程式が線形の関係式（1次式）で表現される場合には，解析が特に容易になり，独自の理論体系が構築されて広く利用されている．応力と歪の線形関係（フックの法則）に基づく弾性体の解析（1.2節 c 項），応力と歪速度（速度勾配）の線形関係（ニュートンの法則）に基づく流体の解析（1.2節 d 項），熱流量と温度勾配の線形関係（フーリエの法則）に基づく温度分布の解析（1.2節 e 項）について以下に理論の概要を述べる．

### b. 保存則

保存則の形は取り上げる問題によって多少異なるが，ここでは標準的な3次元の方程式をあげながら保存則について述べる．数学的な表現のために空間に直交座標軸 $x_1, x_2, x_3$ を導入する．座標軸を $x, y, z$ としないのは表現を簡略化するためである．連続体近似では，現象に関与する物理量は空間の位置 $(x_1, x_2, x_3)$ と時間 $t$ の関数と考える．

まず質量保存則を導くために，任意の点で $x_1, x_2, x_3$ 方向に $\Delta x_1, \Delta x_2, \Delta x_3$ の長さをもつ小さな直方体を考える（図1.4）．直方体の $x_i$ に垂直な面からは，流速（物質の運動速度）の成分 $v_i$ に密度 $\rho$ と面積をかけた質量が単位時間あたりに出入

りする．平行な2面から出入りする流量は位置の差 $\Delta x_i$ の分だけ異なることに注意して，直方体の6面から出入りする質量の総和を計算し，それが直方体内の質量の時間変化に等しいとおく．その式の両辺を $\Delta x_1 \Delta x_2 \Delta x_3$ で割って次の関係式を得る．

$$\frac{\partial \rho}{\partial t} = -\sum_i \frac{\partial}{\partial x_i}(\rho v_i) \tag{1.1}$$

これが連続体の質量保存則で，連続の方程式ともよばれる．記号 $\Sigma$ は $i=1, 2, 3$ についての和を意味する．$\partial \rho / \partial t$ は $t$ 以外の変数を一定に保持した状態で $\rho$ を $t$ で微分すること（偏微分）を意味する．$\partial / \partial x_i$ も同様な意味をもつ．式 (1.1) は偏微分方程式である．

運動量保存則（運動方程式）は運動量の時間変化が物質に働く力に等しいことを表現する．運動量とは質量と運動速度の積のことで，連続体の単位体積がもつ運動量は $\rho v_i$ ($i=1, 2, 3$) になる．力としては，重力や電磁力のように物質に直接働く力（これを実体力とよぶ）に加えて，着目する部分の表面を通してまわりから作用する応力がある．

応力は $x_j$ 方向と垂直な単位面積を通して正の側が負の側に及ぼす力の $x_i$ 成分で定義する．これを $\sigma_{ij}$ と書くことにしよう．$\sigma_{ij}$ は応力テンソルとよばれる．テンソルとは座標を表す $i$ や $j$ などの添字を2つ以上含む量のことで，2つの添字を含む $\sigma_{ij}$ は2階のテンソルである．なお，添字を1つだけ含む $x_i$ や $v_i$ はベクトルとよばれる．運動量もベクトルである．

応力テンソル $\sigma_{ij}$ は任意の $i$ と $j$ に対して $\sigma_{ij} = \sigma_{ji}$ を満たす．この関係は応力テンソルの対称性とよばれ，連続体の各部分が回転を加速しないという力学平衡の条件から導かれる．応力テンソルはみかけ上9つの成分をもつが，対称性のために独立な成分は6つになる．

この準備のもとに運動量保存則を導こう．着目する体積内部の運動量は，質量保存則のときと同様に，まわりから出入りする運動量の分だけ変わり，さらにその体積に働く力によって変化する．力には応力と実体力があるが，実体力としては重力だけを考える．応力は平行な面の間でまず和をとり，その際に面の負の側が正の側に及ぼす応力は作用反作用の法則によって $-\sigma_{ij}$ であることに注意する．結局，運動量保存則は次の関係式で表現される．

$$\frac{\partial}{\partial t}(\rho v_i) = -\sum_j \frac{\partial}{\partial x_j}(\rho v_i v_j) + \sum_j \frac{\partial \sigma_{ij}}{\partial x_j} + \rho g_i \tag{1.2}$$

式 (1.2) は $i=1, 2, 3$ とした3本の方程式からなる．右辺第1項がまわりから出

入りする運動量の総和，第2項が応力の寄与である．第3項が重力で，$g_i$ は重力加速度の $x_i$ 成分である．

エネルギー保存則は着目する物体（例えば図1.4で考えた直方体）のもつエネルギーの時間変化が内部で発生したり周囲から出入りしたりするエネルギーの総和に等しいことを記述する．エネルギーには力学的な部分（運動エネルギー，位置エネルギー，外部から働く力による仕事）があるが，それだけを考慮する場合には，質量保存則や運動量保存則と独立な関係は得られない．

連続体の解析でエネルギー保存則の考慮が必要になるのは，熱エネルギーが現象に関与する場合である．熱エネルギーは微視的には原子の振動エネルギー（振動の運動エネルギーと位置エネルギーの和）であるが，連続体の扱いではそれを統計的に平均して得られる温度で表現し，温度の関数と考える．そこで，エネルギー保存則は温度を決める条件として使われる．

連続体で考慮されるエネルギーは熱エネルギーと力学的なエネルギーの和であり，その変化には放射性元素などによる発熱，熱伝導や熱放射による熱流，融解や蒸発などに伴う潜熱，力学的な状態変化の際になされる仕事などが寄与する．そこで，エネルギー保存則の一般的な表現はきわめて冗長になる．ここではそれを書くことはやめて，特別な場合の関係式が1.2節 e 項，3.3節，3.4節，4.1節 c 項，4.3節，4.4節などに取り上げられることを指摘するにとどめる．

#### c. 弾 性 体

固体の力学的な性質は弾性体の近似で表現できる．ただし，固体についても弾性体はその性質の一部を表現するモデルにすぎない．応力が高くなると固体は塑性流動や破壊を起こすし，高温では固体も粘性流動を起こす．

弾性体は変形が相対的に小さな場合に成立する近似である．この場合には変形による各点の移動は平衡点の近傍に限定される．各点の移動量 $u_i$ ($i=1,2,3$) は変位とよばれ，平衡点の座標 ($x_1, x_2, x_3$) と時間 $t$ の関数として表される．この関数関係を使えば，運動速度は $v_i = \partial u_i / \partial t$ と書かれる．

実は，平衡点の関数として変数を扱う立場は，前項で保存則を導いたときとは視点が異なる．前項では空間に視点を固定して物質の移動を考えたので（これをオイラー流の視点とよぶ），境界から物理量が出入りする効果を補正する必要があった．弾性体の扱いでは時間微分を考える際に視点を物質に固定して移動させる（これをラグランジュ流の視点とよぶ）ので，この補正は必要でなくなる．

そこで，運動量保存則 (1.2) は右辺第1項を除いて次のように書かれる．

## 1.2 連続体の基礎方程式

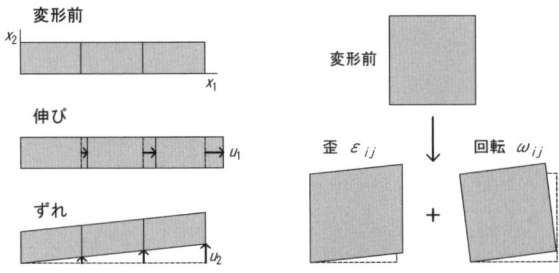

**図 1.5** 弾性変形
変形は変位の空間微分によって表現され（左），
変位の空間微分は歪と回転に分離される（右）．

$$\rho \frac{\partial^2 u_i}{\partial t^2} = \sum_j \frac{\partial \sigma_{ij}}{\partial x_j} + \rho g_i \tag{1.3}$$

変数としては速度の代わりに変位を考えた．また，密度 $\rho$ は変化が小さいとして定数とした．

弾性体の変形には伸び縮み，ねじれ，曲げなどがある．これらの変形の程度を表現するために，変位そのものは適切な量ではない．変位が大きくても，それが一定値ならば，物体はただ平行移動するだけで，変形は生じないからである．伸びやずれで変位は基準点からの距離とともに増大するため（図 1.5 左），変形の程度を表現するには変位の空間的な変化率 $\partial u_i/\partial x_j$ を用いるのがよさそうである．

ところが，$\partial u_i/\partial x_j$ には性質の異なる 2 つの内容が含まれる．それを分離するために，次の 2 つの量を導入する（図 1.5 右）．

$$\varepsilon_{ij} = \frac{1}{2}\left(\frac{\partial u_i}{\partial x_j} + \frac{\partial u_j}{\partial x_i}\right), \quad \omega_{ij} = \frac{1}{2}\left(\frac{\partial u_i}{\partial x_j} - \frac{\partial u_j}{\partial x_i}\right) \tag{1.4}$$

このうち，歪テンソルとよばれる $\varepsilon_{ij}$ が変形の程度を適切に表す量である．実際に $\varepsilon_{ii}$ は $i=j$ の場合に $x_i$ 方向の伸び率を，$i \neq j$ の場合に横ずれ変形（せん断変形）による形の変化を表す．もう一方の $\omega_{ij}$ $(i \neq j)$ は物質が変形せずに単に回転することを表現する（$\partial u_i/\partial x_j$ は $x_j$ 方向が $x_i$ 方向に回転した角度を表すことに注意）．

弾性体の変形は応力によって生じると考えられるので，歪は応力に対応して決まる．その関係が応力テンソルと歪テンソルの間の 1 次式で表現される（フックの法則）とすれば，その一般的な形は次式である．

$$\sigma_{ij} = \sum_{k,l} c_{ijkl} \varepsilon_{kl} \tag{1.5}$$

ここで，応力が 0 のときは歪も 0 になると仮定した．

式 (1.5) の係数 $c_{ijkl}$ は物質の弾性的な性質を表現する定数（弾性定数）である．その値が大きくなるほど同じ変形を起こすのに必要な応力が大きくなるので，弾性体は変形しにくくなる．$c_{ijkl}$ は 4 階のテンソルなので形式的には $3^4 = 81$ 個の成分をもつが，実際には次の対称性があるので独立な成分はもっと少ない．

$$c_{jikl} = c_{ijkl}, \quad c_{ijlk} = c_{ijkl}, \quad c_{klij} = c_{ijkl} \tag{1.6}$$

最初の 2 つの等式は応力テンソルと歪テンソルの対称性に起因する．最後の等式は弾性エネルギーの存在から導かれる．応力による弾性変形は弾性エネルギーとして蓄積され，応力の解放とともに消滅すると仮定するのである．

式 (1.6) の対称性によって $c_{ijkl}$ の独立な成分は 21 個に減る．最も対称性の悪い三斜晶系とよばれる結晶は，弾性を完全に表現するために，この 21 個の成分がすべて必要になる．結晶が面対称や回転対称などをもつと，独立な弾性定数の数はその分だけ減少し，最も対称性のよい立方晶系の結晶（岩塩などの鉱物がその例）では独立な成分は 3 個になる．

ガラスなど原子の配列に規則性のない非晶質では，弾性的な性質がどちらの方向から見ても等価になる．このような等方的な弾性体については，独立な弾性定数の数がさらに減って 2 つになり，$c_{ijkl}$ はラーメの定数 $\lambda$ と $\mu$ を使って次のように書ける．

$$c_{ijkl} = \lambda \delta_{ij} \delta_{kl} + \mu (\delta_{ik} \delta_{jl} + \delta_{il} \delta_{jk}) \tag{1.7}$$

ここで，$\delta_{ij}$ はクロネッカーのデルタ記号で，$i = j$ のときに 1，$i \neq j$ のとき 0 の値をとる．

式 (1.5) と式 (1.7) から，等方的な弾性体の応力と歪の関係は次のように簡単化される．

$$\sigma_{ij} = \lambda \delta_{ij} \sum_k \varepsilon_{kk} + 2\mu \varepsilon_{ij} \tag{1.8}$$

固体地球の各部分は岩石や鉱物などの混合物質でできており，全体としては等方的な弾性体で近似される．しかし，鉱物が選択的に一定方向に配列するマントル上部や，特定な方向にマグマが貫入する火山地帯などでは，弾性定数に異方性が観測されることがある．

式 (1.8) で $i \neq j$ のときには，歪の横ずれ成分が応力に比例し，その比例定数が $2\mu$ になる．このように $\mu$ は横ずれ変形のしにくさを表すので剛性率とよば

れる．また，すべての方向から同じ圧力 $p$ が加わり，体積が $e$ の割合で減少する等方的な変形では

$$\sigma_{ij} = -p\delta_{ij}, \quad e = -\sum_i \varepsilon_{ii}, \quad p = Ke \tag{1.9}$$

が成立する．圧力と体積変化の比例定数 $K$ は体積弾性率とよばれ，式（1.8）から次のように表現される．

$$K = \lambda + \frac{2}{3}\mu \tag{1.10}$$

式（1.8）を式（1.3）に代入して，等方的な弾性体に対する運動方程式が次のように得られる．

$$\rho \frac{\partial^2 u_i}{\partial t^2} = (\lambda + \mu)\frac{\partial}{\partial x_i}\sum_j \frac{\partial u_j}{\partial x_j} + \mu \sum_j \frac{\partial^2 u_i}{\partial x_j^2} + \rho g_i \tag{1.11}$$

3 成分に対応する 3 本の方程式は変位の 3 成分のみを変数として含むので，変位の分布や時間変化は運動方程式だけで完全に記述できる．弾性体の変形や弾性波の伝播は，この方程式だけで解析され，質量保存則と連立する必要がないのである．

弾性変形の時間的な推移の特徴を見るために，変位が空間的には $x_1$ 方向のみに依存するとして，運動方程式（1.11）を解いてみよう．この場合の解は平面波とよばれる．重力を無視すると，式（1.11）は次の 3 式になる．

$$\frac{\partial^2 u_1}{\partial t^2} = \alpha^2 \frac{\partial^2 u_1}{\partial x_1^2}, \quad \frac{\partial^2 u_2}{\partial t^2} = \beta^2 \frac{\partial^2 u_2}{\partial x_1^2}, \quad \frac{\partial^2 u_3}{\partial t^2} = \beta^2 \frac{\partial^2 u_3}{\partial x_1^2} \tag{1.12}$$

ここで，方程式に含まれる 2 つの定数は次のように定義される．

$$\alpha = \sqrt{\frac{\lambda + 2\mu}{\rho}}, \quad \beta = \sqrt{\frac{\mu}{\rho}} \tag{1.13}$$

式（1.12）の 3 つの微分方程式は定数を除けば同じ形をしている．この微分方程式は 1 次元の波動方程式とよばれ，例えば第 1 式の一般解は次の形で書ける．

$$u_1 = f(x_1 + \alpha t) + g(x_1 - \alpha t) \tag{1.14}$$

ここで $f$ と $g$ は 2 回微分が可能な任意の関数である．この解の第 1 項は，$t=0$ のときの変位の分布 $f(x_1)$ が時間 $t$ とともに $x_1$ 軸の負の側に $\alpha$ の速度で移動していくことを表す．すなわち，変形が波（弾性波）として一定速度 $\alpha$ で伝わっていくのである．解の第 2 項は $x_1$ 軸の正の側に伝わる波を表し，伝播速度はやはり $\alpha$ である．

これらの解で，変位 $u_1$ は波が伝播する $x_1$ 方向と平行なので，波は伸縮の状態

が伝播する縦波であり，$\alpha$ は縦波の伝播速度である．式 (1.12) の第 2 式と第 3 式を満たす $u_2$ と $u_3$ はやはり弾性波として伝わる解をもつが，変位は波の伝播方向と垂直なので，弾性波は横ずれ歪が伝播する横波であり，$\beta$ は横波の伝播速度である．

このように，弾性体の運動方程式は縦波と横波が伝播する解をもつ．式 (1.13) からわかるように，縦波速度 $\alpha$ は横波速度 $\beta$ より常に大きいので，縦波は横波より早く伝わる．地震学では弾性波を地震波とよび，縦波を P 波（最初に到着する波 primary wave の意味），横波を S 波（2 番目に到着する波 secondary wave の意味）とよぶ．

### d. 流　　体

大気や海は流体であり，マグマも流体として扱われる．流体の運動方程式は運動量保存則 (1.2) と等価だが，その式で密度 $\rho$ の微分は質量保存則 (1.1) を使って消去することができる．さらに，圧力 $p$ が流れの重要な駆動力になることに注意して，応力 $\sigma_{ij}$ には静水圧に対応する式 (1.9) 第 1 式の表現を用いると，運動方程式は次のように書かれる．

$$\rho \left( \frac{\partial v_i}{\partial t} + \sum_j v_j \frac{\partial v_i}{\partial x_j} \right) = -\frac{\partial p}{\partial x_i} + \rho g_i \qquad (1.15)$$

この方程式は完全流体（または理想流体）の運動方程式（オイラーの方程式）とよばれる．完全流体とは，粘性のない理想的な流体のことである．

式 (1.15) 左辺で括弧内の流速の微分は 2 つの部分からなる．最初の部分（第 1 項）は空間に固定した視点で（すなわち次々に通り過ぎていく流れの変化を比較して）流速の時間変化を見る微分で，これをオイラー流の時間微分とよぶ．第 2 の部分は流速が場所とともに変わることを補正する項で，これを移流項とよぶ．2 つの部分を加え合わせると，物質と一緒に移動しながら測る時間変化，ラグランジュ流の時間微分（これは $dv_i/dt$ や $Dv_i/Dt$ と書かれる）が得られる．式 (1.15) は，物質の 1 点に着目して時間変化を追跡すると，質量と加速度の積がその点に働く力に等しいこと（ニュートン力学の第 2 法則）を記述する．

式 (1.15) は流速の 3 成分の他に圧力を変数として含む．未定の変数を計算する上では，3 本の方程式から 4 変数は決まらないので，質量保存則 (1.1) と連立する必要が生ずる．そうすると今度は密度を変数として扱うことになるが，圧力と密度は状態方程式を通して関係し合うので，それを考慮すればすべての変数を計算する方程式がそろう．状態方程式は，線形の場合には式 (1.9) の第 3 式，

すなわち次式で書かれる．

$$p - p_0 = K \frac{\rho - \rho_0}{\rho_0} \tag{1.16}$$

ここで $K$ は流体の体積弾性率，$\rho_0$ は基準の圧力 $p_0$（例えば1気圧）に対応する密度である．

　速度や密度変化が微小であるとして非線形の移流項を無視し，式 (1.1), (1.15), (1.16) を連立すると，$p$ に関する波動方程式が得られ，体積変化が圧力とともに弾性波（音波）として伝播することが導かれる．このとき，波動方程式の係数から伝播速度として $(K/\rho)^{1/2}$ が得られる．この伝播速度は式 (1.13) で $\mu=0$ としたときの $\alpha$ の値に等しい．

　音波の伝播で，密度や圧力の変化が大きくなり，無限小とみなされなくなると，波は波形を変えながら伝播するようになる．特に，圧縮された領域の前面では圧力勾配が伝播とともに急になる傾向があり，高圧領域の前面は最終的に圧力の不連続面になる．この不連続面が衝撃波である．

　さて，流れにはそれを妨げる粘性抵抗が働く．この効果は応力 $\sigma_{ij}$ と速度勾配 $\partial v_i/\partial x_j$ の関係として定式化でき，それが線形な場合には次の関係式（ニュートンの法則）に帰着する．

$$\sigma_{ij} = \delta_{ij}\left(-p + \xi \sum_k \dot{\varepsilon}_{kk}\right) + 2\eta \dot{\varepsilon}_{ij}, \quad \dot{\varepsilon}_{ij} = \frac{1}{2}\left(\frac{\partial v_i}{\partial x_j} + \frac{\partial v_j}{\partial x_i}\right) \tag{1.17}$$

式 (1.17) は式 (1.8) と類似な関係式だが，定数項として圧力 $p$ の効果が加えられている．流体は通常等方的なので，式 (1.8) と同様に関係式には2つの係数 $\eta$ と $\xi$ が含まれる．$\eta$ を粘性率，$\xi$ を第2粘性率とよぶ．これらの値が大きくなるほど，流れに働く抵抗は大きくなり，同じ駆動力で流速が小さくなる．

　応力の表現に式 (1.17) を採用すると，運動方程式は次の形をとる．

$$\rho\left(\frac{\partial v_i}{\partial t} + \sum_j v_j \frac{\partial v_i}{\partial x_j}\right) = -\frac{\partial p}{\partial x_i} + (\xi + \eta)\frac{\partial}{\partial x_i}\sum_j \frac{\partial v_j}{\partial x_j} + \eta \sum_j \frac{\partial^2 v_i}{\partial x_j^2} + \rho g_i \tag{1.18}$$

これが粘性流体の運動方程式（ナビエ-ストークスの方程式）である．この方程式は，粘性率 $\xi$ と $\eta$ を0にすると，完全流体の運動方程式 (1.15) に帰着する．

　境界条件として，粘性流体は流体と接する固形物体の表面で流速が0になることが要求される．それに対して，完全流体では表面と垂直な流速の成分だけが0になる．

　式 (1.18) も体積変化が音波として伝播する解をもつが，粘性のために変動は

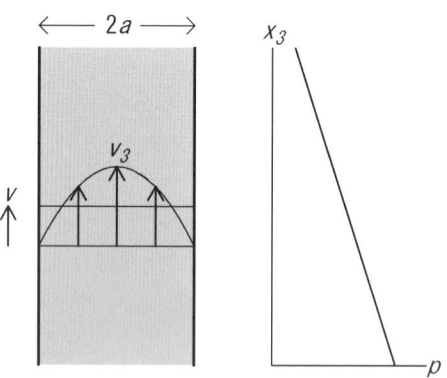

**図 1.6** 半径 $a$ の円管内の流れ（ポアズイユ流）
円管は $x_3$ 軸に平行で，流速（左）は円管内の圧力勾配（右）と重力によって駆動される．

伝播とともに減衰する．粘性はもっとゆるやかな流れにも重要な寄与をする．例として，時間変化のない定常的な流れを考えよう．密度が定数とみなされ，流速が小さくて移流項も無視できる場合には，流れは次の方程式で決められる．

$$-\frac{\partial p}{\partial x_i} + \eta \sum_j \frac{\partial^2 v_i}{\partial x_j^2} + \rho g_i = 0, \quad \sum_i \frac{\partial v_i}{\partial x_i} = 0 \qquad (1.19)$$

質量保存則から得られる第 2 式は非圧縮流体の仮定とよばれ，流れの解析を簡単にすることからしばしば採用される．以下に式（1.19）の代表的な解を 2 つ取り上げる．

**(1) 管を通る流れ**

式（1.19）を満たす次の解を考える．

$$v_1 = v_2 = 0, \quad v_3 = A(a^2 - x_1^2 - x_2^2), \quad p = p_0 - (4\eta A + g\rho)x_3 \qquad (1.20)$$

この解は $x_3$ 軸を囲む半径 $a$ の点で流速が 0 になるので，半径 $a$ の円管内を $x_3$ 軸方向に流れる流れ（ポアズイユ流）を表す（図 1.6）．ここで，重力は $x_3$ 軸の負の方向に加わるものとする（$g_1 = g_2 = 0, g_3 = -g$）．$A$ は流れの強さを表す定数，$p_0$ は圧力の基準値である．

式（1.20）の第 3 式から $x_3$ 軸方向の圧力勾配は一定値になる．いいかえれば，式（1.20）は一定の圧力勾配によって生ずる流れで，そのことから定数 $A$ は次のように定まる．

$$A = -\frac{1}{4\eta}\left(\frac{\partial p}{\partial x_3} + g\rho\right) \qquad (1.21)$$

式 (1.20) を式 (1.17) に代入して，応力の表現を次のように得る．

$$\sigma_{11} = \sigma_{22} = \sigma_{33} = \sigma_{12} = 0, \quad \sigma_{31} = -2\mu A x_1, \quad \sigma_{32} = -2\mu A x_2 \quad (1.22)$$

この解で，管の中を単位時間に運ばれる体積 $J$ と平均流速 $v$ は次式のように計算される．

$$J = \frac{\pi A a^4}{2}, \quad v = \frac{J}{\pi a^2} = \frac{A a^2}{2} \quad (1.23)$$

また，円管の壁から $x_3$ 軸方向に流体の単位長さあたりに働く力 $f$ は次のように得られる．

$$f = -4\pi \eta A a^2 = -8\pi \eta v \quad (1.24)$$

**(2) 剛体球のまわりの流れ**

次の解も式 (1.19) を満たす．

$$v_1 = x_1 x_3 f(r), \quad v_2 = x_2 x_3 f(r), \quad v_3 = x_3^2 f(r) + A\left(1 - \frac{3a}{4r} - \frac{a^3}{4r^3}\right),$$

$$p = p_0 - \frac{3}{2}\eta a A \frac{x_3}{r^3} - g\rho x_3 \quad (r \geq a) \quad (1.25)$$

ただし，重力は $x_3$ 軸の負の方向に加わっており，$r$ と $f(r)$ は次式で定義される．

$$r = \sqrt{x_1^2 + x_2^2 + x_3^2}, \quad f(r) = -\frac{3Aa}{4r^3}\left(1 - \frac{a^2}{r^2}\right) \quad (1.26)$$

$A, a, p_0$ は定数である．

この解は，$r = a$ で流速の 3 成分が 0 となることから，半径 $a$ の静止した剛体球（変形しない球）のまわりに生ずる流れを表す（図 1.7）．球の中心からの距離 $r$ が十分に大きくなると，解は $v_1 = v_2 = 0$, $v_3 = A$ に近づくから，球は $x_3$ 方向に速度 $A$ で流れる一様な流れの内部に固定されている．

流れによって球には力が働く．力 $F_i$ の表現は球の表面の各点で応力を計算し，それを積分すれば得られる．計算はやや煩雑になるが，結果は以下のとおりである．

$$F_1 = F_2 = 0, \quad F_3 = 6\pi \eta a v + \frac{4\pi}{3} a^3 g\rho \quad (1.27)$$

ここで $v = A$ は球と周囲の流れとの間に存在する流速の差である．$F_3$ の右辺第 1 項は流れが粘性によって球を引っ張る抵抗力（ストークス抵抗），第 2 項は圧力を通して働く重力の効果である．

粘性抵抗力が重力と釣り合うとすれば，式 (1.27) から流速が次のように得られる．

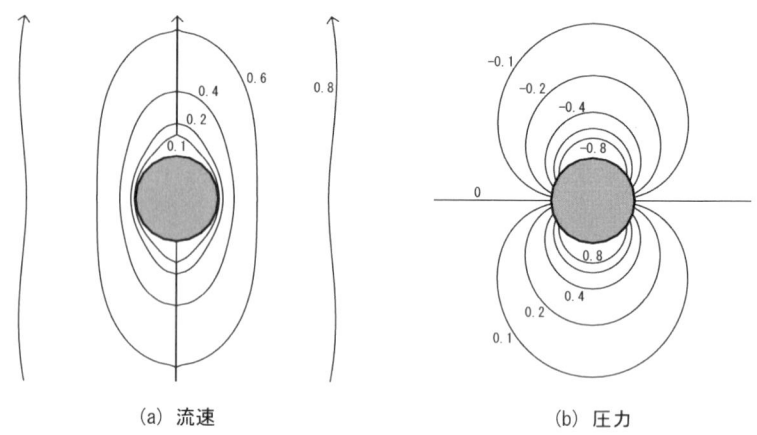

**図 1.7** 球のまわりを流れる粘性流体の流速 (a) と圧力 (b) の分布
等高線の値は球の半径と粘性率を1とした単位で表現する．球から十分に離れると，流れは流速1の一様な流れに近づく．重力の効果は無視する．

$$v = \frac{2ga^2(\rho_s - \rho)}{9\eta} \qquad (1.28)$$

ここで $\rho_s$ は球の密度である．流体が静止しているときには，球が粘性流体中を動く速度は $-v$ になる．$\rho_s < \rho$ のときには $-v$ が正になり，球は浮力で上昇する．

　流体は多かれ少なかれ粘性をもつので，流れの解析には粘性流体の扱いが適しているように思われる．しかし，式 (1.18) がそのまま適用できるのは流速が相対的に小さい場合だけである．このような状態（層流）では，流速や応力がきちんと定義でき，流れは式 (1.18) で精度よく記述される．ところが，流速が大きくなると，流れはたくさんの渦を含む乱流状態になり，流速や応力は時間的にも空間的にも変動するようになる．

　乱流の性質は複雑である．乱流のみかけ上の粘性（渦粘性）は層流のときの粘性（分子粘性）よりずっと大きいように見えるが，その値を正確に見積もるのは難しい．乱流の解析では流れを適当に平均化するが，平均化の方法には任意性があり，解析結果の信頼性も必ずしも高くない．

　流れが層流と乱流のどちらの形態をとるかは，次式で定義される無次元数 $R$（レイノルズ数，運動方程式の慣性項と粘性項の大きさの比）の値で判断できる．

$$R = \frac{\rho v L}{\eta} \tag{1.29}$$

ここで $\rho$ と $\eta$ は流体の密度と粘性率(分子粘性の粘性率),$v$ は代表的な流速の大きさ,$L$ は流れの空間的な広がりの目安である.上記の解(1)と(2)については,$v$ として式(1.23)や式(1.28)で決まる値,$L$ として半径 $a$ をとることができる.$R$ が数千程度の臨界レイノルズ数より十分に小さければ流れは層流,そうでなければ流れは乱流になる.

マグマは粘性率が高いのでその流れは層流で解析できるが,大気や海の運動は乱流の条件下にある.しかし,大きなスケールの大局的な流れを問題にする場合には,乱流の効果は重要でないので,完全流体の運動方程式(1.15)を用いて解析されることが多い.

**e. 温度と熱**

温度や熱が寄与する現象には,対流の問題のように温度が現象の原因になったり支配要因になったりするものがある(図1.3)が,ここでは流れとの相互作用がなく,エネルギー保存則のみに基礎をおく問題を考慮する.

適当な状態を基準にして物質の温度を $T$,比熱を $C$,密度を $\rho$ とするとき,単位質量がもつ熱エネルギーは $\rho C T$ と表現される.ここで $C$ と $\rho$ は定数とみなす.熱エネルギーは低温では温度に強く依存するが,高温では比熱が一定値に近づくので,この表現が近似的に成り立つ.

潜熱などの発熱がなければ,エネルギー保存則は次の第1式のように書ける.

$$\rho C \frac{\partial T}{\partial t} = -\sum_i \frac{\partial q_i}{\partial x_i}, \quad q_i = -k \frac{\partial T}{\partial x_i} \tag{1.30}$$

ここで $q_i$ は $x_i$ 方向に垂直な単位面積を通って単位時間に通過するエネルギー(熱)の流量である.エネルギーの出入りの合計が熱流量の空間微分で表される理由は質量保存則の場合と同じである(図1.4).第2式は熱流量が温度勾配に比例するという経験則(フーリエの法則)で,比例定数 $k$ を熱伝導率とよぶ.

式(1.30)の2式を組み合わせると,温度 $T$ についての次の偏微分方程式が得られる.

$$\frac{\partial T}{\partial t} = \kappa \sum_i \frac{\partial^2 T}{\partial x_i^2}, \quad \kappa = \frac{k}{\rho C} \tag{1.31}$$

(1.31)の第1式は熱伝導方程式,係数 $\kappa$ は熱拡散率とよばれる.$T$ を原子の濃度,$\kappa$ を拡散係数で置き換えると,同じ偏微分方程式は原子の拡散を記述するので,

(1.31) の第1式は拡散の方程式ともよばれる．

熱伝導の方程式にはたくさんの解析解が知られており，その例は1.3節の数値計算の例題としても取り上げられる．3.3節では，溶岩流の冷却過程を記述するために，熱伝導方程式の解析解が使われる．

ここでは原点に中心をもつ球のまわりの定常解を考えよう．

$$T = \frac{A}{r}, \quad q_r = \frac{kA}{r^2}, \quad r = \sqrt{x_1^2 + x_2^2 + x_3^2} \tag{1.32}$$

ここで $A$ は定数，$q_r$ は原点から動径方向に放射状に流れる熱流量の半径 $r$ の点での値である．球面全体から流出する熱流量の総和は，$r$ に依存しない一定値 $4\pi kA$ になる．半径 $a$ の球の表面が周囲より $T_a$ だけ高い温度を保持するとき，その周辺で温度と熱流量がどう分布するかは，式 (1.32) で $A = aT_a$ とおくことによって得られる．

**f. 初期条件と境界条件**

連続体の状態やその変化は通常偏微分方程式を用いて記述される．偏微分方程式を解くには，計算領域（計算を実行する空間の範囲）の境界で境界条件を設定する必要がある．時間変化を問題にする場合には，さらに初期条件として変数の最初の状態を計算領域全体で決める必要もある．ここでは初期条件と境界条件について注意事項を述べる．

上にあげた偏微分方程式は，弾性体に対する式 (1.11)，流体に対する式 (1.18)，温度変化を記述する式 (1.31) のいずれもが変数の2階の空間微分を含む．このような問題では，境界の各点で変数自身の値か，変数の1階の空間微分のある成分（またはそれらの間の関係）を境界条件として設定すれば，解が一義的に定まる．時間変化を計算する問題では，境界条件も一般に時間に依存する．

計算領域の境界には，物理的な意味のある境界ばかりでなく，人工的につくられる境界も導入する必要がある．例として地震波の伝播を考えよう．地表面は物理的な意味をもつ境界であり，そこでは地震波が反射して領域内部に反射波を生み出す．一方，固体地球全体は計算領域にするには大きすぎるので，通常は震源のまわりの適当な範囲で領域を区切る．このように計算領域を縮小するために設ける境界が人工的な境界である．

物理的な意味のある境界は通常境界条件がきちんと定まる．地震波の問題では，地表面は鉛直な方向には応力成分が大気圧に等しくなる．ただし，大気圧は地球内部の圧力よりずっと小さいので，境界条件としては通常それを0とする．地表

面に沿うずれ応力（せん断応力）の成分は，大気の粘性が小さいので，やはり0とみなせる．そこで，地表面は応力がフリーの境界として扱える．境界条件として応力を制約することは変位の空間微分を制約するのと等価である．

同じ地表面も大気の側から見ると事情は異なる．固体地球は剛体とみなせるので，大気が完全流体なら，地表面と垂直な流速成分が0となることが境界条件となる．大気を粘性流体とみなすと，地表面では流速の3成分がすべて0になることが要求される．現実には，大気は地表付近で乱流状態になるので，地表の境界条件は大気の内部には正しく伝達されない．境界条件を適切に設定するには，地表に接して境界層を考え，その挙動を解析して地表の影響を上部の流れに接続する方法がとられる．

人工的な境界は物理的な実体がないので，境界の影響が完全に排除できるのが理想的な境界条件である．しかし，このような境界条件の設定は簡単ではない．例えば，地震波伝播の問題で，境界条件として変位と応力のいずれを固定しても，境界からは強い反射波が出てしまう．反射波をほとんど出さない無反射境界（2.5節a項参照）をつくるには，かなり高度な技術を必要とする．そこで，人工的な境界からの反射波の影響を受けない範囲に時間を限って計算結果を活用することもよく行われる．

時間変化を問題にする際の初期条件には，さまざまな意味をもたせられる．破壊に伴う地震波の発生を計算する問題では，擾乱のない静止した状態が初期条件になる．現象の原因を初期条件に組み込むこともよくある．例えば，津波は地震などによって生ずる海面の変動を初期条件としてその後の伝播を計算することが多い．

初期条件や境界条件にどう対処するかは時にやっかいな問題となり，モデル化の重要な課題となる．

## 1.3 数値計算の方法

数値計算はさまざまな問題に適用されており，使用される技術も多様である．本節では，差分法を用いて偏微分方程式の数値解を求める方法を中心に，数値計算の基礎知識をまとめる．

### a. 微分と差分

連続体の性質は偏微分方程式で記述されるが，その解が数式を用いて解析的に

表現できるのはごく限られた場合である．多くの問題は解を数値計算で得る．数値計算は無限の自由度を扱えないので，変数の連続的な変化は適当に分布させた有限個の値で近似する．連続的な変数やその間の関係を有限個の値で表現することを離散化とよぶ．離散化によって空間や時間は有限個の部分に分割され，その各部分に変数の値が割り振られる．

　変形や流動を表現する方法には，物質の移動とともに視点を移動させるラグランジュ流の扱いと，視点を空間に固定するオイラー流の扱いがあるが（1.2節 c, d項），離散化にもそれぞれに対応する方法がある．ラグランジュ流の扱いには，物質を分割して各部分に「粒子」を割り振る粒子法（個別要素法，SPH法など）がある．粒子法は互いに相互作用をしながら移動する粒子の運動を計算する．粒子法の特徴は大きな変形や流れに容易に対応できることだが，粒子間の相互作用の扱いに任意性があることなどから，解析方法の主流にはなっていない．

　連続体を解析する手法として定着しているのはオイラー流の扱いである．この扱いも離散化の仕方で何種類かに分けられるが，よく使われるのは差分法（高見・河村，2012）と有限要素法（神谷・北，1998）である．差分法は空間を等間隔などに分割して格子点をつくり，各格子点に変数の値を割り振る．有限要素法は空間を四面体や六面体などの要素に分割し，各要素の頂点（節点）での値で物理量を内挿する．有限要素法の利点は，要素の大きさや形状に多様性をもたせて，変形や流動の集中する部分に要素を重点的に配置できる点である．しかし，要素を配置する作業（メッシュ作成）は煩雑になることが多く，計算方法の単純さでは差分法が勝る．地球科学で差分法がよく使われることも考慮して，本書では差分法を用いることにする．

　差分法の概念を理解するために，1変数の関数 $f(x)$ を考えよう．変数 $x$ を等間隔 $h$ に分割して，1次元の点列 $x_p = x_0 + ph$ $(p = 0, 1, \cdots, n)$ をつくり，各点での関数の値を $f_p = f(x_p)$ と書く．微分を近似する式を得るために，$f(x)$ を $x_p$ のまわりで次のようにテイラー展開する．

$$f(x) = f(x_p) + f'(x_p)(x - x_p) + \frac{1}{2}f''(x_p)(x - x_p)^2 + \cdots \quad (1.33)$$

$x - x_p$ として $h$ や $-h$ を代入した式をつくり，$f'(x_p)$ や $f''(x_p)$ を未知数とみなしてそれらの式を連立して解くことによって，微分係数を近似的に表現する式が得られる．

　まず，式 (1.33) で 2次以上の項，すなわち $(x - x_p)^2$ に比例する項とそれより高次の項を無視すると，1次の微分係数を近似する次式が得られる．

$$f'(x_p) = \frac{f_{p+1} - f_p}{h}, \quad f'(x_p) = \frac{f_p - f_{p-1}}{h} \tag{1.34}$$

また，3次以上の項を無視することで，1次と2次の微分を近似する次式が得られる．

$$f'(x_p) = \frac{f_{p+1} - f_{p-1}}{2h}, \quad f''(x_p) = \frac{f_{p+1} - 2f_p + f_{p-1}}{h^2} \tag{1.35}$$

ここで得られた1次微分の3つの近似式のうち，式 (1.34) の第1式を前進（前方）差分，第2式を後退（後方）差分，式 (1.35) の第1式を中心差分とよぶ．

導き方からわかるように，中心差分は前進差分や後退差分より精度の高い近似である．そこで，多くの場合に中心差分が使われるが，流れなどの解析で変化の原因が $x$ の正の側にある場合には前進差分が，負の側にある場合には後退差分が，誤差を拾い難い近似と考えられてよく使われる．

独立変数が2つ以上ある場合も，多変数の関数をテイラー展開して適当な次数で打ち切ることで，偏微分の近似式が求められる．例えば，$f_{p,q} = f(x_p, y_q)$ として，点 $(x_p, y_q)$ における2変数の2次の微分について次の表現を得る．

$$\frac{\partial^2 f}{\partial x^2} = \frac{f_{p+1,q} - 2f_{p,q} + f_{p-1,q}}{h^2}, \quad \frac{\partial^2 f}{\partial y^2} = \frac{f_{p,q+1} - 2f_{p,q} + f_{p,q-1}}{k^2},$$

$$\frac{\partial^2 f}{\partial x \partial y} = \frac{f_{p+1,q+1} - f_{p-1,q+1} - f_{p+1,q-1} + f_{p-1,q-1}}{4hk} \tag{1.36}$$

ここで $h$ と $k$ は $x$ 方向と $y$ 方向の刻みである．

### b. 常微分方程式

保存則を記述する偏微分方程式は，定常過程を仮定したり変数の空間依存性を簡略化したりすると，単一の変数のみを含む常微分方程式に帰着する場合がある（3.2節，3.4節，4.4節など）．ここでは常微分方程式の数値解法を取り上げる．

簡単な常微分方程式として次の例を考えよう．

$$\frac{dy}{dx} = g(x, y) \tag{1.37}$$

ここで $g(x, y)$ は2変数 $x$, $y$ の任意の関数である．この微分方程式を解くことによって，$y$ は $x$ の関数として定まる．

$x$ を等間隔 $h$ で分割した点列 $x_p = x_o + ph$ （$p = 0, 1, \cdots, n$）をつくり，$x_p$ に対応する $y$ の値を $y_p$ とする．式 (1.37) の左辺に式 (1.34) 第1式を使うと，式 (1.37) は次のように近似される．

$$y_{p+1} = y_p + hg(x_p, y_p) \tag{1.38}$$

式 (1.38) はオイラーの公式とよばれる．この公式を用いて式 (1.37) の近似解を得るには，$p=0$ での値 $y_0$ を初期条件として設定してから，$p$ を 0 から 1 つずつ増やして式 (1.38) を適用し，$y_p$ の値を順に計算していけばよい．

式 (1.38) は微分を 1 次の差分で近似するので，計算の精度は高くない．精度を上げるには刻み $h$ をかなり小さく選ばなければならない．刻みをあまり細かくせずに精度を上げる工夫として，よく使われるルンゲ-クッタの公式を以下に書き下す．

$$k_1 = hg(x_p, y_p), \quad k_2 = hg\left(x_p + \frac{h}{2}, y_p + \frac{k_1}{2}\right), \quad k_3 = hg\left(x_p + \frac{h}{2}, y_p + \frac{k_2}{2}\right),$$

$$k_4 = hg(x_p + h, y_p + k_3), \quad y_{p+1} = y_p + \frac{k_1 + 2k_2 + 2k_3 + k_4}{6} \tag{1.39}$$

計算は式 (1.39) の第 1 式から順に進めて，最後に $y_{p+1}$ の値を得る．式 (1.39) は式 (1.38) の拡張形だが，計算には $x_p$ と $x_{p+1}$ の中間点の値も考慮するので，近似は 4 次の精度に改善される．

複数の未知変数がある場合には，式 (1.37) は次の連立常微分方程式に拡張される．

$$\frac{dy_1}{dx} = g_1(x, y_1, \cdots, y_m), \quad \cdots, \quad \frac{dy_m}{dx} = g_m(x, y_1, \cdots, y_m) \tag{1.40}$$

それぞれの変数の近似解は，式 (1.38) や式 (1.39) と類似な形に容易に書けるので，数値解は 1 変数の場合と同様な方法で計算できる．

式 (1.40) の解法は方程式が高次の微分を含む場合にも適用できることに注意しよう．例えば，2 次の常微分方程式 $d^2y/dx^2 = g$ は，$dy/dx = y_1$ と $dy_1/dx = g$ に分解できて，式 (1.40) の形に帰着する．そこで，式 (1.40) の数値解法が適用できる問題はかなり多い．本書でも 3.2 節，3.4 節，4.4 節，4.5 節などでこの解法が使われる．

#### c. 熱伝導方程式

簡単な偏微分方程式の例として，本項で 1 次元の熱伝導方程式，次項で 1 次元の波動方程式を取り上げる．これらの扱いで特に注目してほしいのは，差分方程式が収束条件の制約を受ける可能性のあることである．

温度 $T$ が空間座標 $x$ と時間 $t$ の関数，すなわち $T = T(x, t)$ であるとして，熱伝導方程式 (1.31) を書き直す．

$$\frac{\partial T}{\partial t} = \kappa \frac{\partial^2 T}{\partial x^2} \tag{1.41}$$

空間座標 $x$ を $\Delta x$ で，時間 $t$ を $\Delta t$ で分割して，点列 $x_p = x_0 + p\Delta x$ $(p = 0, 1, \cdots, n)$ と $t_q = t_0 + q\Delta t$ $(q = 0, 1, \cdots, m)$ をつくり，$T_{p,q} = T(x_p, t_q)$ と書く．左辺を式 (1.34) 第1式，右辺を式 (1.35) 第2式を用いて離散化すれば，式 (1.41) は次のように近似される．

$$T_{p,q+1} = T_{p,q} + \frac{\kappa \Delta t}{(\Delta x)^2}(T_{p+1,q} - 2T_{p,q} + T_{p-1,q}) \tag{1.42}$$

近似解 $T_{p,q}$ は，$t = t_0$ における $T$ の初期分布 $T_{p,0}$ から出発して，式 (1.42) を繰り返し使うことで，任意の時間ステップ $q$ に対して計算できる．ただし，式(1.42) の右辺は $T_{p+1,q}$ と $T_{p-1,q}$ を含むので，$p=0$ と $p=n$ には適用できない．そこで，$x$ の両端での値 $T_{0,q}$ と $T_{n,q}$ は境界条件として別に設定する必要がある．

実は，差分方程式 (1.42) には適用限界がある．実際に，時間刻み $\Delta t$ にさまざまな値を入れて計算してみると，場合によっては計算が $q$ とともに次第に増大して発散する．計算が式 (1.41) を近似する正しい値に収束するのは，右辺第2項の係数が条件

$$\frac{\kappa \Delta t}{(\Delta x)^2} \leq \frac{1}{2} \tag{1.43}$$

を満たすときである．いいかえれば，空間刻みに対応して，時間刻みは式 (1.43) を満たすように細かく選ばなければならない．式 (1.43) は数列の収束条件から解析的にも導くことができる．

式 (1.42) は式 (1.41) 右辺の空間微分を時間ステップ $q$ で離散化したが，これを $q+1$ で離散化することもできる．その場合には差分方程式は次の形をとる．

$$T_{p,q+1} = T_{p,q} + \frac{\kappa \Delta t}{(\Delta x)^2}(T_{p+1,q+1} - 2T_{p,q+1} + T_{p-1,q+1}) \tag{1.44}$$

この方程式を用いて $T_{p,q+1}$ を計算するには，右辺第2項を左辺に移して，$n-1$ 個の未知変数 $T_{p,q+1}$ を含む連立1次方程式をつくり，それを解かなければならない．そこで，解の計算には手間がかかるが，解は式 (1.43) の制約を受けずに時間刻みをどう選んでも収束することが知られている．

式 (1.42) のように変数の時間的な変化を前の時間ステップの変数から計算する方法を陽解法，式 (1.44) のように求めようとする時間ステップの寄与を考慮する方法を陰解法とよぶ．陰解法は陽解法より計算が面倒になるが，一般に解が安定し，精度も高まる．

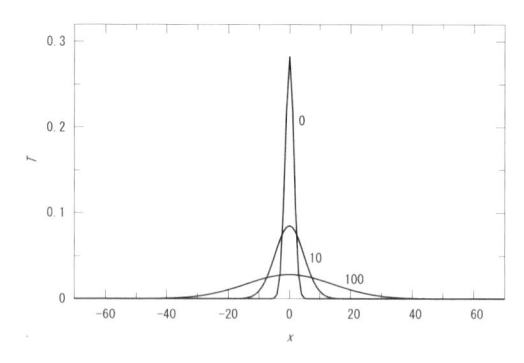

**図 1.8** 1次元の熱伝動方程式の解［例題 1-A］

空間 $x$ と時間 $t$ に適当な単位を選んで熱拡散率 $\kappa$ を 1 とし，時間が 0（初期分布），10，100 だけ経過したときの温度 $T$ の空間分布を示す．数値計算では，境界条件として $x=70$ と $-70$ で $T=0$ とし，時間と空間の刻みを $\Delta t=0.2$, $\Delta x=1$ とした．数値解は図上では解析解と区別できない．

式（1.41）は次の解析解をもつ．

$$T(x, t) = \frac{1}{2\sqrt{\pi\kappa t}} \exp\left(-\frac{x^2}{4\kappa t}\right) \tag{1.45}$$

図 1.8 は式（1.42）を使って得た数値解を解析解と比較する．$x$ と $t$ の単位は適当に選んで無次元にし，$\kappa$ は 1 とする．数値計算では $x_0=-70$, $x_n=70$ とし，$n$ は 140（$\Delta x=1$）に選んだ．$\Delta t$ は式（1.43）を満たすように 0.2 とした．境界条件は $T_0=T_n=0$ とし，初期条件には $t_0=1$ に対応する式（1.45）の分布を設定した．図には $t-t_0$ が 0，10，100 のときの $T$ の分布を示す．数値計算の結果は 5 桁以上の精度で解析解と一致したので，図上では解析解と区別できない．しかし，$\Delta t$ を 0.5 にすると，数値解と解析解の間には 1％程度の差が生じた．

### d. 波動方程式

変位を $u$，時間を $t$，空間座標を $x$ として 1 次元の波動方程式（1.12）を書き直す．

$$\frac{\partial^2 u}{\partial t^2} = \alpha^2 \frac{\partial^2 u}{\partial x^2} \tag{1.46}$$

$\alpha$ は波の伝播速度である．前項と同様に，$x$ を $\Delta x$ で，$t$ を $\Delta t$ で分割して $x_p=x_0+p\Delta x$ ($p=0, 1, \cdots, n$) と $t_q=t_0+q\Delta t$ ($q=0, 1, \cdots, m$) をつくり，$u_{p,q}=u(x_p, t_q)$ と書く．微分を差分化するために，今度は左辺も右辺も式（1.35）第 2 式を使う

と，式 (1.46) は次のように離散化される．

$$u_{p,q+1} = 2u_{p,q} - u_{p,q-1} + \left(\frac{\alpha \Delta t}{\Delta x}\right)^2 (u_{p+1,q} - 2u_{p,q} + u_{p-1,q}) \qquad (1.47)$$

この差分方程式にも収束条件があり，式 (1.47) は次の不等式が満たされるときにのみ式 (1.46) の近似解となる．

$$\frac{\alpha \Delta t}{\Delta x} \leq 1 \qquad (1.48)$$

式 (1.48) はクーラン条件（CFL 条件）とよばれる．流体の解析でも，音波の発生を許すような定式化を用いて時間変化を計算する場合には，音波とは無関係な流れを解析の目的とする場合にも，クーラン条件が満たされないと正しい解が得られない．

式 (1.47) の右辺は $u_{p,q-1}$ を含むので，時間ステップ $q+1$ における変位の計算には，時間ステップ $q$ だけでなく $q-1$ での変位も必要になる．特に，初期条件としては $u_{p,0}$ と $u_{p,-1}$ を設定することが求められる．式 (1.46) は 2 次の時間微分を含むので，初期条件には変位 $u$ と時間微分 $\partial u/\partial t$（すなわち運動速度）の両方の設定が必要になり，この 2 つの自由度が $u_{p,0}$ と $u_{p,-1}$ で充足されるのである．例えば $u_{p,-1} = u_{p,0}$ とすると，初期速度は 0 と設定したことになる．また，$u_{p,0} = 0$ として，$u_{p,-1}$ から初期速度を $-u_{p,-1}/\Delta t$ で設定することもできる．

境界条件のほうは，熱伝導方程式の場合と同様に，すべての時間ステップ $q$ について $x$ の両端で変位 $u_{0,q}$ と $u_{n,q}$ を設定すればよい．境界を固定端（変位を固定する状態）にするには，境界での変位を一定値に設定すればよい．また，各時間ステップで $u_{0,q} = u_{1,q}$ や $u_{n,q} = u_{n-1,q}$ と設定する（内部の計算結果から次の時間ステップの境界条件を決める）ことで，歪や応力は近似的に 0 になり，自由端（境界に力を加えない状態）を表現することができる．

差分方程式 (1.47) を用いて波動方程式を解いた計算例を図 1.9 に示す．ここでは $\alpha = 1$, $t_0 = 0$ とした．空間座標 $x$ は $-50$ から $50$ の間を 200 等分し（$n = 200$, $\Delta x = 0.5$），係数 $\alpha \Delta t / \Delta x$ は式 (1.48) を満たすように 0.1（$\Delta t = 0.05$）とした．境界条件は $x = -50$ で固定端の条件 $u_{0,q} = 0$ を，また $x = 50$ で自由端の条件 $u_{n,q} = u_{n-1,q}$ を仮定した．

初期条件には式 (1.45) で $\kappa t = 1$ とおいた分布を $u_{p,0}$ と $u_{p,-1}$ の両方に設定した．式 (1.45) は式 (1.46) の解ではないから，この設定は便宜的なものである．計算結果は，実線で示すように，$t = 0$ で $x = 0$ 付近に集中させた変位が同じ高さの 2 つの波に分離して，時間とともに $x$ の正の側と負の側に 1 の速度で伝播する．

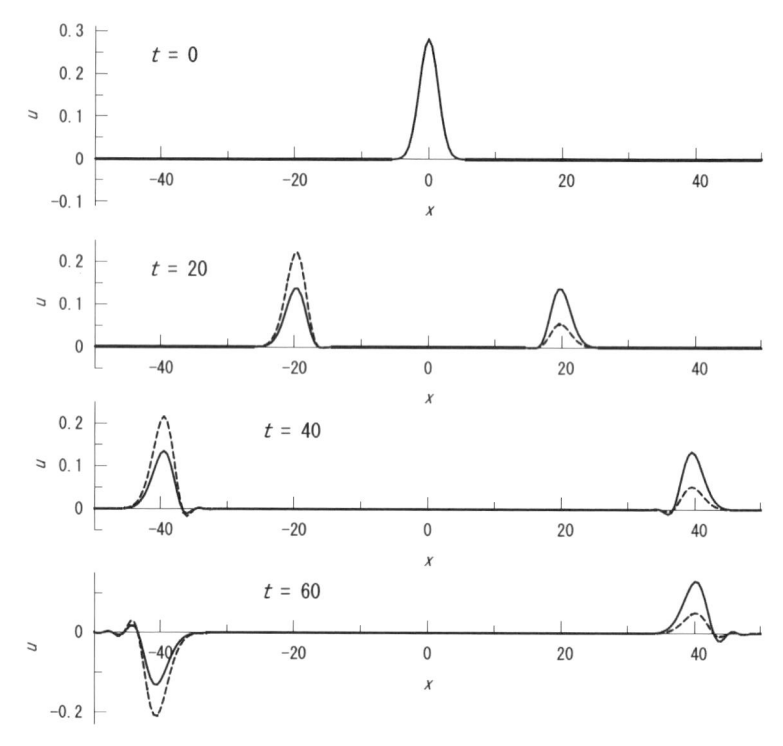

**図 1.9** 1 次元の波動方程式の数値解［例題 1-B］
空間 $x$ と時間 $t$ に適当な単位を選んで伝播速度 $\alpha$ を 1 とし，等間隔に選んだ 4 つの時間で変位 $u$ の空間分布を示す．境界条件は $x = -50$ を固定端，50 を自由端とする．初期条件は，実線は初速度が 0 になるように，破線は変位の初期分布を 0.6 の速度で $x$ の負の側に動かすように設定した．

この結果は解析解 (1.14) から予想されるとおりだが，伝播とともに波形が多少崩れるのは数値計算の誤差のためである．境界に達すると，波は反射して反対方向に戻るが，左側の固定端では変位の符号が逆転する．

同図の破線は初期条件を多少変えた解で，$u_{p,0}$ の分布は実線と同じだが，$u_{p,-1}$ はそれを $x$ の正の側に 0.03 だけ平行移動した．いいかえれば，初期分布を 0.6 の速度で $x$ の負の側に動かすような初期条件を与えた．この解は $x$ の正の側と負の側で伝播する波の振幅が異なる．このように左右に伝播する波の割合は初期条件で調整できる．

## 1.4 地球の概観

　この節は地球についての基礎知識を短くまとめる．自然災害の背景には，地球という特異な惑星の構造や進化があることを理解してほしい．関連する参考書は多数にのぼるが，全般にわたるものとして浜野（1995），内藤・前田（2002），Speneer（2003）をあげる．

### a. 惑星としての地球

　宇宙が誕生して膨張を開始したのは137億年前とされる．その誕生時には素粒子とともに水素やヘリウムなどの軽元素がつくられ，超新星の成長と爆発が繰り返される過程で核融合などによって他の元素が生み出された．地球を含めて太陽系が誕生した46億年前には，宇宙空間を漂う星間物質にはすでに多くの元素が存在した．星間物質は重力で太陽に引き寄せられ，回転の遠心力で円盤状になり，その各部分で凝縮が進行して惑星が生み出されたと推測される．

　太陽系に属する8つの惑星は，太陽に近い側の4つと遠い側の4つでかなり性質が異なる（図1.10）．近い側の水星，金星，地球，火星を地球型惑星，遠い側の木星，土星，天王星，海王星を木星型惑星とよぶ．地球型惑星は高密度で直径が小さい．その内部は金属鉄からなる核とまわりを囲む岩石で構成される．木星型惑星も中心部には金属鉄や岩石が存在するらしいが，そのまわりを水素やヘリウムなどの軽元素が金属や液体などの状態で厚く積み重なり，直径は大きいが平均密度の小さな構造になったと考えられる．

　惑星を取り囲む大気にも地球型と木星型の間で明確な差がある．木星型惑星の大気は厚くて濃く，その組成はほとんどが水素とヘリウムからなる．それと比べて地球型惑星の大気は希薄である．水星には大気が存在しないし，火星の大気もきわめて薄い．大気の組成も木星型惑星とは異なり，金星と火星の大気の主成分は二酸化炭素と窒素である．

　惑星に地球型と木星型の違いが生じた原因は，惑星の大きさと太陽からの距離にあったと考えられる．木星型惑星は太陽から離れていて温度が低く，原子や分子のもつ運動エネルギーが小さい．大きな惑星の強い重力で軽い水素やヘリウムも内部に取り込み，大気にも保持した．小型で高温の地球型惑星では，軽い水素やヘリウムの大部分が重力圏から逃げ出した．水星は，太陽から噴き出すプラズマ（太陽風）の強い影響もあって大気をすべて失い，金星と火星の大気は水素や

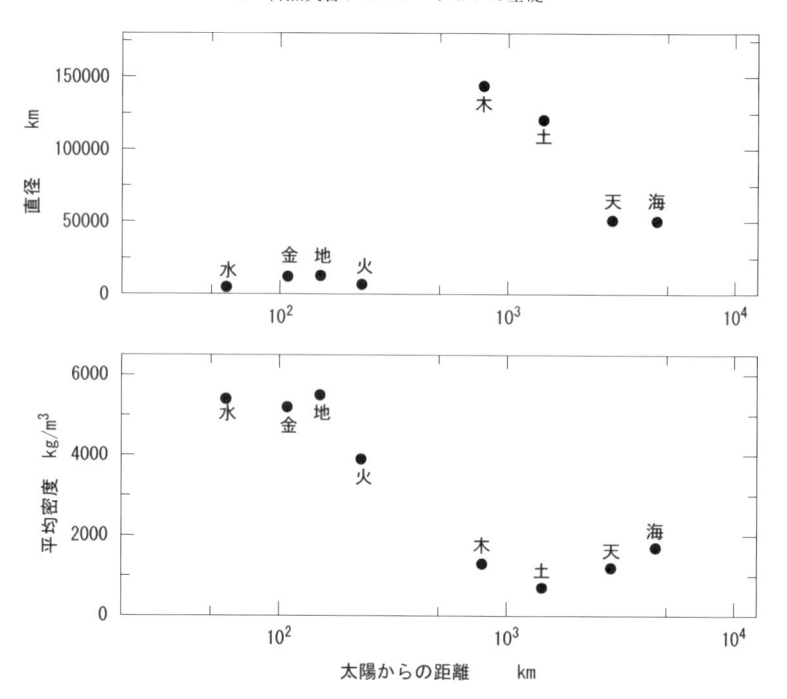

**図1.10** 太陽系に属する8つの惑星の直径と平均密度
太陽に近い水星, 金星, 地球, 火星は地球型惑星に, 太陽から遠い木星, 土星, 天王星, 海王星は木星型惑星に分類される.

ヘリウムより重い二酸化炭素や窒素が主成分となった. これらの成分は惑星の内部から火山活動などによって2次的に放出されたものである.

　地球型惑星の間でも, 地球は海の存在のために独自な進化をたどり, 特異な性質をもつに至った. 海ができたのは, 太陽から受け取るエネルギーが適量で, 温度と圧力が水の存在を許す範囲に調整できたためだろう. 水に対する溶解度が大きい二酸化炭素は海に溶解し, 陸から供給されたカルシウムイオンと結合して, 炭酸カルシウムの海底堆積物として大気から多量に除去された. そのために, 地球表層の温度は温室効果（次項参照）で極端に上昇するのが避けられた.

　地球表面の状態が安定になった38億5000万年前頃には, すでに海中に生命が存在したらしい. シアノバクテリアが光合成によって二酸化炭素から多量の酸素をつくりだしたのは27～19億年前と推定される. こうして, 地球の大気は二酸化炭素の代わりに窒素と酸素から構成されるようになった. 4億年あまり前に陸

## 1.4 地球の概観

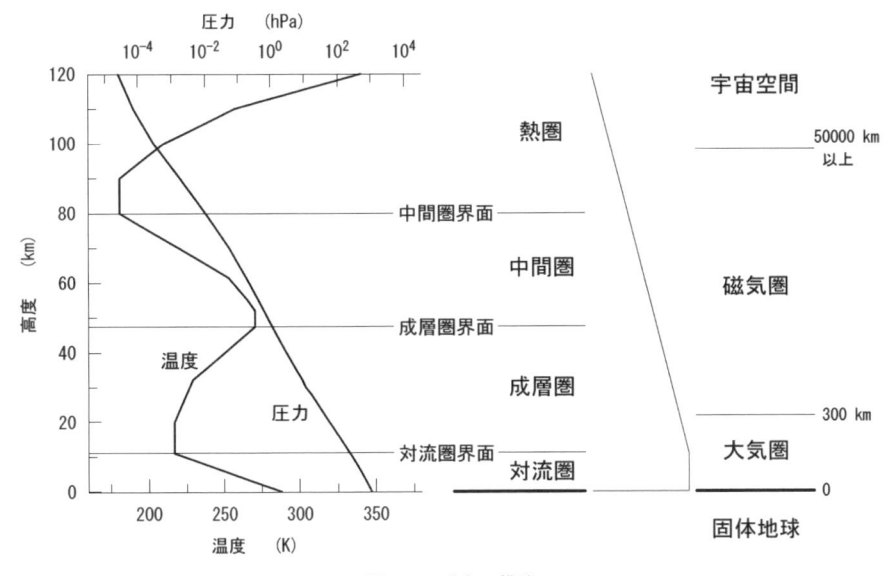

**図1.11 大気の構造**
磁気圏は地球磁場によって太陽風が遮断される領域である（右）．重力の効果が支配的になる大気圏は，温度分布（左）の極値を境に対流圏，成層圏，中間圏，熱圏に分けられる（中）．大気の圧力は高さとともに指数関数的に減少する（左）．

地に動植物が進出したときには，大気にはオゾン層が形成されて，生命にとって有害な紫外線などの透過が抑制された（次項参照）．海の存在によって地球の表層環境は変動の少ない状態に保たれ，生命の多様な進化が成し遂げられた．

### b. 大気と海洋

宇宙空間（惑星間空間）には，太陽から常時噴き出すプラズマ（原子が電子を放出してイオン化する状態）が高速の太陽風として流れている．太陽風の吹きすさぶ宇宙空間で，地球が支配する領域はまず地球磁場によって確保される．荷電粒子は地球磁場で運動方向が曲げられるので，地球の近傍には太陽風の入れない磁気圏がつくられるのである（図1.11右）．磁気圏は，太陽の側ではその上端（磁気圏界面）が地球の半径の10倍程度の高さにあるが，反対側は吹き流しのように引き伸ばされて，半径の2,000〜3,000倍の距離まで広がる．

地表からの高さがおよそ300 kmより下では，大気は重力に制御されて地球の中心のまわりに対称な成層構造をとる．大気圏は温度分布の極値を境に下から対

流圏，成層圏，中間圏，熱圏に分けられる（図 1.11 左，中）．太陽エネルギーの吸収と放出の兼ね合いで，対流圏と中間圏では温度は高さとともに下がり，成層圏と熱圏では逆に上がるのである．圧力（気圧）は高さとともに指数関数的に減少する．ある高さの圧力がそれより上に存在する大気の荷重で決まり，大気の密度がほぼ圧力に比例するためである．

大気圏の最上部に位置する熱圏では，低圧で原子や分子が希薄なために，一部がイオン化してプラズマ状態になっている．熱圏の上に広がる磁気圏も同じ状態にある．この電荷のために，熱圏には地表からの電波を反射する電離層ができる．熱圏より下では大気は電気的に中性な分子からなり，よくかき混ぜられて以下のような一様な組成（体積比）をもつ．

窒素 $N_2$：78％，酸素 $O_2$：21％，アルゴン Ar：1％，二酸化炭素 $CO_2$：0.03％ これらに加えて水蒸気 $H_2O$ が約 0.3％存在するが，その量は気象条件などに依存して時間的にも空間的にも変動する．

太陽は，内部で核融合などが進行して，多量のエネルギーを表面から電磁波として放出する．このエネルギーが地表付近の状態を決める．地表には地球の内部からも熱伝導や火山活動などで熱が供給されるが，その量は太陽からのエネルギーの 1/4,000 にすぎない．

地球の大気は可視光に対してほぼ透明なので，太陽からのエネルギーは効率よく地表に届く．ただし，電磁波の約 34％は雲や地表などで反射されて宇宙空間に返される（太陽光に対する反射率をアルベドとよぶ）．太陽からの電磁波には波長が可視光に隣接する紫外線や赤外線なども含まれるが，これらは大気によってかなり吸収される．特に熱圏では酸素原子や窒素原子が紫外線や X 線を，また成層圏ではオゾン $O_3$ が紫外線を吸収する．この吸収によって，成層圏と熱圏は高さにつれて温度が上昇することになる（図 1.11 左）．

太陽から地球に入射するエネルギーの大部分は地表付近で吸収され，固体地球の表層と大気や海を温めてから，宇宙空間に電磁波として返される．地表の温度は宇宙空間に返されるエネルギーが太陽からの入射とバランスするように定まり，ほぼ 300 K になる（4.1 節 a 項）．この温度で地球が放射する電磁波は波長が赤外線の領域に入る．大気中の二酸化炭素や水蒸気は，赤外線を吸収して一部を地表に返し，冷却を邪魔して地表の温度を上昇させる．これが温室効果である．

太陽から地表に入射するエネルギーは，赤道で最大になり，極に近づくほど減少する．地表面への太陽光線の入射が高緯度になるほど垂直からはずれるためである．この入射エネルギーの不均一を緩和するように，大気や海洋には対流が生

ずる．大気の対流は，鉛直方向の温度分布（図1.11）に制約を受けて，加熱による重力不安定が生じやすい対流圏で最も活発になる．自転によるコリオリ力の効果が高緯度ほど大きくなるために，赤道周辺，中緯度，高緯度で異なる様式をとる（4.1節d項）．また，熱容量の異なる陸と海の分布に影響され，水の凝結や気化が絡んで，多様な大気現象を引き起こす．

海洋は地表の面積の71%を占め，地表付近に存在する水の94%は海水になっている．海底の深さは大半が3〜6kmの範囲にあるが，海溝では最深部が深さ11kmに達する．海と陸の違いは地表面の高さにとどまらない．大陸と海洋底の下では固体地球の性質や運動が大きく異なる．

海洋の循環には，海面に吹く風に駆動される風成循環と，極域から高密度の海水が沈み込むことによる熱塩循環がある．風成循環は大陸で分断された各海域でほぼ閉じた流れをつくる．強い流れは深さ数百m以内の浅い範囲に局在し，コリオリ力の緯度依存性の効果で各海域の西側に偏って分布する．熱塩循環は，南極やグリーンランドで結氷の際に生じる低温高密度の海水が，深海を数cm/日程度の速度でゆっくりと移動してから，太平洋などで湧き上がる流れである．

### c. 固 体 地 球

固体地球は重力の効果で球対称の成層構造をとり，その性質はおもに深さに依存する（図1.12）．地球内部には弾性波が減衰をあまり受けずに伝わるので，固体地球の構造はおもにそれを用いて調べられてきた．大きな地震が起こると，震源で発した弾性波が地震波として地球内部を伝播して，世界中の地震計にとらえられる（2.5節）．各観測点では，縦波P波と横波S波が最初に到達する時刻が計測される．観測点が震源から離れるにつれて，地下深部まで入った地震波が到達するので，地震波の到達時間と震源からの距離の関係（走時曲線）を解析して，P波とS波が地球内部を伝播する速度が深さの関数として計算できるのである．

P波速度 $\alpha$ と S波速度 $\beta$ の深さ依存性（図1.12上段左）には，不連続や急な変化がいくつか見られる．最も顕著な不連続は深さ2,900km付近にあり，それより下ではP波速度が大きく減少し，S波は伝わらなくなる．この深さを境に物質の種類が異なっており，浅部は岩石，深部は鉄を主成分とする金属でできていると考えられる．岩石でできた部分をマントル，金属鉄の部分を核（コア）とよぶ（図1.12下）．S波が通らなくなることから，金属鉄は融解して液体状態になっている．金属鉄は電気の良導体なので，核内部の対流は地球磁場を生み出す（ダイナモ理論）．地震波速度の不連続は，図ではよく読み取れないが，地球のごく

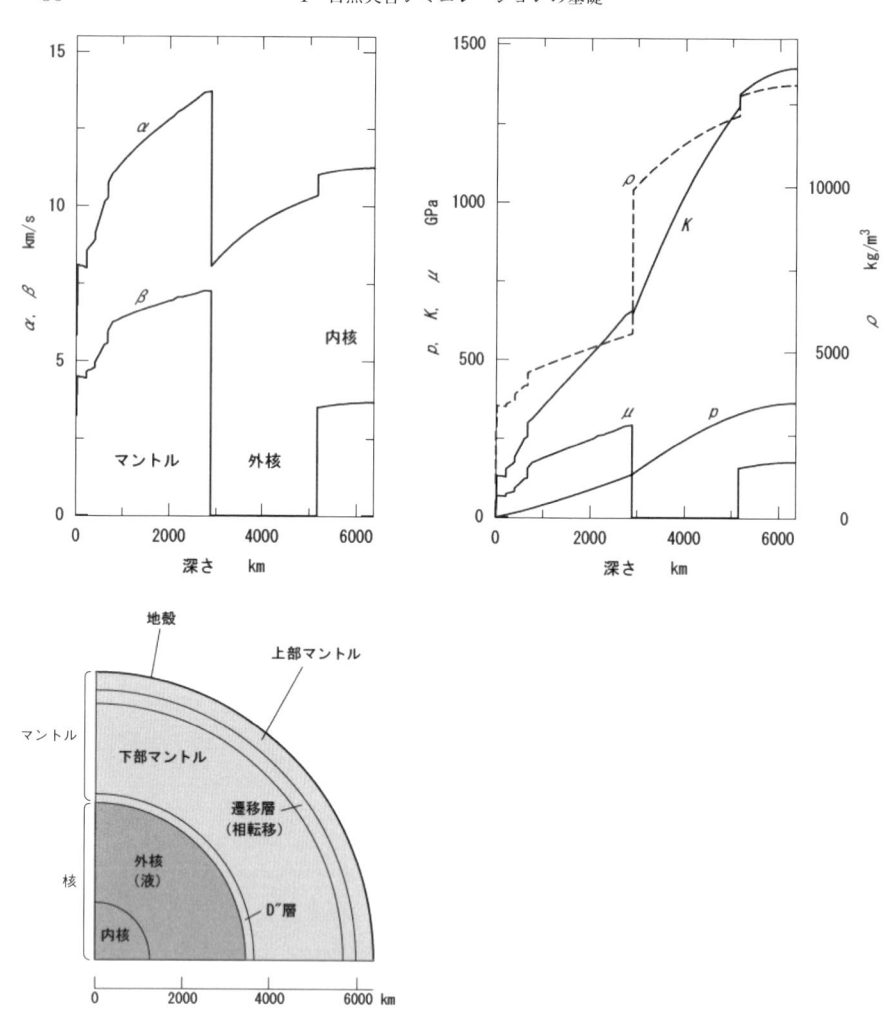

**図 1.12** 地震波の P 波速度 $\alpha$ と S 波速度 $\beta$ の観測（左）から決まる地球内部の構造（下）．固体地球は金属鉄でできた核，岩石でできたマントル，それを薄く覆う地殻からなる．核は外核と内核に，マントルは上部マントル，遷移層，下部マントルに分かれる．$\alpha$ と $\beta$ の分布などから圧力 $p$，密度 $\rho$，体積弾性率 $K$，剛性率 $\mu$ の分布が計算される（右）．

浅部にもある．化学組成の異なる岩石でできた地殻がマントルを薄く覆っているのである．

　地震波速度の分布からさらに細かい構造も読み取れる．核には液体状態にある外核の内側に固化した内核が存在する．マントルは，急な速度変化をする遷移層を境に，上部マントルと下部マントルに分かれる．この速度変化は圧力による鉱物の相転移を表すと考えられる．すなわち，上部マントルの鉱物は結晶に相対的に隙間の多いカンラン石や輝石などからなり，下部マントルの鉱物は結晶がさらに緻密な酸化物やペロブスカイト構造をとる．遷移層は結晶構造の変化をつなぐ何段階かの中間状態からなる．

　地震波速度は式 (1.13) と式 (1.10) で密度 $\rho$, 弾性定数 $K$ と $\mu$ に関係するが，この3つの未知量は $\alpha$ と $\beta$ の観測値だけからは決まらない．付加条件として「一様とみなされるそれぞれの領域で密度変化は圧力の効果を反映する」，「密度を地球全体で積分すると地球の全質量と一致する」などを加えると，密度や弾性定数が深さの関数として見積もれる（図1.12右）．その際に圧力 $p$ は密度の分布から計算される．

　地球内部の温度は地震波速度と関連が薄く，他のさまざまな手がかりを使って見積もる．上部マントルで1,000℃，遷移層最下部で1,600℃，マントルと外核の境界で5,000℃，地球の中心で6,700℃が温度のおおまかな目安である．

　地球は今から46億年前に星間物質が集積して原型が生まれた．そのときに運動エネルギーが熱に変わって，地球の表面はマグマの海で覆われたらしい．地球内部も高温になって流動性が増し，金属鉄が重力で沈降して中心に液体状態の核をつくった．その後地球が冷えて温度が下がると，融点の高い核の中心部で固化が進み，内核が成長した．

　地殻はマントルで融解した岩石がマグマとして上昇し，分離して固化した領域である．現在知られる最古の鉱物粒子（オーストラリアで発見された花崗岩中のジルコン）は44億年前の，また最古の岩石（カナダの変成岩）は38億年前のものなので，この頃までには地球の表面は現在と類似な状態になっていた．各地で計測された地殻の形成年代から，大陸は24億～5億年前頃に急成長したと推定される．

　1億8000万年前には，唯一の大陸として地表を海と分かち合っていたパンゲア大陸が分裂を開始した．ユーラシアや北米など，いくつかに分裂したパンゲア大陸の断片は，数～十数cm/年の速度で水平に移動を続け，現在に至っている．大陸が分裂すると，その間を埋めるように新しい海底が成長して，大陸間の距離

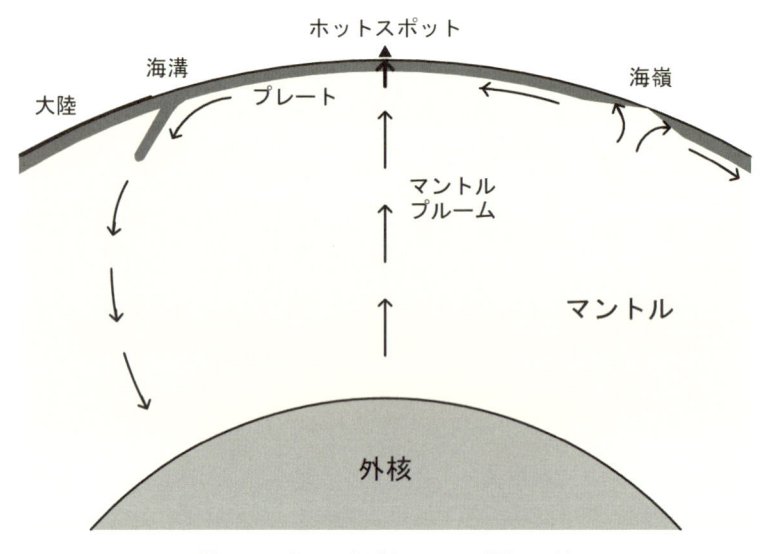

**図 1.13** プレート運動とマントル対流の関係
プレートは海嶺で生まれて海溝で地球内部に沈み込む．沈み込んだプレートはマントルの底近くまで下降する．マントル深部からの上昇流はホットスポット火山の下などで生ずる．

を広げる．海嶺とよばれる海底のゆったりとした高まりが，内部から湧き出した物質から新しい海底を生み出す場所である．生み出された海底は海嶺の両側にほぼ対称に広がり，海溝に到達すると地球内部に沈み込む．

海底からの深さが数十 km 以内の範囲は低温で，岩石は十分な硬さを保持する．この部分は板のように海底と一体化して移動するので，プレートとよばれる．プレートは海底地殻と直下のマントル（リッドとよばれる）からなり，海嶺で生まれて水平に移動し，海溝で消失する（図 1.13）．大陸にも適当な厚さのプレートを想定すれば，地表はプレートで覆われる．海嶺や海溝はプレートの境界である．プレートの境界には，プレート同士が水平にすれ違うトランスフォーム断層もある．

海嶺，海溝，トランスフォーム断層の位置は，各種の観測や調査によって世界中で詳細に調べられており，それに基づいてプレートの分布の正確な地図が作られている．そこには太平洋，ユーラシア，北米，南米，アフリカ，オーストラリア，南極などの大きなプレートと，多数の小さなプレートが含まれる．地震や火山の活動はプレートの境界で起こることが多く，褶曲作用はプレートが強く押し合う場所で見られる．このように，地表付近の現象は多くがプレート間の相互作

用と関連する．それを体系的に記述するのがプレートテクトニクス理論である．

　プレートの運動はマントルの対流の一部であり，対流の表面の流れを表すと理解できる（図1.13）．ただし，大陸は常時地表にとどまり，対流には加わらない．海溝で沈んだプレートは，相対的に低温で大きな地震波速度をもつことを手がかりに，マントルと核の境界付近まで追跡できる．これがマントル対流の下降流である．ところが，海嶺の下には上昇流の痕跡が浅い場所にしか認められない．マントル深部からの上昇流は，世界中に数十カ所分布するホットスポット火山の下で湧き上がっているらしい．もっと大規模な上昇流が過去に間欠的に生じた痕跡も残されている．マントル対流を駆動するおもな熱源は，地球の形成時にマントルと核の分離で解放された重力エネルギーである．ウラン，トリウム，カリウムなど，半減期の長い放射性元素もマントルの発熱に寄与する．

　海溝のほとんどは太平洋周辺に集中するので，プレート運動によって大西洋などが拡大する一方で，太平洋は全体として縮小する．この変化が続けば，最終的には太平洋が消滅し，すべての大陸が再び合体して，新たな超大陸が生まれる．こう考えると，プレートテクトニクスは大陸の分裂と合体の繰り返し（ウィルソンサイクル）とみなされる．1億8000万年前に分裂を開始したパンゲア大陸は，1つ前のサイクルで3～4億年前にできたとされる．

　地球以外の惑星にはプレート運動の証拠が見つかっていないので，プレートテクトニクスの実現には地球特有の特殊な条件が必要なのかもしれない．

**引用文献**
浜野洋三：地球のしくみ，日本実業出版社，170pp., 1995.
神谷紀生・北　栄輔：偏微分方程式の数値解法，共立出版，156pp., 1998.
高見穎郎・河村哲也：偏微分方程式の差分解法，東京大学出版会，2012.
恒藤敏彦：弾性体と流体（物理入門コース8），岩波書店，250pp., 1983.
内藤玄一・前田直樹：地球科学入門，米田出版，195pp., 2002.
Speneer, E. W.：*Earth Science: Understanding Environmental Systems*, McGraw-Hill, 518pp., 2003.

# 2

## 地震と津波

　第2～4章は地震，噴火，大気現象に関連した内容に1章ずつを割り振る．各章は共通の構成をとる．最初の節にその章で扱われる内容の基礎がまとめられる．それに続く数節は具体的な問題に関するシミュレーションの記述で，計算方法が計算結果の事例とともに詳細に解説される．最後の節では，シミュレーションの現状と問題点が研究の最前線での話題や防災への活用も含めて議論される．

　シミュレーションには現象の理解に役立てるという意味と，現象の予測を通して災害の軽減に寄与するという役割があるが，本書は現象の理解という教育的な観点を重視する．解説書を読むだけでは受動的な知識の吸収に終わりがちだが，シミュレーションを通して学ぶことで，現象にさらに能動的にかかわることができる．現象の理解を深めて，個別の知識を自分で引き出すことができる．

　この立場から，本書で解説されるシミュレーションの方法は，物理学の基礎との関連が明快で数値計算が簡単であることに配慮し，取り扱う例題も現象の基本的な性質を表現するものを選択する．なお，本書で取り上げるシミュレーションは，格子点の数を極端に多くしなければ，個人や家庭で使うPC（パーソナルコンピュータ）で十分に対応できる．例題の実行に要する時間は長くても数分以内である．

　自然災害の中で，第2章は地震に関連する現象を対象にする．シミュレーションの題材は，地震の発生と地震波の伝播（2.2節），地震に伴う地殻変動（2.3節），津波の伝播（2.4節），波線理論による地球の内部構造の解析（2.5節）に関するものである．

### 2.1　地震現象と地震災害の概要

　地震に関連する具体的なシミュレーションに入る前に，地震現象と地震災害について基礎事項をまとめておく．自然界の地震は断層に沿うすべりによって生ずる．地震と断層の関係，断層すべりと応力の関係，地震の結果として生ずる地殻変動や津波，地震が原因となる災害などが本節で取り上げるテーマである．

## a. 地震と震源

マントルは数百年程度よりも長い時間で見るとゆっくりと流動して対流を起こし，プレートを動かす．しかし，それよりずっと短い時間で進行する変動には弾性体として応答する．弾性体は時間とともに変化する変形を弾性波（地震波）として周辺に伝える．等方的な固体を伝播する地震波には縦波（P波）と横波（S波）がある（1.2節c項）．

地震は震源で起きた急激な変動が地震波として地球内部を伝わって地面を揺らす現象である．大きな地震は地面の揺れも激しく，建造物などを破壊して地震災害を引き起こす．地震という語は日常的には地面の揺れを指すが，地震学では揺れの原因となる震源の活動とそれに関連する一連の現象を表す．地面の揺れには「地震動」という語があてられる．

地震の大きさは震源からまわりに地震波として放出される総エネルギーで表現できる．実用的には，総エネルギーの常用対数をとったマグニチュードが地震の大きさを表すために使われる．マグニチュードは連続的に変化する量であり，負の値も非常に大きな値もとりうる．負のマグニチュードをもつのはきわめて微弱な地震である．マグニチュードが7前後の地震は大地震，マグニチュードが8を超える地震は巨大地震である．現在までに計測された最大の地震はマグニチュード9.5のチリ地震（1960年）である．2011年3月11日に発生した東北地方太平洋沖地震（東日本大震災の原因）はマグニチュードが9.0であった．

地震動は地表や地下浅部におかれた多数の地震計で観測される．微弱な揺れを精密に計測する目的には速度型地震計が，激しい揺れも飽和せずにとらえる目的には加速度型地震計（加速度計，震度計）が使われてきた．その両方の目的を満たすのは広帯域地震計で，電子技術を用いて振幅と周波数の広い範囲にわたって揺れを精密に計測する．

加速度は力に比例するので，地震の揺れによって地面から加わる力の大きさを適切に表現するのは加速度計の出力である．実用的には揺れの大きさは震度で表される．日本で使われる震度は加速度計の出力を10段階に区分したものである．震度が3を超えるあたりから多くの人が揺れを感じる．震度が5弱を超えると，家具が倒れるなどの被害が出始める．震度が最高値の7になると，人はその場から動くことができず，その地域には通常建物の倒壊などの大きな被害が出る．

地下で起こる爆発も地震波を出すが，自然界のほとんどの地震は地殻やマントルで起こる破壊が原因である．破壊は断層に沿って急激にすべり（変位の不連続，くい違い）が生ずる現象である．断層が地面に達する場所では，すべりが地面の

ずれとして観察できる．すべり量と断層の面積が大きくなるにつれて，地震のマグニチュードも大きくなる．

爆発による衝撃はおもに疎密波であるP波として周囲に伝わる．それに対して，自然地震の原因となる破壊は断層がすべる現象なので，横ずれ（せん断）が顕著なS波を生み出し，同時に断層に沿って生じる不均質な歪がP波を放射する．爆発や断層すべりによる地震波の性質は 2.2 節でシミュレーションを実行しながら学ぶ．

震源は遠方から見ると1点で近似されるが，実際には広がりをもつ．広がりを含めた地震の発生源を震源域とよぶ．自然地震の震源域はすべりを起こす断層である．地震の発生源に広がりを考えるときには，震源は震源域と区別して地震波を最初に放出する点（破壊が最初に始まる点）を指す．

震源からはP波とS波が同時に放射されるが，伝播速度の違いのためにP波が先行して伝わり，S波がそれを追いかける．震源の位置は，3つ以上の観測点にP波とS波が最初に到達する時刻（初動時刻）を用いて計算できる．震源域の広がりやすべりの分布を究明するには，余震の震源分布や地震波形の解析が必要になる．

初動時刻には，地震の発生時や震源の位置の他に地震波を伝える伝播速度の情報が含まれる．震源や伝播速度に関する情報を初動時刻から抽出する計算には，地震波の伝播を近似的に表現する波線理論が用いられる．光の伝播は幾何光学で光線を用いて表現するが，波線は光線を一般化した概念である．波線理論とその応用は 2.5 節で取り上げる．

地震波の波形は震源でどのように破壊が進行したかを反映する．波形を解析する目的には運動方程式（1.11）を直接解く必要がある．この問題に関連する例題は 2.3 節で扱う．

**b. 断層と応力**

地震は地球浅部の低温領域で起こる破壊が原因となる．破壊は応力が蓄積して岩石の破壊強度や摩擦強度を超えたときに始まり，断層面をすべらせながら破壊領域を広げて，その途上でまわりに地震波を放射する．

ほとんどの地震は無垢の岩石に新しい破壊面をつくるのではなく，既存の断層で繰り返し発生すると考えられている．地震で破壊された断層面はすぐに固着し，その後でまた破壊されて次の地震を起こすと考えるのである．過去数十万年以内に地震を起こした断層は，今後も地震を起こす可能性が高いと判断して，活断層

## 2.1 地震現象と地震災害の概要

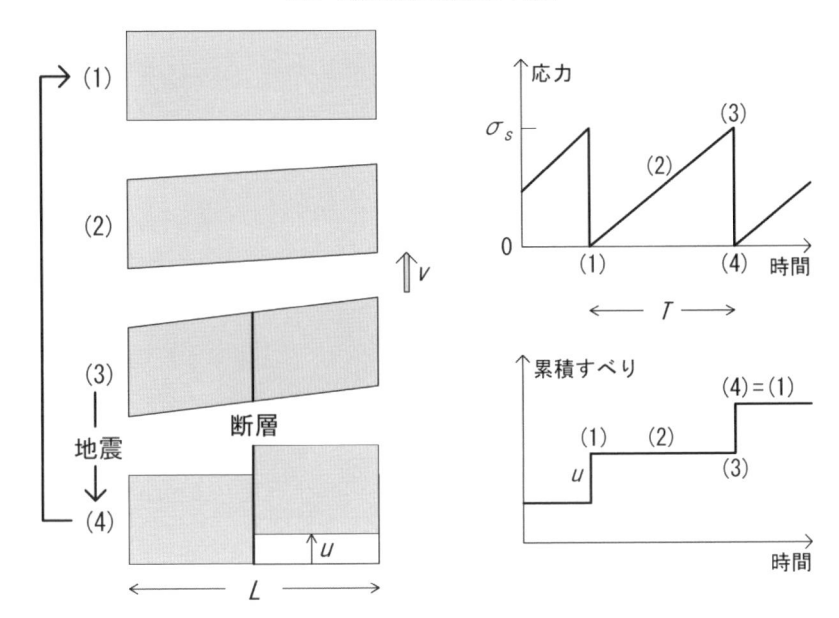

**図 2.1** 弾性反発モデルで記述される地震の周期的な発生
断層を含む厚さ $L$ の領域の両端を一定の速度差 $v$ で動かすと，応力の増加と破壊による解放が周期的に繰り返され，すべりが累積される．

とよぶ．

同じ断層で地震が繰り返す過程は，単純化して弾性反発モデルで表現できる(図2.1)．このモデルで断層を含む厚さ $L$ の領域の両端を一定の速度 $v$ で動かすと，内部に応力が一定の割合で蓄積する．応力が断層の強度 $\sigma_s$ に達すると，破壊とともにすべりが生じて応力を一挙に解放する．破壊後に断層面が固着して最初の状態に戻り，応力の蓄積がまた始まる．こうして地震の発生が周期的に繰り返され，すべりが累積されていく．地震の周期 $T$ は $\sigma_s$ に比例し，$v/L$ に反比例する．

実際の断層面は応力や強度が不均質な状態で推移して，その過程で断層の各部分でさまざまな規模の地震が発生する．地震の多くは小規模だが，ときには災害の原因となるような大規模な地震にもなる．蓄積された応力は，地震によってすべりの起きた断層面で大局的には解放されるが，一部は不均質な状態で残される．そのために，大地震の後には多数の余震が続いて応力の分布をならしていく．

断層は断層面とすべりの方向によって正断層，逆断層，横ずれ断層に分類される（図2.2）．正断層と逆断層は，断層面がともに地表に対してある角度で傾斜

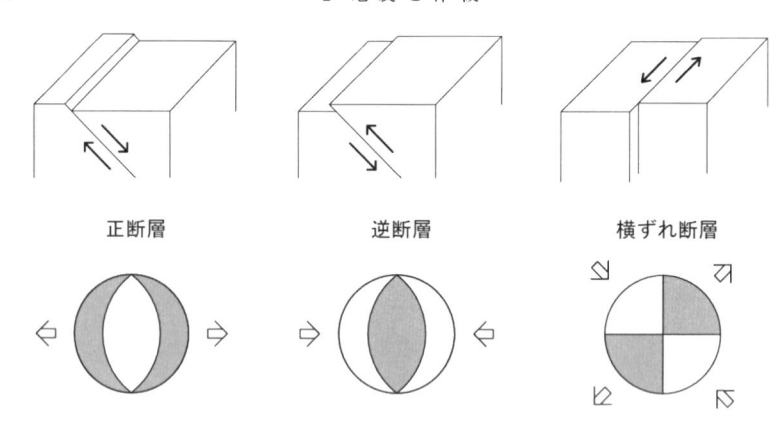

**図 2.2** 正断層，逆断層，横ずれ断層の模式図（上）とそれらに対応する地震のメカニズム解（下）
メカニズム解は押しの領域に影をつける．正断層は張力的な応力場，逆断層は圧縮的な応力場，横ずれ断層は張力と圧縮力が均衡する場ですべりが発生する．

するが，すべりの向きは逆である．正断層は断層の上盤が下にすべり落ち，逆断層は上にせり上がる．横ずれ断層は，断層面が地面と垂直で，すべりの方向が水平である．断層の片側に立って反対側が右に動くが左に動くかによって，右横ずれ断層と左横ずれ断層に分けられる．

　断層のタイプは地殻が水平方向に受ける応力の状態を反映する．正断層は地殻が張力的な応力状態にあるときに，逆断層は地殻が圧縮的な応力状態にあるときに生じる．そのときに断層の走行（断層面やその延長が地表と交わる線）は，正断層では張力方向と，逆断層では圧縮方向と垂直になる．横ずれ断層は張力と圧縮力がほぼ均衡する場合に生じ，断層の走行はずれ応力（せん断応力）が働く面に平行になり，張力や圧縮力の方向とは45°の傾きをなす．

　実際の地震は，断層面上のすべりが水平成分と鉛直成分の両方をもつことも多い．この場合には断層のタイプは正（逆）断層と横ずれ断層の中間になる．水平成分と鉛直成分のどちらが卓越するかによって，「右横ずれ成分を多少もつ逆断層」，「正断層成分をもつ左横ずれ断層」などとよばれる．

　断層の上端が地表に達する場合には，その観察から断層の走行が決められる．また，地表に露出する断層の形状やすべりの方向から断層のタイプが識別できる．ただし，地表付近の地形が乱されて，断層タイプの識別が難しい場合も少なくない．特に正断層と逆断層は判別が難しい．

　断層タイプや応力状態の識別には，地震波の解析から得られるメカニズム解が

有力な手段となる．特に，地表に断層が姿を現さない地震では，メカニズム解がほとんど唯一の手がかりになる．メカニズム解の決定には，S波の初動や地震波形の長周期成分も使われるが，基礎となるのはP波の初動分布である．

断層のまわりに放射されるP波初動の向きは，断層面とそれに垂直な面に区切られて4象限型に分かれる（2.2節d項）．これに対応して，地震波が地面を最初に動かす向きも上向きの「押し」の領域（図で影をつけた丸）と下向きの「引き」の領域（図の白丸）に分かれる．波線を逆にたどって地表の観測結果を震源に引き戻し，押しと引きを仮想的な球（震源球）の表面に投影したのがメカニズム解である．

メカニズム解を平面上に図示するには，震源球の上面か下面を地表に投影した図が使われる．そのときに表示に使われない側の面に入った押し引きデータは，メカニズム解の対称性を考慮して，球の中心と対称な位置にプロットする．震源球の上面と下面のどちらを選ぶかは作成者によって異なるので注意を要する．

震源球で押しと引きの領域を区画する面（節面）は2つあるが，そのどちらかが断層面の向きを表す．どちらの節面が断層面と対応するかは，地表で観測される断層の走行や余震の震源分布から判断されることが多い．すべりの方向は2つの節面の交線と垂直であり，変位の向きは断層の両側で引きの領域から押しの領域に向かう．

断層の3つのタイプに対応して，典型的なメカニズム解がどうなるかを図2.2の下図に示す．ここで影をつけたのが押しの領域である．地震の観測からメカニズム解が得られれば，断層のタイプが識別され，地震を起こす応力の性質が判明する．

#### c. 地震の起こる場所

地震の震源を世界地図にプロットすると，ほとんどの地震はプレート境界（1.4節c項）の付近に集中する．メカニズム解のタイプはプレート境界の種類によって異なる．海嶺では，両側のプレートが離れていくことに対応して，走行が海嶺軸と平行になるような正断層型の地震が卓越する．トランスフォーム断層で起こる地震は，プレート間の横ずれ運動を反映する横ずれ断層型である．

沈み込み帯の地震にはいくつかの種類がある（図2.3）．プレート境界の境界面上で起こるプレート間地震は，海側のプレートの沈み込みによって引きずりこまれた陸側のプレートが一気にすべって元に戻る運動によるものである．プレート境界の傾きが水平に近いので，メカニズム解は低角逆断層型になる．しばしば

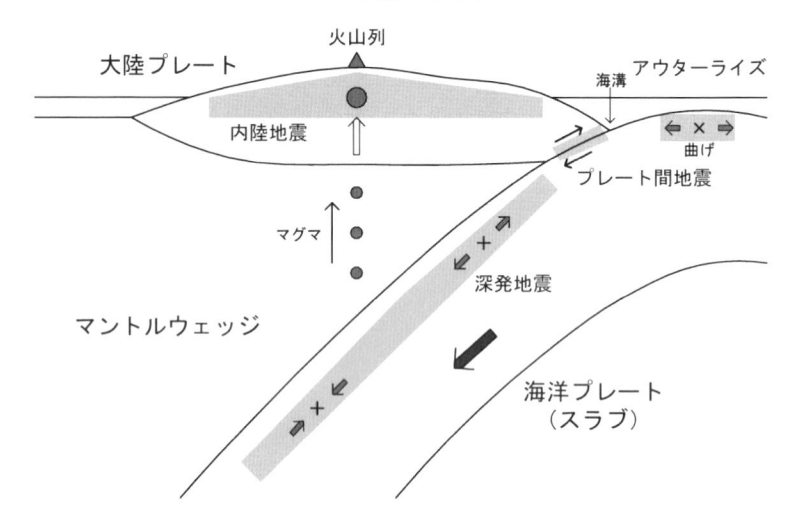

**図 2.3　沈み込み帯で発生する地震**
プレート境界の面上では低角逆断層型のプレート間地震が起こる．沈み込むプレートの内部では，海溝の手前でプレートの曲げによる正断層型の地震が，沈み込んだ後では深発地震が起こる．陸では内陸地震が起こる．

マグニチュードが8以上の巨大地震になり，強い揺れとともに津波を誘発する．
　海側のプレートの内部でも地震は起こる．海溝の手前（アウターライズ）では，沈み込む直前のプレートが曲げられて上部に張力が働くので，正断層型の地震が発生する．地下に沈み込んだ後は，重力や周囲から受ける抵抗によって応力が生じて深発地震（スラブ内地震，スラブは沈み込んだプレートのこと）を引き起こす．深発地震には震源の深さが700 kmに達するものもある．メカニズム解は，浅部ではプレートが引っ張られ，深部では押されることによる応力を表現する．
　陸側のプレートで起こる地震は内陸地震とよばれる．内陸地震は地殻浅部に広く分布する活断層で繰り返し発生し，応力はプレート間の相互作用に起因すると理解される．日本列島には東西方向の圧縮軸をもつ地震が多く，東北地方には逆断層型，西南日本には横ずれ断層型の地震が卓越する．応力の原因は太平洋プレートの沈み込みに伴う圧縮であるとされるが，沈み込みがなぜ定常的に圧縮を生むのかは明確に説明されていない．東西圧縮は九州から中国まで分布するので，応力の原因はもっと広域的に探るべきかもしれない．

2.1 地震現象と地震災害の概要

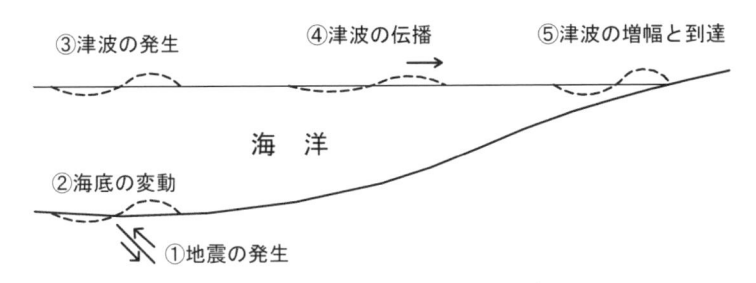

③津波の発生　④津波の伝播　⑤津波の増幅と到達

海 洋

②海底の変動

①地震の発生

**図 2.4** 地震によって発生する津波の概念図
地震の断層すべりが海底に隆起や沈降をもたらすと，その変動は海面を上下させる．海面の起伏は重力の効果でまわりに津波として広がる．

### d. 地殻変動と津波

断層で生じたすべりは，地震の後は永久変形を地殻変動としてまわりに残す．地殻変動は GPS 観測などの測地学的な観測網によってとらえられる．地殻変動の解析には，弾性平衡の方程式，すなわち弾性体の運動方程式（1.11）で左辺の慣性項を 0 にした方程式を用いる．解析の方法やシミュレーションの例題は 2.3 節で取り上げる．

海底の浅部で発生する地震は津波を誘発する．図 2.4 に模式的に示すように，地震による地殻変動は海底に隆起や沈降をもたらす．この上下変動は，空間的な広がりが通常は水深よりずっと大きいので，海をほぼ平行に上下させて海面に起伏を生み出す．海面は元の平らな状態に戻ろうとして，変動を周囲に広げる．これが津波である．

津波の伝播は浅水波（波長が水深より十分に長い水面波）が満たす波動方程式に支配される．津波の伝播速度は海底の深さに依存し，遠洋ではジェット機の運行速度なみの高速になる．海岸には振幅が増幅されて到達する．2.4 節では津波の伝播を計算する方法を述べ，簡単な例題を用いて津波の性質を調べる．

### e. 地震に伴う災害

地震は数千人以上の死者を出す悲惨な地震災害をもたらすことがある（阿部，2011）．最近の日本の例でも，1995 年の阪神淡路大震災では 6,000 人あまりの，また 2011 年の東日本大震災では 19,000 人あまりの犠牲者が出た（井田，2012）．

地震によって引き起こされる災害には，揺れ（地震動）に直接起因するもの，地盤の変形や破壊に伴うもの，地盤の変質に伴うもの，それらに誘発される 2 次災害などがある．海底地盤の変形は津波を誘発する．地盤の変質で重要なのは液

状化である．2次災害としては火災と洪水が大災害の原因となる．

　建造物などに対する地震の揺れ（地震動）の影響は揺れの強さ（震度）によって変わる．震度が5強程度になると家具などが転倒するようになり，6強以上では建造物のほとんどが倒壊する．揺れによる人的な被害は，9割以上が転倒した家具や倒壊した建造物などの下敷きになることによる．

　揺れの強さは基本的には地震の規模（マグニチュード）と震源域からの距離で決まる．マグニチュードが7以上の地震が地殻浅部で発生した場合には，断層の近傍では最大級の揺れ（震度7）が観測され，大きな被害が出ることが多い．

　建造物の揺れは地震動との共振共鳴によって強められるので，地震動の卓越周期が重要な意味をもつ．地震は規模が大きくなるにつれてすべての周期で地震波の振幅が大きくなるが，特に周期の長い地震波まで放射するようになる．一戸建てなどの小規模な家屋の倒壊はおもに周期が1秒前後の揺れに支配される．ビルなどの高層建築や工場などの長大施設は，共振周期がもっと長くなり，数秒以上の長周期の地震波を強く出す大地震で大きく揺れ，被害が生じる恐れがある．

　揺れの大きさは地震波の伝播経路にも依存する．沈み込み帯で起こる深発地震では，沈み込んだプレート（スラブ，図2.3参照）を通る地震波のほうが，その上のマントル（マントルウェッジ）を通る地震波より減衰が小さく，距離の割に大きな揺れをもたらす．この現象は異常震域として知られる．

　地盤の性質や強さも揺れに影響する．軟弱な地盤の上は堅固な地盤と比べて揺れが強まり，振幅の差は数倍に達することがある．柔らかい地盤は地震波の伝わる速度が遅いために，地震波が狭い範囲に押し込められて揺れの振幅が大きくなる．例えば地震波速度が半分の軟弱地盤では揺れは2倍に増幅される．地震波の波線が曲げられて軟弱な地盤に集中したり，境界での反射で地震波が閉じ込められたりする効果も振幅の増大に寄与する．軟弱な地盤は，かつて河川や湖沼であった場所で堆積物がつくり出すことが多い．

　液状化は地下水に浸った地盤でよく見られる．地盤を構成する砂粒などが地震で揺すられて地下水に浮遊する状態になり，地盤の流動性が高まるのが液状化である．液状化が起こると，土砂混じりの水がしばしば地表から噴出する．液状化によって地震の揺れ自体は地表に伝わり難くなるが，地盤の強度が失われて上に乗る建造物が傾いたり，土管などの地中埋設物が浮き上がったりする．阪神淡路大震災（1995年）の時は，液状化によってポートアイランドの港湾施設に大きな被害が出た．

　地震の強い揺れのために地面に亀裂が入り，道路や建造物が破損されることも

多い．地盤の破損は，斜面では地すべりを誘発する．地すべりは道路，家屋，田畑などを埋め立てる．また，河川をせき止めて，水害の原因となる．

地震の強い揺れで誘発される火災は，地震が食事の準備をする時間帯に発生するときによく見られる．地震のためにあちこちで同時に火災が始まると，消火活動が地震で妨げられることもあって，火災が広域に拡大するのである．関東大震災（1923年）で10万人あまりの死者が出たのは，昼食時の地震で多数の地点で火災が発生し，台風並みの強風に煽られて人口密集地に広がったためである．

地震による地殻変動は道路に段差を生んだり建造物を傾けたりすることがある．海岸の近くでは，陸の高さと海面の関係を変えて，港湾施設や居住地に深刻な影響をもたらすことがある．

沈み込み帯で起こるプレート間地震など，海域の浅部で発生する大地震はしばしば津波を誘発する．津波は地震に関連する現象の中でも特に危険で，今までにも何度も大災害の原因となってきた．

1960年のチリ地震で生じた津波は，太平洋を渡って地球の裏側の日本にも到達し，北海道から東北地方にかけて死者・行方不明者142人を含む大きな被害をもたらした．2011年の東日本大震災のときは，マグニチュード9.0のプレート間地震（東北地方太平洋沖地震）によって，海底が場所によっては数十mも隆起し，高さが最大で40mに達する津波が沿岸を襲った．津波は川などに沿って陸の奥まで侵入し，沿岸域を壊滅させた．津波の被害は揺れに起因する被害よりはるかに大きかった．

## 2.2　地震の発生と地震波の伝播

断層すべりによる地震の発生を2次元のシミュレーションで調べる．基礎になるのは弾性体の運動方程式（1.11）であり，それを1.3節で述べた差分法によって離散化して数値計算を実行する．定式化で問題になるのは，断層すべりをどう表現するか，また自由表面とみなされる地表をどう扱うかである．

2次元のシミュレーションは，格子点の数が少なく計算時間が短くてすみ，計算結果の全貌が容易に図示できるので，地震の性質や計算方法を学ぶ上で便利である．現実の地震は3次元の場で起こり，3次元の扱いをしないと表現できない現象もあるが，ここで述べる方法は3次元の問題にも容易に拡張できる．

### a. 差分による運動方程式の離散化

弾性体が等方的であり,弾性定数の空間的な変化があまり大きくない場合には,弾性体の運動は運動方程式 (1.11) で表現される.弾性定数の代わりに縦波 (P波) 速度 $\alpha$ と横波 (S波) 速度 $\beta$ を使って,この方程式を次のように書く.

$$\frac{\partial^2 u_i}{\partial t^2} = (\alpha^2 - \beta^2) \frac{\partial}{\partial x_i} \sum_j \frac{\partial u_j}{\partial x_j} + \beta^2 \sum_j \frac{\partial^2 u_i}{\partial x_j^2} \tag{2.1}$$

ここで,変位の $x_i$ 方向の成分 $u_i$ は,基準となる平衡状態からの差を表すものと理解する.重力の効果は平衡状態に組み入れて,運動方程式からは取り除く.

問題を 2 次元にして $u_3 = 0$ とし,変形は $x_3$ に依存しないものとする.水平方向に $x$ 軸,鉛直上向きに $y$ 軸をとり,$x_1$ と $x_2$ を $x$ と $y$,$u_1$ と $u_2$ を $u$ と $v$ と書けば,式 (2.1) は次のように書き直される.

$$\frac{\partial^2 u}{\partial t^2} = \alpha^2 \frac{\partial^2 u}{\partial x^2} + \beta^2 \frac{\partial^2 u}{\partial y^2} + (\alpha^2 - \beta^2) \frac{\partial^2 v}{\partial x \partial y},$$

$$\frac{\partial^2 v}{\partial t^2} = \beta^2 \frac{\partial^2 v}{\partial x^2} + \alpha^2 \frac{\partial^2 v}{\partial y^2} + (\alpha^2 - \beta^2) \frac{\partial^2 u}{\partial x \partial y} \tag{2.2}$$

この方程式を差分法で解くために,空間と時間を次のように離散化する.

$$\begin{aligned}
x_p &= x_0 + p \Delta x \quad (p = 0, 1, \cdots, m), \quad \Delta x = L/m \\
y_q &= y_0 + q \Delta y \quad (q = 0, 1, \cdots, n), \quad \Delta y = H/n \\
t_r &= t_0 + r \Delta t \quad (r = 0, 1, \cdots)
\end{aligned} \tag{2.3}$$

ここで $L$ と $H$ は水平方向と鉛直方向の領域の大きさである.$x_0$,$y_0$,$t_0$ は,位置や時間の基準を特に示す必要がなければ 0 にしてよいので,以下の例題ではすべて 0 にする.その場合には,地表の位置は $y = H$ となる.

物理的に妥当な計算結果を得るためには,時間刻みと空間刻みは,クーラン条件 (1.48) に対応して,次の不等式を満たす必要がある.

$$\Delta t \leq \frac{\Delta x}{\alpha}, \quad \Delta t \leq \frac{\Delta y}{\alpha} \tag{2.4}$$

$\beta$ についても類似な条件が要求されるが,条件 (2.4) が成立すれば,その条件は $\alpha > \beta$ から自動的に満たされる.

点 $(x_p, y_q)$,時間 $t_r$ における変数 $u$,$v$ を $u_{p,q,r}$,$v_{p,q,r}$ と表記して,式 (2.2) を 2 次の差分で近似すると,次の式が得られる.

$$u_{p,q,r+1} = 2u_{p,q,r} - u_{p,q,r-1} + \left(\frac{\alpha \Delta t}{\Delta x}\right)^2 U_{xx} + \left(\frac{\beta \Delta t}{\Delta y}\right)^2 U_{yy} + \frac{(\Delta t)^2 (\alpha^2 - \beta^2)}{4 \Delta x \Delta y} V_{xy},$$

$$v_{p,q,r+1} = 2v_{p,q,r} - v_{p,q,r-1} + \left(\frac{\beta \Delta t}{\Delta x}\right)^2 V_{xx} + \left(\frac{\alpha \Delta t}{\Delta y}\right)^2 V_{yy} + \frac{(\Delta t)^2(\alpha^2 - \beta^2)}{4\Delta x \Delta y}U_{xy} \quad (2.5)$$

ここで

$$\begin{aligned}
U_{xx} &= u_{p+1,q,r} - 2u_{p,q,r} + u_{p-1,q,r}, & U_{yy} &= u_{p,q+1,r} - 2u_{p,q,r} + u_{p,q-1,r}, \\
V_{xx} &= v_{p+1,q,r} - 2v_{p,q,r} + v_{p-1,q,r}, & V_{yy} &= v_{p,q+1,r} - 2v_{p,q,r} + v_{p,q-1,r}, \\
U_{xy} &= u_{p+1,q+1,r} - u_{p-1,q+1,r} - u_{p+1,q-1,r} + u_{p-1,q-1,r}, \\
V_{xy} &= v_{p+1,q+1,r} - v_{p-1,q+1,r} - v_{p+1,q-1,r} + v_{p-1,q-1,r}
\end{aligned} \quad (2.6)$$

差分方程式 (2.5) を使って，時間ステップ $r+1$ での変位を計算するには，変数 $u$，$v$ の $r$ と $r-1$ における値が必要になる．計算を実行する過程では，これらの値を保持しておく必要がある．さらに，計算の開始時には，初期条件として $u_{p,q,0}$，$v_{p,q,0}$ と $u_{p,q,-1}$，$v_{p,q,-1}$ の値が必要である．これらの初期値はここではすべて 0 に設定する．

式 (2.6) からわかるように，式 (2.5) を用いて変位を計算できるのは，$0<p<m$，$0<q<n$ を満たす領域内部の格子点だけである．ただし，震源域では，b 項に述べるように，変位を時間の関数として別に設定する．$p=0$，$p=m$，$q=0$，$q=n$ に対応する領域の境界では，変位は境界条件から決める必要がある．それについては c 項で述べる．

### b. 震源域の導入

震源域の扱いにはさまざまな方法がある．地震発生の物理過程を忠実に表すには，応力の蓄積と岩石の強度分布に応じて，破壊が自発的に始まり，断層が拡大していく状況を計算するのが望ましい．しかし，このような自然発生的な震源過程の計算には，破壊を物理過程として組み込む必要があり，定式化はかなり面倒になる (2.6 節 e 項参照)．

ここでは，通常よく取り扱われるように，断層の占める範囲とそこで生じる変位差を既知の条件として天下り的に設定する．計算には不連続に分布する格子点が用いられるので，断層すべりは格子点の変位で表現する必要がある．そこで，震源域は断層付近に分布する格子点の集合として定義し，その格子点の変位を震源すべりと整合的になるように設定する．

2 次元の問題では，断層は直線（線分），あるいは複数の直線を連結した図形で近似できる．断層が 1 本の直線で表され，その両端が点 $(x_0, y_0)$ と $(x_1, y_1)$ にあるとすれば，断層の長さ $r$ と断層が $x$ 軸となす角度 $\theta$ は次式で決まる．

$$x_1 - x_0 = r\cos\theta, \quad y_1 - y_0 = r\sin\theta, \quad r = \sqrt{(x_1-x_0)^2 + (y_1-y_0)^2} \quad (2.7)$$

震源域は，断層の真上か真下にあって距離が $d$ の範囲に入る格子点で表すことにしよう．任意の格子点 $(x, y)$ から断層に垂線を下ろし，その足の位置が $(x_0, y_0)$ から距離 $\xi$ にあるものとする．$\xi$ は $(x_1, y_1)$ に向かう方向を正とする．また，垂線の長さを $\eta$ とする．$\eta$ には，点 $(x_0, y_0)$ から見て断層の左側を正，右側を負として，符号をつける．これらの量は次式で計算される．

$$\xi = (x - x_0)\cos\theta + (y - y_0)\sin\theta, \quad \eta = -(x - x_0)\sin\theta + (y - y_0)\cos\theta \quad (2.8)$$

変数 $\xi$ と $\eta$ を使えば，点 $(x, y)$ が震源域に入る条件は次の不等式を満たすことである．

$$0 \leq \xi \leq r, \quad -d \leq \eta \leq d \quad (2.9)$$

断層には $\eta$ の正の側と負の側の間で大きさ $U$ のすべりを設定する．$U$ の符号を変えれば，すべりは逆向きになる．震源域に入る格子点に対して，変位は次式で設定する．

$$u = \frac{U\eta}{2d}\cos\theta, \quad v = \frac{U\eta}{2d}\sin\theta \quad (2.10)$$

断層を境に変位は不連続になるはずだが，格子点が不連続に分布する効果を平滑化するために，震源域の内部では変位を連続的に分布させることにする．

断層すべり $U$ は，一般的には時間 $t$ と断層面上の位置 $\xi$ の任意の関数として設定でき，その依存性を用いて破壊の伝播や断層の拡大過程が表現できる．以下の計算では，破壊は瞬間的に伝播すると仮定して，すべりは次の関係を満たして断層面上で一様に生ずるものとする．

$$U = 0 \ (t < 0) : U = \frac{U_0 t}{T_0} \ (0 < t < T_0) : U = U_0 \ (t > T_0) \quad (2.11)$$

定数 $U_0$ は最終的なすべり量の大きさ，$T_0$ はすべりにかかる時間である．

### c. 境界条件

差分方程式 (2.5) を解くためには，領域の 4 つの境界 $p = 0$，$p = m$，$q = 0$，$q = n$ で変位を決める必要がある．この境界条件には時間依存性があってもよい．境界条件としては，変位を直接設定してもよいし，何らかの関係式で変位を拘束してもよい．

最も簡単な境界条件は変位の値を直接設定することである．この計算でも，領域の底と側面では変位を以下のように固定することにしよう．

$$u_{0,q,r} = u_{m,q,r} = u_{p,0,r} = 0, \quad v_{0,q,r} = v_{m,q,r} = v_{p,0,r} = 0 \quad (2.12)$$

式 (2.12) は任意の $p$ と $q$ に対して成立するものとする．このような条件を満たす境界を固定境界とよぶ．

しかし，変位を固定する境界条件は，地表 $q=n$ には適用できない．地表の変位は地震動そのものであり，計算によって求めたい最も重要な量だからである．地表は自由に動ける代わりに応力の制約を受ける．まず，地表は大気から1気圧の圧力を受ける．1気圧は地下に加わる高い圧力と比べると，実質的には0とみなされる．また，空気は流動性に富むので，地表が横ずれ方向に受けるずれ応力（せん断応力）もほとんど0である．

結局，地表での応力条件は，応力成分を用いて $\sigma_{yy}=\sigma_{xy}=0$ と表現できる．このような境界を自由境界とよぶ．応力と歪の関係 (1.8) を用い，弾性定数の代わりに地震波速度を使えば，この条件は $y=H$ で成立する次式に帰着する．

$$\frac{\partial u}{\partial x}=-\frac{\alpha^2}{\beta^2}\frac{\partial v}{\partial y}, \quad \frac{\partial v}{\partial x}=-\frac{\partial u}{\partial y} \tag{2.13}$$

空間微分を2次の差分で表現し，地表の格子点 $q=n$ について式 (2.13) を書き直して，次の境界条件を得る．

$$\frac{u_{p+1,n,r}-u_{p-1,n,r}}{2\Delta x}=-\frac{\alpha^2}{\beta^2}\frac{3v_{p,n,r}-4v_{p,n-1,r}+v_{p,n-2,r}}{2\Delta y},$$

$$\frac{v_{p+1,n,r}-v_{p-1,n,r}}{2\Delta x}=-\frac{3u_{p,n,r}-4u_{p,n-1,r}+u_{p,n-2,r}}{2\Delta y} \tag{2.14}$$

右辺は境界における $y$ に関する空間微分の値を $q=n$ における2次の差分で表現した．

各時間ステップで，計算は次のように進められる．まず，式 (2.11) から震源域の変位を決める．次に，式 (2.5) を用いて領域の内部の格子点について変位を計算する．この計算により，地表に隣接する $q=n-1, n-2$ の格子点でも変位が求まる．ここで，式 (2.14) から地表の変位を求める．この値は次の時間ステップで式 (2.6) を用いる際に必要になる．このように領域内部と境界の条件を連立させて，変位の時間変化が計算されていく．

ただし，地表の変位は式 (2.14) からすぐには求まらない．そこで，この式を次のように書き換える．

$$u_{p,n,r}=\frac{4u_{p,n-1,r}-u_{p,n-2,r}-a(v_{p+1,n,r}-v_{p-1,n,r})}{3},$$

$$v_{p,n,r}=\frac{4v_{p,n-1,r}-v_{p,n-2,r}-b(u_{p+1,n,r}-u_{p-1,n,r})}{3} \tag{2.15}$$

ここで，定数 $a$, $b$ は以下の式で定義する．

$$a = \frac{\Delta y}{\Delta x}, \quad b = \frac{\beta^2 \Delta y}{\alpha^2 \Delta x} \qquad (2.16)$$

境界条件を式 (2.15) のように書き直しても，未知変数 $u_{p,n,r}$, $v_{p,n,r}$ は $p$ をずらして右辺にも含まれるので，その値はやはりすぐには求まらない．そこで計算は反復法で行う．すなわち，$u_{p,n,r}$, $v_{p,n,r}$ の仮の値を式 (2.15) の右辺に代入して，左辺からもっと精度の高い値を求める．この手続きを計算が収束するまで繰り返すのである．計算の出発値には前のステップで求められた値が使える．

### d. P波とS波の広がり

地震波の伝播の計算に必要な入力データには，まず弾性波速度 $\alpha$ と $\beta$，水平方向と鉛直方向の領域の大きさ $L$ と $H$，それを格子点に区分する $m$ と $n$ がある．震源域は，断層両端の2点 $(x_0, y_0)$ と $(x_1, y_1)$，断層領域の厚さ $d$，すべり量 $U_0$，すべりの立ちあがり時間 $T_0$ で設定する．

時間との関連では，時間刻み $\Delta t$ の他に，結果を出力するステップ間隔，計算を区切るステップ数を指定する．著者が作成したプログラムでは，計算の区切りがくるごとに計算の継続か終了かを選択できるようにした．その他に，地震波形を書き出す観測点の座標も指定する必要がある．

最初の例題では，地震波速度は $\alpha = 6\,\mathrm{km/s}$，$\beta = 3.5\,\mathrm{km/s}$ と一定にした．これは地殻の平均的な地震波速度である．計算領域は $L = 100\,\mathrm{km}$，$H = 50\,\mathrm{km}$ とし，分割数は $m = 100$，$n = 50$ とした．空間刻みは $\Delta x = \Delta y = 1\,\mathrm{km}$ となるので，クーラン条件 (2.4) を満たすには，時間刻み $\Delta t$ を 0.16 s より短くすればよいが，ここでは計算結果のきめ細かい表示のために，$\Delta t = 0.01\,\mathrm{s}$ とした．震源域は2点 $(47\,\mathrm{km}, 22\,\mathrm{km})$，$(53\,\mathrm{km}, 28\,\mathrm{km})$ と $d = 1\,\mathrm{km}$ で，すべりは $U_0 = 0.4\,\mathrm{m}$ と $T_0 = 0.5\,\mathrm{s}$ で設定した．

入力データを読み込むと，プログラムは式 (2.9) を満たす格子点を集めて震源域を構成する．この例題に対する格子点の配列を図 2.5 に図示する．格子点の準備が終わると，すべての格子点に対して変位 $u$, $v$ を 0 に初期化してから計算を開始する．計算は繰り返しのループからなる．ループの各ステップでは，時間を $\Delta t$ ずつ増やしながら前項で述べた手順で変位を時間の関数として計算していく．そのステップが出力を要求されるときは，所定のファイルに計算結果を書き加える．

図 2.6 は断層がすべり始めてから 4 s 経過したときの変位の分布である．直接

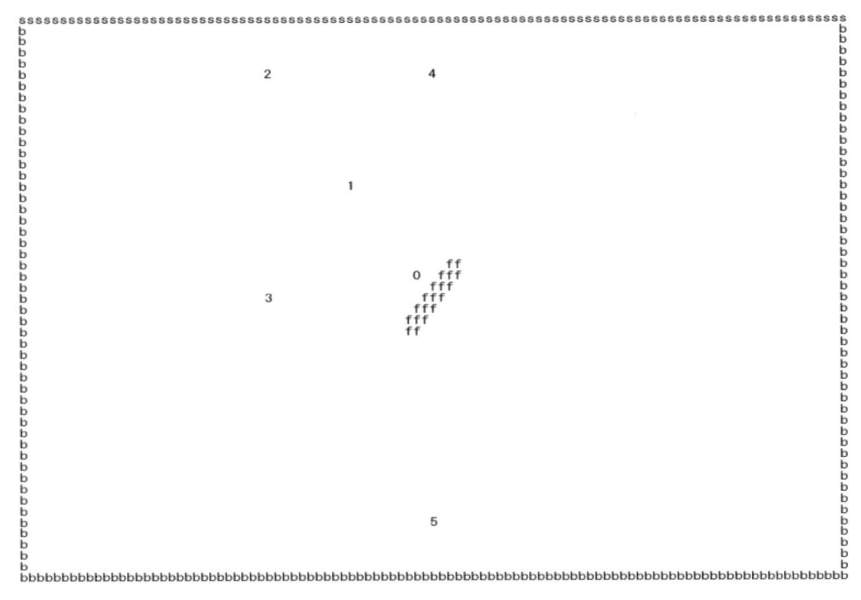

```
ssssssssssssssssssssssssssssssssssssssssssssssssssssssssssssssssssssssssssssssssssssssssssssssssssb
b                                                                                                   b
b                                                                                                   b
b                               2           4                                                       b
b                                                                                                   b
b                                                                                                   b
b                                       1                                                           b
b                                                                                                   b
b                                               ff                                                  b
b                                           0  fff                                                  b
b                                              fff                                                  b
b                               3             fff                                                   b
b                                             fff                                                   b
b                                            ff                                                     b
b                                                                                                   b
b                                                                                                   b
b                                                                                                   b
b                                                                                                   b
b                                           5                                                       b
b                                                                                                   b
bbbbbbbbbbbbbbbbbbbbbbbbbbbbbbbbbbbbbbbbbbbbbbbbbbbbbbbbbbbbbbbbbbbbbbbbbbbbbbbbbbbbbbbbbbbbbbbbbbbbbb
```

**図 2.5** 地震波の発生を計算する格子点の分布

水平方向に 100 km, 鉛直方向に 50 km の広がりをもつ計算領域を 1 km 間隔の格子で分割し, 各格子点に 1 文字を割り振る. 空白以外の文字は b が固定境界, s が自由境界, f が震源域, 0 から 5 までの数値が変位の時間変化を出力する観測点である. 断層を表現する震源域は両端の位置 (47, 22), (53, 28) と幅 $2d = 2$ km で設定した.

計算されるのは水平変位 $u$ と鉛直変位 $v$ であるが, ここではそれを断層の中心 (50 km, 25 km) を基準にした動径方向 (中心から離れる方向を正とする) と偏角方向 (右回りを正とする) の成分に座標変換して, それぞれを等高線で表示する. 等高線の値は 0.01 m を単位とする.

震源域から十分に離れた場所では, 動径方向の変位はおもに P 波の伝播を, また偏角方向の変位はおもに S 波の伝播を表すことに注意してほしい. この図を見ると, 動径方向と偏角方向で, 変位の分布はまったく異なる特徴をもつ.

おもに P 波を表現する動径方向の変位 (図 2.6 上) は, 4 方向に大きな値をもつ. すなわち, 断層から 45°と −135°の角度をなす方向を中心に, 変位の動径成分は大きな正の値を, −45°と 135°の方向を中心に大きな負の値をもつ. 物理的に解釈すれば, 断層からは 45°と −135°の方向に圧縮波 (押し波) が, −45°と 135°の方向に膨張波 (引き波) が放射される.

このように, 断層から放出される P 波の性質は, 断層を通る直線とそれに垂

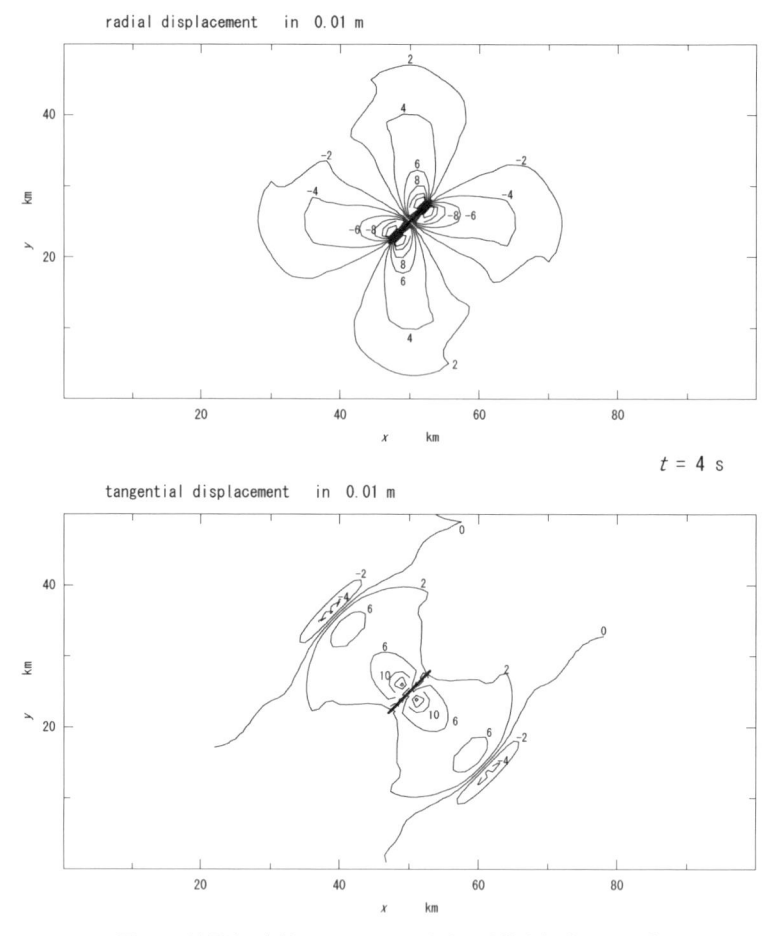

**図 2.6** 地震波の伝播による $t=4\,\mathrm{s}$ のときの変位分布［例題 2-A］
変位は断層（太線で示す）の中心から見て動径方向（上）と偏角方向（下）に分解して等高線で示す．動径方向の変位は中心から離れる方向を正，偏角方向の変位は右回りを正とする．等高線の値は 0.01 m を単位とする．

直な直線を境に4つに分けられる．いいかえれば，P波の伝播は「4象限型」になる．2.1節b項で述べたメカニズム解はこのP波の放射を基礎にする．すべりが向かう先で圧縮が，去る側で膨張が引き起こされると想像できるから4象限型のP波の放射は直感的にも理解できる．

おもにS波の放出を表す動径方向の変位分布（図2.6下）は，断層に対して

対称である．S波はおもに断層に垂直な方向に広がっていく．変位の基本的な向きは，断層のすべりと同じ右回りである．ただし，波の先端には逆向きの変位をもつ狭い領域が見られる．これはS波に先行するP波によるものである．

図2.7は観測点で得られた変位の時間変化である．観測点の位置は，図2.5で格子点につけられた番号で示される．図の左が水平方向の変位 $u$，右が鉛直方向の変位 $v$ である．各図の横軸は時間（単位は s），縦軸は変位（単位は m）である．観測点0は断層に隣接するので，断層に設定した変位の時間変化をほぼ忠実に再現する（図2.7最上段）．

観測点1と2は断層から垂直に離れた2点である．距離は観測点2が1のほぼ2倍である．これらの観測点には，最初にP波が到達して左回りの変位をもたらし，その後S波が到達して断層すべりと整合的な右回りの変位を生む．P波とS波の到達は距離につれて遅くなる．時間がさらに経過すると，計算領域の境界で反射された波があちこちから到達するために，波形が複雑になる．

観測点3は，深さ方向には計算領域の真ん中にある．この観測点では，多少の乱れがあるものの，基本的には右回りの変位が見られる．しかし，その前に断層方向に引き寄せるような変位がわずかに見られ，それは先行するP波の効果を表す．

観測点4と5は，断層の真下と真上にあり，計算領域の境界にも近い．変化が開始した直後は，4と5の間で変位の向きが逆である．これは断層との位置関係の違いのためであり，ともに変位は小さな右回りの動きで始まり，すぐに左回りの動きに変わる．

その後に $t=7\,\mathrm{s}$ あたりから次の変化が始まるが，それは観測点4と5の間で傾向が異なる．自由境界に近い観測点4では，右回りに動きがさらに増幅される．この傾向は鉛直変位 $v$ に特に顕著である．固定境界に近い観測点5では，変位が逆に抑制される．このように，P波やS波の後に続く変位は，境界からの反射波の影響を強く受ける．

要約すれば，各観測点には最初に小振幅のP波が，その後にもっと大きな振幅をもつS波が到達する．P波の到達後は，境界のあちこちから反射波が到来する．

### e. 表 面 波

次の例題では，浅い震源域で発生する地震に対応して，地表で観測される地震波形をシミュレーションによって求める．

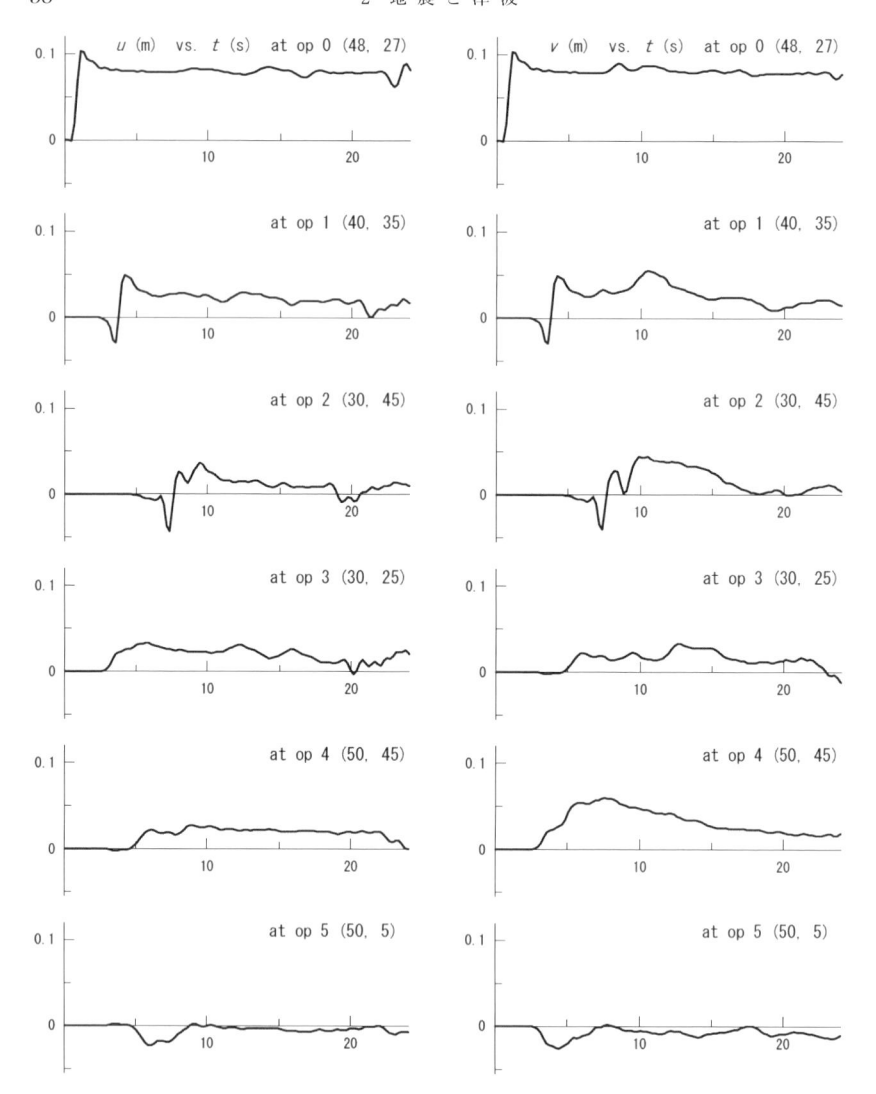

**図 2.7** 観測点 0〜5 で計算された水平変位 $u$（左）と鉛直変位 $v$（右）の時間変化［例題 2-A］ 各図で横軸は時間（s），縦軸は変位（m）である．観測点の位置は観測点番号（op に続く数字）の後に座標として図中に（単位は km），相対的な関係を図 2.5 に示す．

地震波速度は地表付近で $\alpha=5.3\,\mathrm{km/s}$, $\beta=3.2\,\mathrm{km/s}$ とし，$d\alpha/dy=-0.022/\mathrm{s}$, $d\beta/dy=-0.013/\mathrm{s}$ の割合で深さとともに増加させる．水平方向の距離への依存性を調べるために，計算領域は横長にして $L=360\,\mathrm{km}$，$H=30\,\mathrm{km}$ とする．計算領域の分割数は $m=180$，$n=60$ としたので，空間刻みは $\Delta x=2\,\mathrm{km}$，$\Delta y=0.5\,\mathrm{km}$ となる．時間刻み $\Delta t$ は $0.02\,\mathrm{s}$ とした．

ここでは $H$ の値を島弧の地殻の厚さ程度に設定した．領域の底からの反射波にモホ面からの反射を対応づけるためである．ただし，実際のモホ面は変位が固定されるわけでないので，この対応づけはあくまでも定性的なものである．

断層は 2 点 (178 km, 20 km), (182 km, 28 km) の間におく．この断層は水平からほぼ 70°の傾きをもつ正断層で，断層の最浅部は地下 2 km の深さにある．震源域の幅は $d=1\,\mathrm{km}$ で，すべりは $U_0=1\,\mathrm{m}$ と $T_0=1\,\mathrm{s}$ で設定する．

計算で得られた各観測点の波形を図 2.8 に示す．左が変位の水平成分，右が鉛直成分である．観測点はすべて地表にあり，その位置は図中の座標によって示される．観測点 0 は断層の真上にあり，1～4 はそこから地表に沿って 30 km ずつ離れた位置にある．観測点 5 は断層の真上から見て観測点 2 と対称な位置にある．

観測点 0 は断層に近接しているので，変位の時間変化は断層のすべりをほぼそのまま表現する．この例題では水平方向の格子間隔が粗いために，断層すべりが必ずしもきめ細かく表現できておらず，それが変位の計算結果に小刻みな振動を生んだようだ．

2 から 5 までの観測点には，小さな振幅で最初に P 波が到達するのが見られる．P 波の到達によって，上下変位 $v$ は負の側に動くが，それはこれらの観測点がすべて 4 象限型の膨張波（引き波）の領域に入るためである．水平変位 $u$ も震源域の方向から始まり，膨張波の到達と整合的である．震源から相対的に離れた観測点 3 と 4 では，その後に S 波の到達も識別できる．

注目されるのは，P 波と S 波の後に振幅の大きなパルス状の波が到達することである．この波の鉛直成分 $v$ には，両側に浅い谷をもつ高いピーク（観測点 5 では負のピーク）が特徴的に見られ，同じ時間帯に $u$ にも谷と山からなる波形が共通に認められる．

図 2.9（口絵 1 参照）は，波の振幅の空間分布を見るために，$t=20\,\mathrm{s}$ で変位の動径成分と偏角成分を描いたものである．ここでは動径成分はほぼ水平成分に，偏角成分はほぼ鉛直成分に対応する（符号の対応は断層の両側で異なる）．震源域のまわりには断層すべりに特有な 4 象限型の変位分布（図 2.6）が見られる．それに加えて，$x=125\,\mathrm{km}$ と $235\,\mathrm{km}$ 付近には表面（$y=30\,\mathrm{km}$）に接して明確な

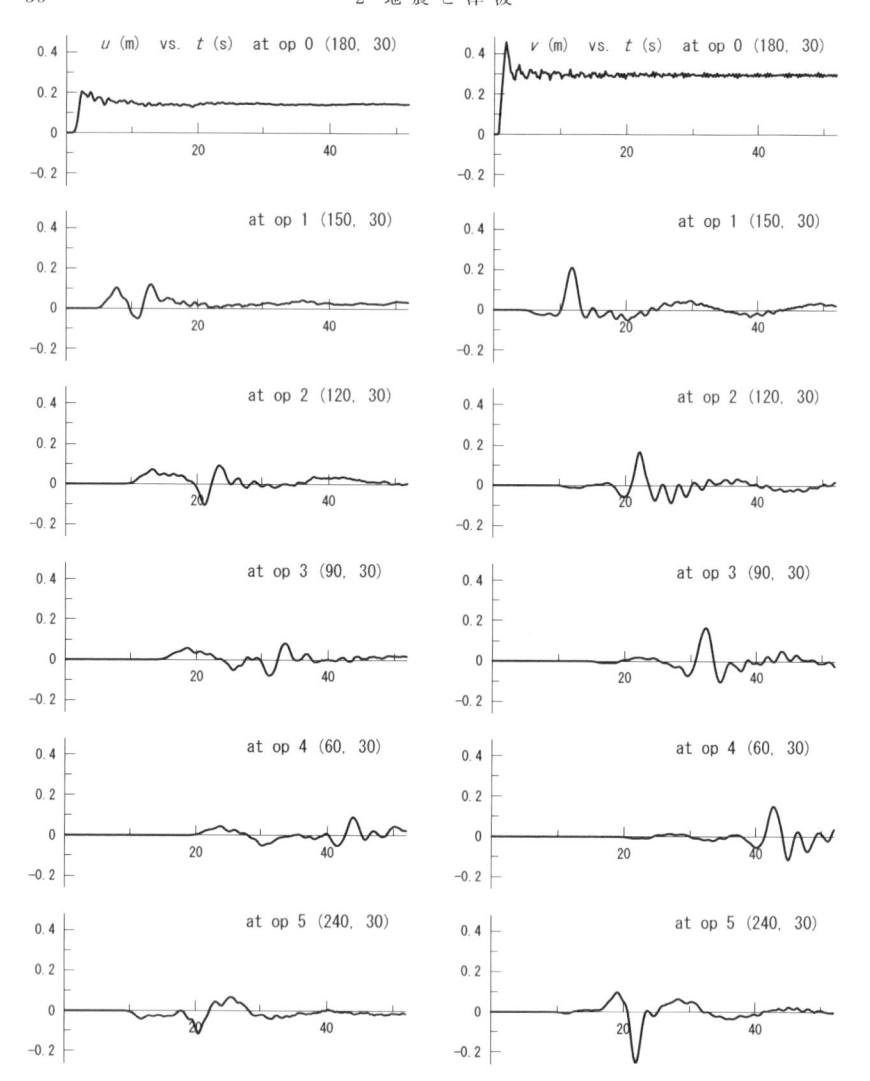

図 2.8 浅い断層すべりによって観測点で得られる変位の時間変化［例題 2-A］
左が変位の水平成分，右が鉛直成分である．計算領域は水平 360 km，鉛直 30 km の広がりをもち，断層は 2 点 (178, 20)，(182, 28) の間に置いた．観測点はすべて地表に置かれ，その位置は観測点番号（op に続く数字）の後に座標（単位は km）で示される．

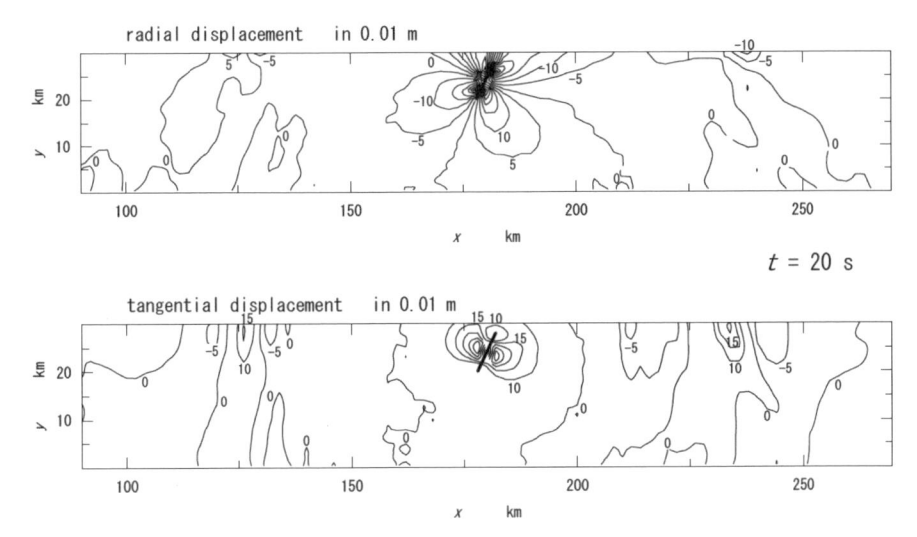

**図 2.9** 浅い断層すべり（図 2.8）により $t=20$ s のときに生ずる変位の動径成分（上）と偏角成分（下）の分布（口絵 1 参照）［例題 2-A］
$x=125$ km と 235 km の表面付近にレイリー波の伝播の影響が見られる．

変動が見られる．この変動が図 2.8 で見えたパルス状の波に対応する．変動が表面付近に集中することから，変動は表面波によるものであると解釈できる．

P 波や S 波は震源から地中の全方向に広がるのに対して，表面波は浅い震源域の活動で地表付近にもたらされた変動が地表に沿って伝わる現象であり，変動は地表付近に局在する．数学的には，表面波は自由表面の境界条件を満たすように P 波と S 波を重ね合わせてつくられる．この例題のように，波の伝播と同じ面上で鉛直変位と水平変位の両方が振動する表面波は，レイリー波と呼ばれる．なお，P 波と S 波は固体の内部を伝わる波なので，表面波に対峙して実体波と総称される．

理論的な解析（宇津，2001）によると，レイリー波の伝播速度は S 波のおよそ 0.9 倍である．この例題でも，観測点による到達時間の遅れから見て，表面波の伝播速度は S 波よりわずかに小さい．

表面波の振幅は深さとともに指数関数的に減少し，その減少の早さは波長に反比例する．したがって，波長の長い長周期の成分ほど振動が深部まで及ぶ．地震波速度は一般に深さとともに増加するので，表面波は長周期の成分ほど深部の地震波速度を感じて高速度で伝わる．一般に，伝播速度が波長や周期に依存する現象を波の分散とよび，伝播速度（正確には位相速度と群速度）の周期依存性を分

散関係とよぶ.

　この例題でも,地震波速度は実際の地球と同様に深さとともに増加するように設定されているので,波の分散が起きている.表面波はさまざまな周期の波の重ね合わせでつくられるから,分散があると波形は伝播とともに崩れていく.図2.8で観測点1から4までの波形を比べると,遠方にいくほどパルスが尾を引くように,波長の長い頭の部分が次第にせり出していくのが認められる.これが分散の効果である.

　表面波は地表に沿って広がるので,空間のあらゆる方向に広がるP波やS波に比べると距離による振幅の減衰が小さい.そのために,表面波が励起される地震では,遠方で地震動に表面波が卓越することになる.この例題でも,距離による表面波の減衰はP波やS波に比べて小さく,大部分の観測点で最大の揺れは表面波によるものである.

　表面波は長い周期成分を多く含んでおり,遠地まで長周期の地震動を運ぶ働きをする.大地震で生じた表面波は,遠く離れた平野で強く増幅されて固有周期の長い超高層ビルや大型石油備蓄タンクを強く揺すり,長周期地震動による災害を引き起こすことがある.

　レイリー波の通過時に地表がどう動くかを調べてみよう.観測点2と5で,変位の時間変化を水平成分$u$と鉛直成分$v$の平面上でプロットすると,地表は楕円状のループを描いて回転することがわかる(図2.10).その回転方向を矢印で示す.レイリー波は観測点2では$u$の負の側に,1では$u$の正の側に伝わるので,地表の回転方向とレイリー波の伝播方向の関係は,自動車の進行方向と車輪の回転方向の関係とは逆(レトログレード)になる.

### f. 爆発に伴う地震波

　自然界の地震のほとんどは断層面に沿うすべりが原因となるが,地震波はそれ以外の原因でも発生する.例えば,地下で爆発が起これば,爆発に伴う急激な膨張が地震波を生み出す.ここでは,爆発による地震波の発生と伝播を簡単なシミュレーションで調べて,断層すべりによる地震波と比較する.

　爆発を表現する震源域は体積変化をする球で表現できる.ここでは2次元の問題を考えるので,適当な大きさの円の内部を震源域とみなす.b項の扱いに沿って,震源域は円に入る格子点で構成する.爆発の中心の座標を$(x_0, y_0)$として,そこからの距離が$r_0$より近い格子点を震源域に属するものとする.

　震源域を構成する格子点には,爆発点からの距離に比例するように動径方向の

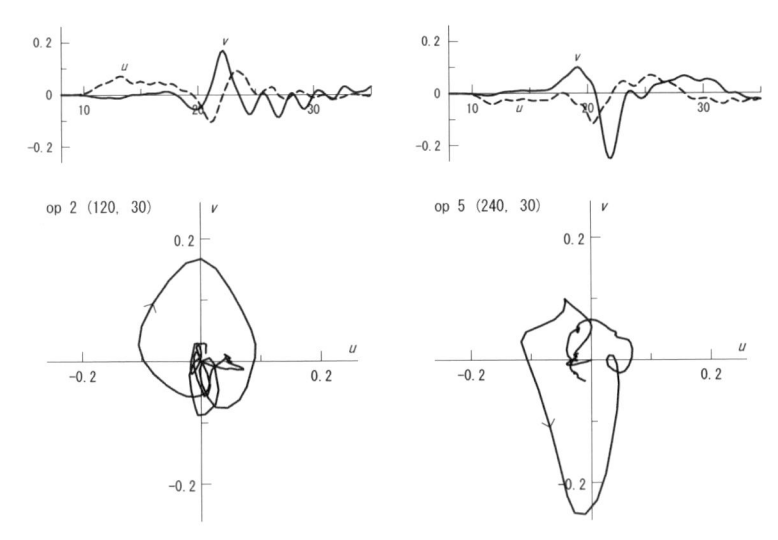

**図 2.10** レイリー波の通過時に観測点 2 ($x=120\,\mathrm{km}$) と 5 ($x=240\,\mathrm{km}$) で生ずる地表の運動 [例題 2-B]
変位の水平成分 $u$ と鉛直成分 $v$ の時間変化を上段に，$u$ と $v$ の平面上で見た運動の軌跡を下段に示す．

変位成分をもたせる．すなわち

$$u = U\frac{x-x_0}{r_0}, \quad v = U\frac{y-y_0}{r_0} \tag{2.17}$$

ここで，体積変化の大きさを表す変位 $U$ には，$U_0$ と $T_0$ を使って式 (2.11) と同じ時間変化を設定する．

以下の例題では，地震波速度，計算領域の大きさと分割数，時間刻みは d 項の例題（図 2.5〜2.7）と同じにして，爆発点は $x_0=50\,\mathrm{km}$, $y_0=25\,\mathrm{km}$ におく．震源域の大きさは $r_0=3\,\mathrm{km}$ で決め，体積変化は $U_0=0.5\,\mathrm{m}$, $T_0=0.5\,\mathrm{s}$ で設定した．図 2.11 は，この例題に対する震源域，計算領域の境界，観測点の分布を表現する格子点の配列である．

爆発点で膨張が開始してから 3 s 後の変位の分布を図 2.12 に示す．この図は爆発点（震源域を黒印で示す）から見た動径方向の変位の大きさを等高線で表示する．等高線の値の単位は 0.01 m である．動径方向の変位は P 波によって生ずる．S 波を表現する偏角方向の変位には，誤差を超えた有意な分布が見られなかった．

この図から明らかなように，地震波は全方向に等方的に広がり，その先端で変位が急に増加した後は，ほぼ一定値に落ち着く．震源域の近傍に見られる変位の高

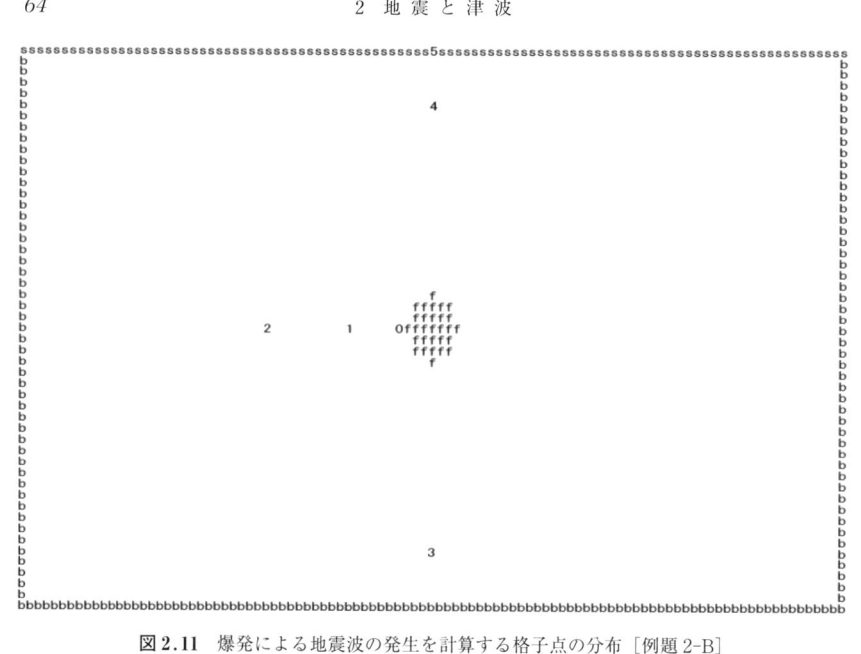

```
sssssssssssssssssssssssssssssssssss5sssssssssssssssssssssssssssssssss
b                                                                     b
b                                                                     b
b                                                                     b
b                    4                                                b
b                                                                     b
b                                                                     b
b                                                                     b
b                                                                     b
b                                                                     b
b                                      f                              b
b                                    fffff                            b
b                                   fffffff                           b
b         2         1             0fffffffff                          b
b                                   fffffff                           b
b                                    fffff                            b
b                                      f                              b
b                                                                     b
b                                                                     b
b                                                                     b
b                                                                     b
b                                                                     b
b                    3                                                b
b                                                                     b
bbbbbbbbbbbbbbbbbbbbbbbbbbbbbbbbbbbbbbbbbbbbbbbbbbbbbbbbbbbbbbbbbbbbbbb
```

**図 2.11** 爆発による地震波の発生を計算する格子点の分布［例題 2-B］
f が爆発を表現する震源域，b が固定境界，s が自由境界，0 から 5 までの数値が変位の時間変化を出力する観測点である．計算領域の大きさは図 2.5 と同じである．

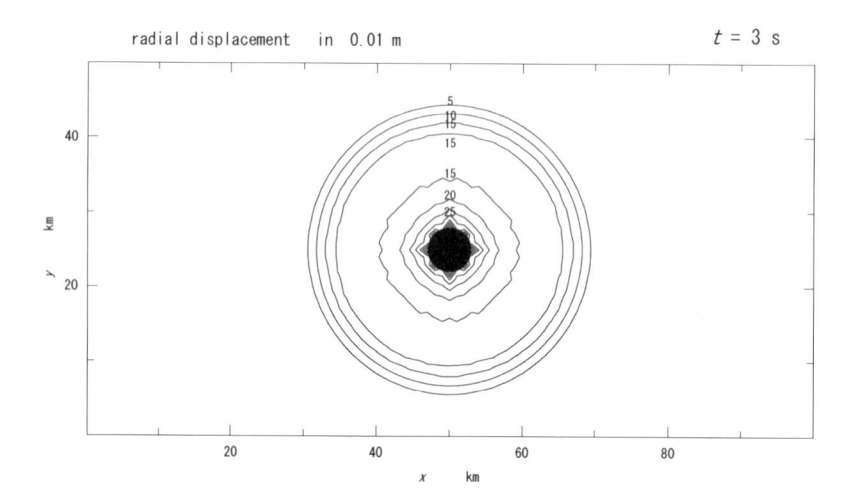

**図 2.12** 爆発による $t=3\,\mathrm{s}$ の変位の分布［例題 2-B］
変位は爆発点から見た動径方向の成分を等高線で示す．等高線の値の単位は $0.01\,\mathrm{m}$ である．偏角方向の成分には誤差を超えた系統的な分布は見られない．

2.2 地震の発生と地震波の伝播

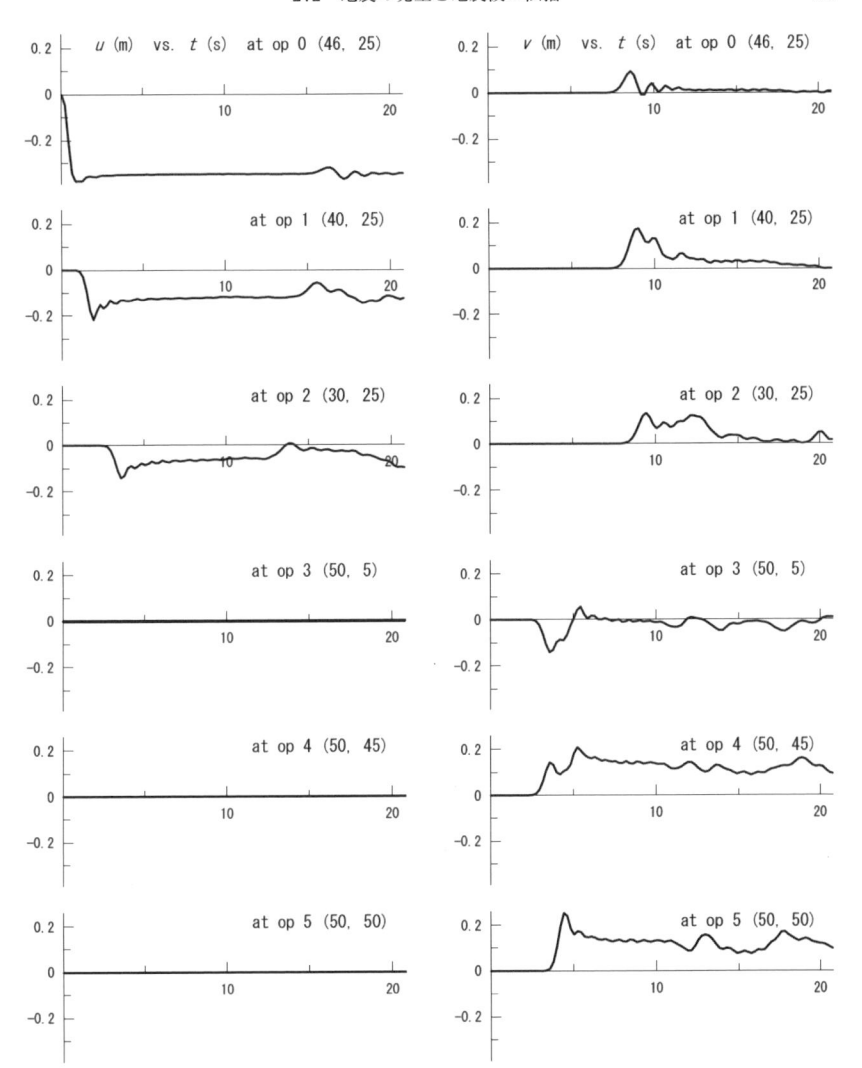

**図 2.13** 観測点で得られた爆発による変位の時間変化［例題 2-B］
左が水平成分，右が鉛直成分で，観測点の位置は座標で図中に，相対関係を図 2.11 に示す．

まりは，地震波が通りすぎた後に残る永久変形である．

図2.13は各観測点で得られた変位の時間変化である．観測点0～2は爆発点と同じ深さにあるが，距離が異なる．爆発点から動径方向へのP波の放射に対応して，これらの点では水平成分にステップ状の負の変化が生じ，その開始時間が距離とともに遅れていく．$t=7$sすぎあたりから鉛直成分にも変動が現れるのは，領域の上面や下面から反射波が届くためである．

観測点3は爆発点の真下で領域の下面近くにある．動径方向の地震波の放射は鉛直成分に負の変化をもたらすが，すぐに下面の固定境界から反射波が届いて，その変化を抑制する．固定境界で生ずる反射波は，入射波と変位が逆向きになるからである．

観測点4と5は爆発点の真上で地表面の近くと地表面上にある．地表面は自由境界の境界条件を満たす自由表面なので，地震波による変位は増幅される傾向にあり，その傾向が観測点5に見られる．一方，観測点4の変位には，初期に2つのピークが見られる．5のピークの位置と比べると，最初のピークは直達波に，2番目のピークは反射波に対応することがわかる．

以上のように，爆発によって周辺には動径方向にP波が放射され，S波は出ない．この特徴は，4象限型のP波と回転を表すS波を放射する断層すべりとはまったく異なる．2つの違いは直感的にも予想できるが，シミュレーションによって明確に確認される．震源を囲むように世界各地に地震計を置き，P波とS波の放射分布を調べることで，核爆発の発生が自然地震と区別して検知されている．

## 2.3 地震に伴う地殻変動

前節で述べたように，断層ですべりが発生すると周辺に地震波が放射される．地震がおさまった後も，すべりは回復せずに保持されるので，断層の周辺には永久変形が生じ，その一環として地表にも変位や歪が残る．これが地震に伴う地殻変動である．陸上では地殻変動はこれまで三角測量で測定されてきたが，近年はGPS観測などによって高精度でリアルタイムに実測されるようになった．大きな地殻変動が海底の浅部で起こると，海底の移動によって海面が上下して，津波が誘発される．

地震波発生のシミュレーション結果は，時間が十分に経過すると，最終的には自然界と同様に永久変形の状態に落ち着くはずである．しかし，2.2節の扱いにはエネルギーを吸収したり計算領域外に放出したりする機構がどこにも含まれて

いないので，地震波は境界で反射を繰り返して振動を継続させ，永久変形の状態にはいつまでも到達しない．

ここでは，運動方程式から加速度に比例する慣性項の寄与をはずし，地殻変動を直接計算する方法を述べる．弾性波を含む動的な運動方程式の代わりに，弾性体の静的な釣り合いの条件を計算の出発点にするのである．

### a. 地殻変動の計算方法

地殻変動を計算する基礎方程式は，弾性体の運動方程式で慣性項を落とした式，すなわち弾性平衡の式である．この方程式は式(2.1)から以下のように得られる．

$$(\alpha^2 - \beta^2) \frac{\partial}{\partial x_i} \sum_j \frac{\partial u_j}{\partial x_j} + \beta^2 \sum_j \frac{\partial^2 u_i}{\partial x_j^2} = 0 \tag{2.18}$$

この節でも2次元の変形を考えて，水平方向に$x$軸，鉛直上向きに$y$軸をとる．$x_1$と$x_2$を$x$と$y$，$u_1$と$u_2$を$u$と$v$と書いて，式(2.18)を次のように書き換える．

$$\alpha^2 \frac{\partial^2 u}{\partial x^2} + \beta^2 \frac{\partial^2 u}{\partial y^2} + (\alpha^2 - \beta^2) \frac{\partial^2 v}{\partial x \partial y} = 0,$$

$$\beta^2 \frac{\partial^2 v}{\partial x^2} + \alpha^2 \frac{\partial^2 v}{\partial y^2} + (\alpha^2 - \beta^2) \frac{\partial^2 u}{\partial x \partial y} = 0 \tag{2.19}$$

この方程式を差分法で解くために，空間を前節と同じように離散化する．

$$x_p = p\Delta x \quad (p = 0, 1, \cdots, m), \quad \Delta x = L/m$$
$$y_q = q\Delta y \quad (q = 0, 1, \cdots, n), \quad \Delta y = H/n \tag{2.20}$$

ここで$L$と$H$は水平方向と鉛直方向の領域の大きさである．点$(x_p, y_q)$における変数$u, v$を$u_{p,q}, v_{p,q}$と表記し，式(2.19)を差分方程式に変換すると，式(2.5)で慣性項に由来する項を除いた式になる．この式で$u_{p,q}$と$v_{p,q}$を左辺に移して書き直すと，次の方程式が得られる．

$$u_{p,q} = \frac{1}{2}\left[\left(\frac{\alpha}{\Delta x}\right)^2 + \left(\frac{\beta}{\Delta y}\right)^2\right]^{-1}\left[\left(\frac{\alpha}{\Delta x}\right)^2 U_{xx} + \left(\frac{\beta}{\Delta y}\right)^2 U_{yy} + \frac{\alpha^2 - \beta^2}{4\Delta x \Delta y} V_{xy}\right],$$

$$u_{p,q} = \frac{1}{2}\left[\left(\frac{\beta}{\Delta x}\right)^2 + \left(\frac{\alpha}{\Delta y}\right)^2\right]^{-1}\left[\left(\frac{\beta}{\Delta x}\right)^2 V_{xx} + \left(\frac{\alpha}{\Delta y}\right)^2 V_{yy} + \frac{\alpha^2 - \beta^2}{4\Delta x \Delta y} U_{xy}\right]$$

$$\tag{2.21}$$

ここで，$U_{xx}$, $U_{yy}$などは式(2.6)から$u_{p,q}$と$v_{p,q}$を取り除いた式となる．すなわち

$$U_{xx} = u_{p+1,q} + u_{p-1,q}, \quad U_{yy} = u_{p,q+1} + u_{p,q-1},$$
$$V_{xx} = v_{p+1,q} + v_{p-1,q}, \quad V_{yy} = v_{p,q+1} + v_{p,q-1},$$

$$U_{xy} = u_{p+1,q+1} - u_{p-1,q+1} - u_{p+1,q-1} + u_{p-1,q-1},$$
$$V_{xy} = v_{p+1,q+1} - v_{p-1,q+1} - v_{p+1,q-1} + v_{p-1,q-1} \tag{2.22}$$

震源域は，2.2節b項やf項と同じ方法で，変位を設定する格子点として導入する．ただし，その変位は最終状態の値 $U = U_0$ に固定する．

境界条件も 2.2 節 c 項と同じものを使うことができる．固定境界では，変位を一定値0に固定し，自由表面では境界での変位を内部の値から式（2.15）によって計算する．すなわち，地表を自由表面として，

$$u_{p,n} = \frac{4u_{p,n-1} - u_{p,n-2} - a(v_{p+1,n} - v_{p-1,n})}{3},$$
$$v_{p,n} = \frac{4v_{p,n-1} - v_{p,n-2} - b(u_{p+1,n} - u_{p-1,n})}{3} \tag{2.23}$$

定数 $a$, $b$ は式（2.16）で定義したのと同じものである．

解は次のように求める．まず震源域と固定境界の変位を所定の値に設定し，それ以外の格子点での変位を反復法で計算する．繰り返し計算の各ステップでは，粗い近似解を式（2.22）に代入して $U_{xx}$, $U_{yy}$ などを計算し，それを式（2.21）に代入してさらに精度の高い変位の値を求める．それから，自由境界での変位を式（2.23）から計算する．この操作を計算が十分に収束するまで繰り返すわけである．

繰り返し計算で最初に与える近似解には，震源域以外で変位をすべて0にしたものを使う．以下の計算例では，繰り返し計算は数百ステップで収束し，パソコンの処理に要する時間は1秒以内であった．

#### b． 地殻変動の計算例

まず，2.2節f項で考えた体積変化について，地震後に生ずる永久変形を計算してみよう．定数はその計算に使ったのと同じで，地震波速度は $\alpha = 6$ km/s, $\beta = 3.5$ km/s にし，計算領域は $L = 100$ km, $H = 50$ km と $m = 100$, $n = 50$ で決めた．爆発点は $x_0 = 50$ km, $y_0 = 25$ km におき，震源域の大きさは $r_0 = 3$ km で，体積変化量は $U_0 = 0.5$ m とした．

図 2.14 は計算された変位の分布で，変位は爆発点から見て動径方向と偏角方向に変換した．顕著な変位は動径方向にのみ見られる（図 2.14 上）．動径方向の変位は，爆発点の近傍ではそのまわりに対称だが，そこから離れるにつれて，境界条件の影響を受けて歪む．全体として，変位は地表を押し上げるように分布する．

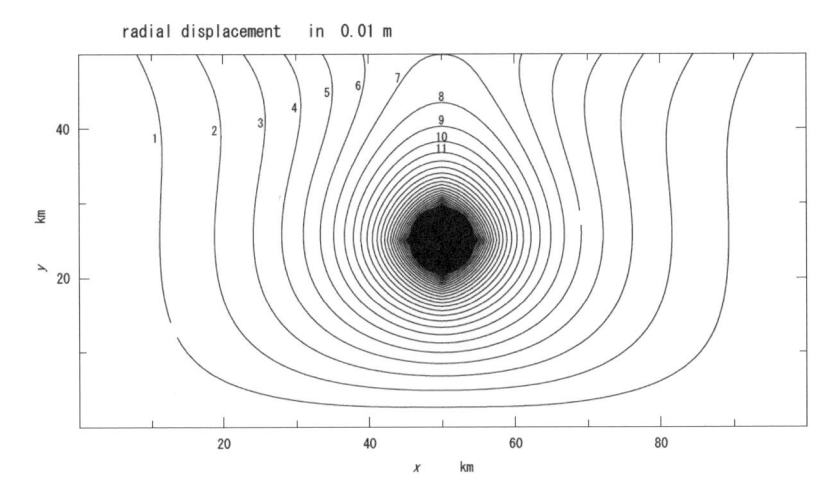

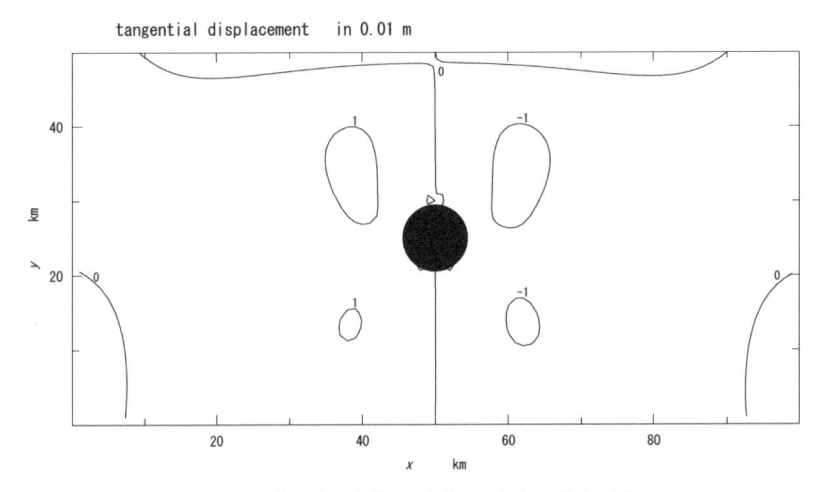

**図 2.14** 爆発後に生ずる永久変位の分布 ［例題 2-C］
上は変位の動径成分，下は偏角成分で，等高線の値の単位は 0.01 m である．格子点の配列と爆発源の設定は図 2.12 と同じである．

偏角方向の変位は，動径方向に比べて非常に小さいが，境界条件の影響で対称性が崩れるために，完全に 0 にはならない（図 2.14 下）．この変位成分も全体としては地表を持ち上げる変形の一部となる．

図 2.15 は地表の水平変位 $u$（上）と鉛直変位 $v$（下）を水平方向の位置の関

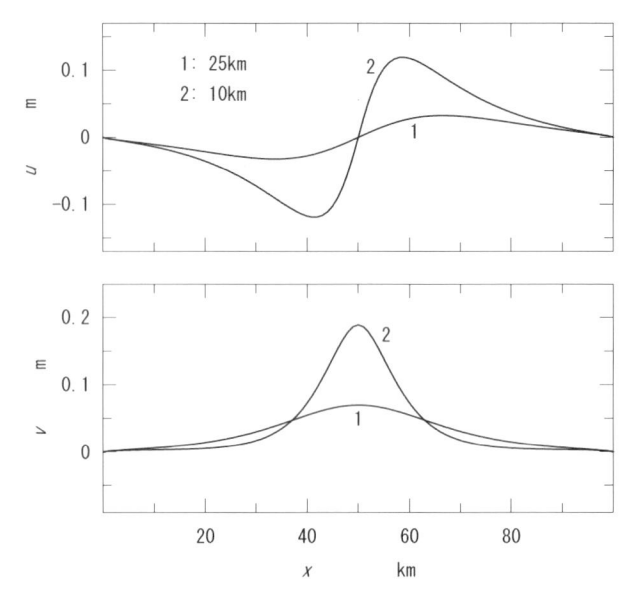

**図 2.15** 爆発後に生ずる地表の永久変位 ［例題 2-C］
水平変位 $u$ を上段に，鉛直変位 $v$ を下段に示す．爆発点を地下 25 km の深さ（$y_0 = 25$ km；曲線 1）と 10 km の深さ（$y_0 = 40$ km；曲線 2）においた場合を比較する．

数として表示したものである．図 2.14 の計算に対応させて，爆発点を地下 25 km の深さ（$y_0 = 25$ km）においた場合が曲線 1 である．比較のために，爆発点の深さを 10 km（$y_0 = 40$ km）にした場合も同じ図に描く．深さ以外の定数は共通である．

この図によれば，爆発点での膨張に対応して真上では地表は隆起する．水平方向には，地面は膨張源から遠ざかる方向に動く．ただし，両方ともおもに動径方向の変位を反映しており，偏角成分の寄与は小さい．膨張源の位置が浅くなると，隆起量は顕著に増加するが，隆起の範囲はむしろ狭まる．

次に，2.2 節 d 項に対応して，断層すべりが最終的に落ち着く変形を計算する．地震波速度と計算領域は，体積変化を計算したときと同じである．地震波の伝播を計算したのと同じく，震源域は両端の 2 点（47 km, 22 km），（53 km, 28 km）と幅 $d = 1$ km で，すべりは $U_0 = 0.4$ m で設定する．

図 2.16 は変位の分布の計算結果で，断層の中心（50 km, 25 km）から見て動径方向と偏角方向に変換して示す．この結果は，地震波の発生時の状況（図 2.6）とよく似ていて，動径成分は 4 象限型，偏角成分は回転型になっている．

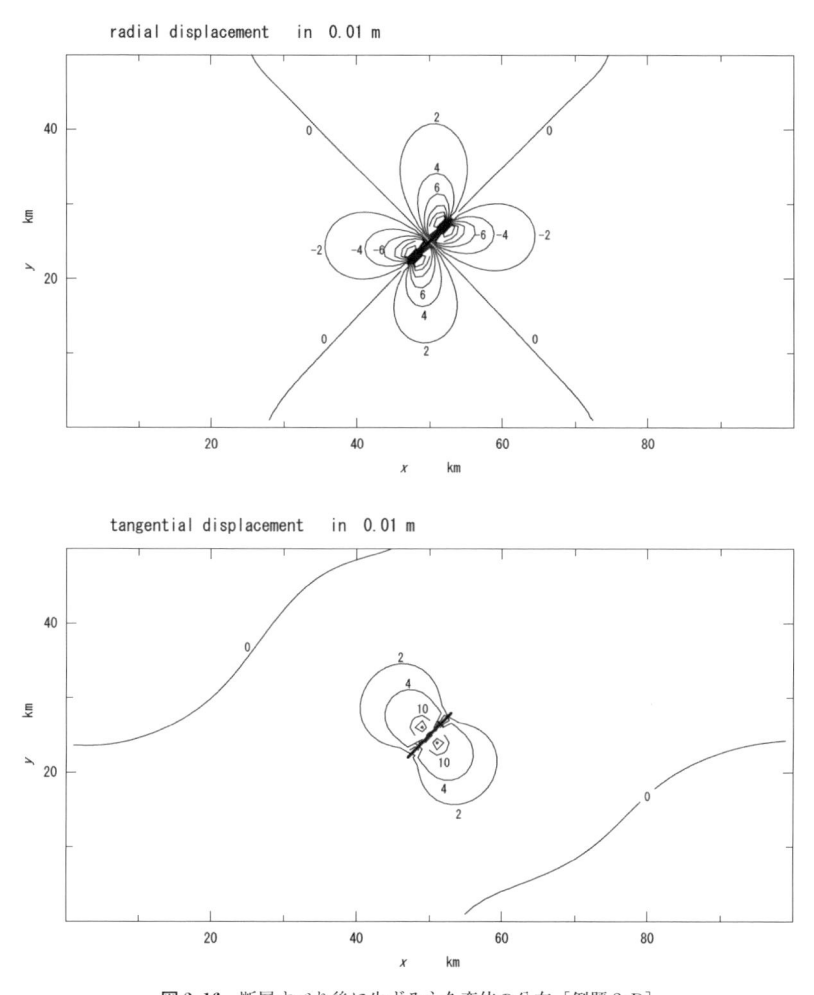

**図 2.16** 断層すべり後に生ずる永久変位の分布［例題 2-D］
変位は断層の中心（50 km, 25 km）から見て動径方向（上）と偏角方向（下）に分けて示す．等高線の値の単位は 0.01 m である．格子点の配列と断層すべりの設定は図 2.5 と同じである．

遠方で偏角成分の符号が変わって逆向きの回転が現れるのも，定性的には動的な変形と同じである．

地表の各点で計算された変位の水平成分 $u$ と鉛直成分 $v$ を，図 2.17 の曲線 1 で示す．この分布は体積変化についての計算結果（図 2.15）と定性的にはよく

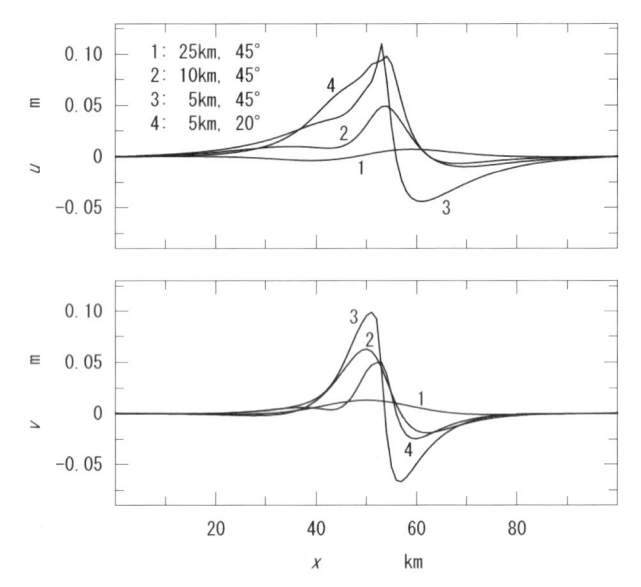

**図 2.17** 断層すべり後に地表に生ずる永久変位 [例題 2-D]
水平変位 $u$ を上段に，鉛直変位 $v$ を下段に示す．曲線 1 は図 2.16 と同じ断層すべりによる．曲線 2 と 3 は断層の傾き 45° は同じで深さを 10 km と 5 km に変えた．曲線 4 は深さ 5 km で断層の傾きを 20° にした．

似ている．それは断層の真上が 4 象限の圧縮領域にあたるためであろう．

地表の変位分布の様相は，断層の位置を浅くすると変わってくる．図 2.17 の曲線 2 と 3 に見るように，領域の大きさに比べて浅い断層の上には，隆起と沈降が対になって鉛直成分に現れ，水平変位も似た傾向になる．曲線 4 は，断層中心の位置は同じで，断層の水平面からの傾きをゆるくした場合である．

## 2.4 津波の伝播

海洋で起こる特異な現象に津波がある．地震が海底付近の浅部まで断層を伸ばしたり，海底噴火に伴って海底が陥没したり，海岸から土砂などが大量に海に流れ込んだりすると，その影響で海面の水位が急に変化する．この変動が海面に沿って伝播する現象が津波である．

津波は海水の流れを伴う現象なので，その解析は流体力学に基づき，弾性体の力学に基礎をおく地震や地殻変動とは出発点が異なる．ところが，重力下の流体

運動から導かれる津波伝播の方程式は波動方程式であり，解の性質には地震波の伝播と共通する部分が多い．このことを念頭に置きながら，シミュレーションに取り組もう．なお，津波の原因となる変動は，流体運動の初期条件を設定するときだけに使われる．

### a. 津波伝播の偏微分方程式

津波の卓越波長は通常数十〜数百 km であり，海の深さに比べてずっと長い．津波によって海面は振動するというよりむしろゆっくりと上昇したり下降したりする．海面の高さの変動は，海底に至る海水の厚さ全体にほぼ一様な圧力変化をもたらす．このような長波近似が成立するために，津波を支配する方程式は水面波の扱いの中でも特に単純になる．

海面を平面で近似して，その各点の位置を水平面内にとった直交座標で表す．任意の点 $(x, y)$ で，平衡状態にある海の深さを $h$ とし，津波による海面の高さの起伏を $\zeta$（上向きを正とする）とする．ただし，$\zeta$ は $h$ よりずっと小さいと仮定する．

水の圧縮性を無視すれば，海面の高さの変化は，その点に流出入する海水の流れで補償されなければならない．そこで，質量保存則から次の関係が得られる．

$$\frac{\partial \zeta}{\partial t} = -\left[\frac{\partial}{\partial x}(hv_x) + \frac{\partial}{\partial y}(hv_y)\right] \tag{2.24}$$

ここで，$v_x$ と $v_y$ は海水の $x$ 方向と $y$ 方向の流速で，海の深さについては平均化されている．

津波に伴う海水の流れは広範囲にわたってほぼ一様であり，空間的な変化はごく小さいとみなされる．そのために，流体の運動方程式（1.18）で流速の空間微分を含む移流の項（左辺第2項）や粘性項（右辺第2項）は無視できる．運動の水平成分は重力の作用も受けないので，運動方程式は結局次のようになる．

$$\rho\frac{\partial v_x}{\partial t} = -\frac{\partial p}{\partial x}, \quad \rho\frac{\partial v_y}{\partial t} = -\frac{\partial p}{\partial y} \tag{2.25}$$

ここで $p$ は海水に働く圧力である．海水の密度 $\rho$ は，非圧縮性の仮定と整合させて定数とみなす．

圧力 $p$ が着目する深さより上にある海水の荷重で決まるとすれば，静水圧平衡の条件から

$$p = p_0 + g\rho\zeta \tag{2.26}$$

ここで $g$ は重力加速度である．$p_0$ は各深さの平衡圧力で，深さのみの関数である．

式 (2.26) を式 (2.25) に代入して $p$ を消去すれば,

$$\frac{\partial v_x}{\partial t} = -g\frac{\partial \zeta}{\partial x}, \quad \frac{\partial v_y}{\partial t} = -g\frac{\partial \zeta}{\partial y} \qquad (2.27)$$

さらに, 式 (2.24) と式 (2.27) から $v_x$ と $v_y$ を消去すれば, $\zeta$ の満たすべき次の方程式が得られる.

$$\frac{\partial^2 \zeta}{\partial t^2} = \frac{\partial}{\partial x}\left(gh\frac{\partial \zeta}{\partial x}\right) + \frac{\partial}{\partial y}\left(gh\frac{\partial \zeta}{\partial y}\right) \qquad (2.28)$$

これが津波の伝播を支配する偏微分方程式である.

式 (2.28) は波動方程式の形をしている. 特に $h$ が一定ならば, 海面の高さの変動は $(gh)^{1/2}$ の速度で伝播する. この伝播速度は, 例えば $h$ が 4 km (海洋の平均的な水深) のときに 200 m/s (720 km/h) となる. これは空気中を伝わる音速の半分程度の大きさであり, ジェット機の飛行速度 (これは伝播速度でないので, 比較は物理的には意味がない) とも同程度の高速である. なお, このときの海水の流速 $v_x$ や $v_y$ は伝播速度よりずっと小さいことに注意してほしい.

津波が計算領域の境界で満たすべき条件を考えよう. まず, 海岸が高い崖でできていて, 海水の侵入がそこで阻まれるとすれば, 壁に垂直な流速の成分は 0 となる. 壁に垂直な単位ベクトル (法線ベクトル, 陸側に向くものとする) を $(n_x, n_y)$ と表記すれば, この条件は

$$n_x v_x + n_y v_y = 0 \qquad (2.29)$$

式 (2.27) を使ってこれを書き換えると, $\zeta$ についての次の境界条件が得られる.

$$n_x \frac{\partial \zeta}{\partial x} + n_y \frac{\partial \zeta}{\partial y} = 0 \qquad (2.30)$$

式 (2.30) は数学的には 2.2 節で考えた自由境界の境界条件に対応する.

沿岸域で地形がもっと平坦ならば, 海岸線の位置は津波の影響を受けて移動する. 特に, 海岸線の陸側への移動は防災上きわめて危険な現象である. ここではそれを境界条件によって近似的に表現することを試みる.

通常の海岸の位置で海面が $\zeta$ だけ高まったときに, 実際の海岸線が陸側に $u$ だけ移動するとすれば, 海水の質量保存と幾何学的な関係により次の 2 式が得られる.

$$\frac{\partial \zeta}{\partial t} = \frac{v\zeta}{u}, \quad u = \zeta\cot\theta \qquad (2.31)$$

ここで, $\theta$ は海岸付近で地面が水平から傾く角度で, 簡単のために海から陸にかけて一定値をとるものとする. $v$ は海岸線 (平衡状態での位置) を通過する海水

の流速である．海岸線が海の側に退く場合には，$\zeta$ や $u$ は負になる．

式 (2.31) から $u$ を消去し，式 (2.27) を使えば，

$$n_x \frac{\partial \zeta}{\partial x} + n_y \frac{\partial \zeta}{\partial y} = -\frac{\cot\theta}{g}\frac{\partial^2 \zeta}{\partial t^2} \tag{2.32}$$

これが海岸線の移動を考慮した境界条件である．式 (2.31) の第 2 式から，海岸線の位置は $\zeta$ に比例して移動する．

### b．1 次元の津波

まず 1 次元のシミュレーションで津波の基本的な性質を理解しよう．$h$ や $\zeta$ は $x$ 方向のみに依存すると仮定して，空間と時間を次のように離散化する．

$$\begin{aligned} x_i &= i\Delta x \ (i=0, 1, \cdots, m), \quad \Delta x = L/m, \\ t_k &= k\Delta t \ (k=0, 1, \cdots) \end{aligned} \tag{2.33}$$

$L$ は計算領域の長さで，それを $m$ 個に分割する．

時間と空間の離散化に対応して，海の深さを $h_i = h(x_i)$，海面の変動を $\zeta_{i,k} = \zeta(x_i, t_k)$ と書き，式 (2.28) を差分で表せば

$$\begin{aligned} \zeta_{i,k+1} = &\, 2\zeta_{i,k} - \zeta_{i,k-1} \\ &+ g\left(\frac{\Delta t}{\Delta x}\right)^2 \left[\frac{1}{4}(h_{i+1}-h_{i-1})(\zeta_{i+1,k}-\zeta_{i-1,k}) + h_i(\zeta_{i+1,k}-2\zeta_{i,k}+\zeta_{i-1,k})\right] \end{aligned} \tag{2.34}$$

ここで，空間と時間の微分はともに 2 次の差分で表現した．変数の変化は基本的には波動方程式に支配されるので，時間刻み $\Delta t$ は次の制約（クーラン条件）を受ける．

$$\Delta t \le \frac{\Delta x}{(gh_m)^{1/2}} \tag{2.35}$$

ここで $h_m$ は深さの最大値である．

境界条件としては，$x=0$ では垂直な崖の条件 (2.30) を，$x=L$ では傾斜角 $\theta$ の斜面に沿って海岸線が上下する条件 (2.32) を選ぶことにしよう．これも 2 次の差分を使って，境界条件を時間ステップが $k+1$ での値を求める形で書けば

$$\zeta_{0,k+1} = \frac{4\zeta_{1,k+1} - \zeta_{2,k+1}}{3},$$

$$\zeta_{m,k+1} = \frac{4\zeta_{m-1,k+1} - \zeta_{m-2,k+1} + a(2\zeta_{m,k} - \zeta_{m,k-1})}{3+a}, \quad a = \frac{2\Delta x \cot\theta}{g(\Delta t)^2} \tag{2.36}$$

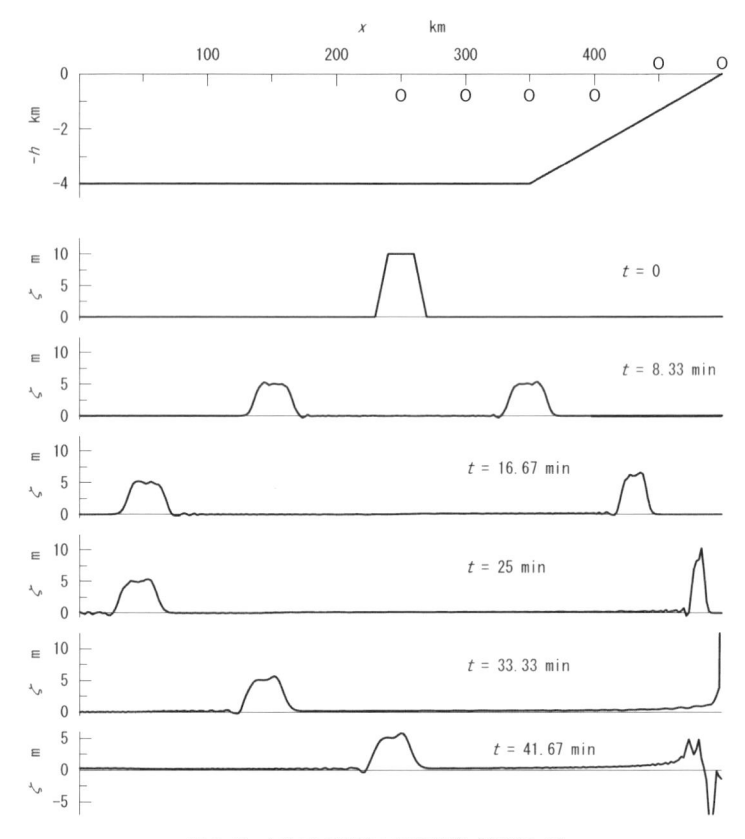

**図 2.18** 1 次元の津波の伝播計算 [例題 2-E]
海面の起伏 $\zeta$ の空間分布を 500 s ごとに追跡する．海の深さは遠洋では 4 km の一定値をとり，$x=350$ km の地点から同じ傾斜で浅くなって，$x=500$ km で海岸線に達する（最上段）．○は観測点の位置．$\zeta$ の初期分布は $x=250$ km の両側 20 km の範囲で 10 m の台形状の高まりをもつ（上から 2 段目）．

計算は次の手順で進める．計算の準備として，すべての格子点 $x_i$ に対して水深 $h_j$ と海面変動の初期値を設定する．式 (2.34) を用いるには，初期条件には $\zeta_{i,0}$ と $\zeta_{i,-1}$ の値を設定する必要があるが，それは同じ値にする．津波の波源の外側では初期値はすべて 0 にする．

この準備をすませてから，$k$ を 1 から順に増やし，時間を追って各格子点の海面変動 $\zeta_{i,k}$ を計算していく．その各ステップで，まず式 (2.34) を用いて内部の格子点で $\zeta_{i,k+1}$ ($0<i<m$) を計算する．次に，境界条件 (2.36) を用いて，境

界値 $\zeta_{0,k+1}$ と $\zeta_{m,k+1}$ を計算する．この操作を必要な時間の範囲で繰り返す．

図 2.18 の計算例では，計算領域の大きさは $L=500\,\mathrm{km}$ と設定した．$m=500$ としたから，$\Delta x=1\,\mathrm{km}$ となる．海の深さは遠洋では $4\,\mathrm{km}$ の一定値をとり，$x=350\,\mathrm{km}$ の地点から一定の傾斜で浅くなって，$x=500\,\mathrm{km}$ で海岸に達して 0 になる（最上図）．陸上でも地面が同じ傾斜で高まるとして，$\cot\theta=37.5$（$\theta=1.5°$）とした．海面の起伏 $\zeta$ の初期分布としては，$x=250\,\mathrm{km}$ の両側 $20\,\mathrm{km}$ の範囲で高さ $10\,\mathrm{m}$ の台形状の高まり（上底の長さは $20\,\mathrm{km}$）を設けた（上から 2 段目の図）．数値計算の時間刻み $\Delta t$ は $1\,\mathrm{s}$ とした．

図 2.18 は変動の高さ $\zeta$ の空間分布を時間とともに（$500\,\mathrm{s}$ ごとに）追ったものである．なお，図では時間の単位として分を用いる．計算結果によれば，初期条件で設定した海面の $10\,\mathrm{m}$ の高まりは，波高が $5\,\mathrm{m}$ の 2 つの高まり（津波）に分離して両側に伝播する．海底の深さが一定に保たれる範囲では，この高まりは空間分布の形状を保持して一定速度で移動する．

計算領域の左端 $x=0$ は垂直な崖の境界条件を満たすので，津波はそこで反射して，同じ速度で逆向きに戻ってくる．高まりの空間分布は同じ形を保って反射前とは左右対称になる．

右側に伝わる津波は，$x=350\,\mathrm{km}$ の地点をすぎると海底が浅くなる影響を受けて，伝播が遅くなる．伝播速度の変化によって，津波の内部では前面の移動速度が背後より遅くなる．結果として，津波の占める範囲は空間的に圧縮され，幅が次第に狭まって，高さが次第に高まる．このように津波の高さは陸に近づくと増幅される．

海岸線に達すると，海の深さが 0 に近づくために，津波の波高は急激に高まり，図のスケールからはみ出す．その後津波は反射されて海側に戻ってくるが，波はかなり変形して，高まりの後に海面が平衡位置より下がる状態が続く．

計算領域の中心 $x=250\,\mathrm{km}$ から $50\,\mathrm{km}$ 間隔で 6 つの点（図 2.18 最上図で O をつけた点）を選び，各点での $\zeta$ の時間変化を図 2.19 で見る．図 2.18 で見出した津波伝播の特徴はこの図からも読み取れる．すなわち，陸に向かって海の深さが浅くなると，津波の移動が遅くなり，変動の幅が狭まって高さが増す．

図 2.19 の最下段は津波の波高の変化を海岸線の位置 $x=500\,\mathrm{km}$ で見る．この図は縦軸のスケールが他の図と違うことに注意してほしい．津波は時間が 30 分をすぎる頃から海岸に影響しはじめ，33 分頃に最大の高さ $44\,\mathrm{m}$ に達する．この高さは遠洋を伝播するときの高さよりずっと大きい．その後，海岸線の位置は海側に移動して $\zeta$ は負になる．$\zeta$ は減衰しながらさらに振動を続ける．

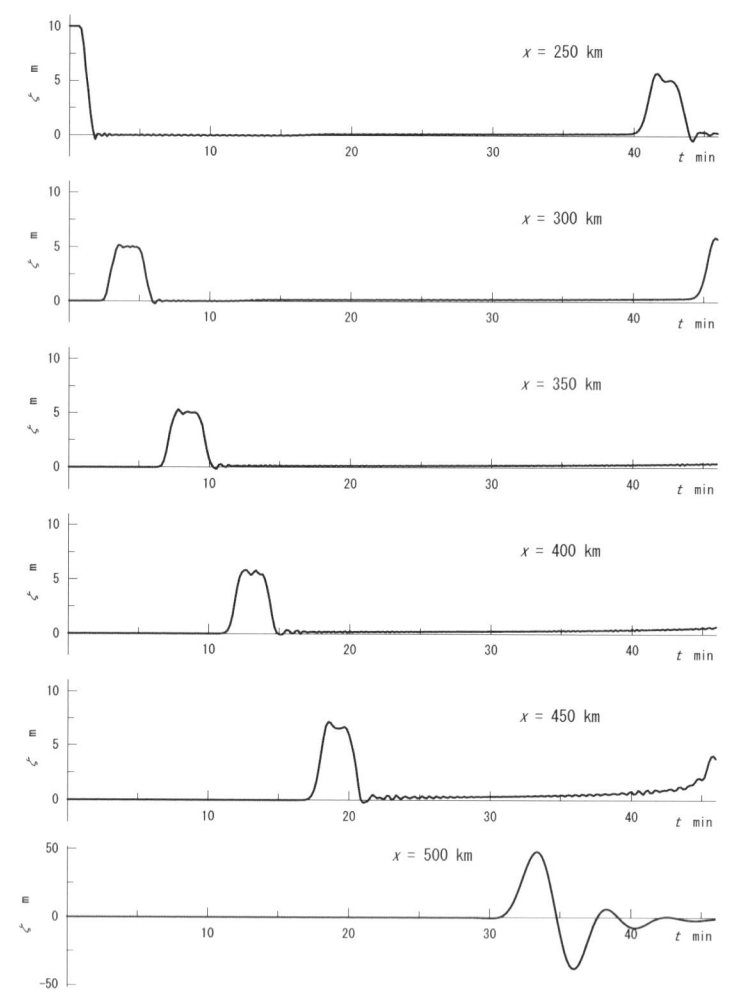

**図 2.19** 津波の 1 次元伝播による海面の起伏 $\zeta$ の時間変化［例題 2-E］
観測点は波源から 50 km おきに置かれる（図 2.18 参照）．海岸線の位置 $x=500$ km での変化（最下段）は縦軸が異なるスケールで描かれていることに注意．

なお，時間が 40 分をすぎた頃に $x=250$ km の点で見られる高まりは，左端 $x=0$ で反射した波が到達したものである．この反射波は少し遅れて $x=300$ km の点でも見られる．右端 $x=500$ km からの反射波は，$x=450$ km の地点では 40 分すぎ頃からようやく始まる．

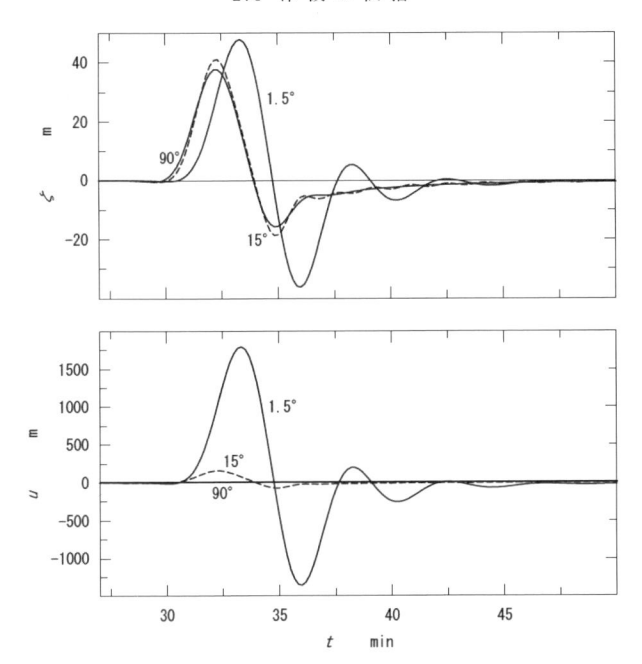

**図 2.20** 海岸線における海面の高さ $\zeta$ と海岸線の移動量 $u$ の時間変化［例題 2-E］
$u$ は陸側への移動を正とする．海岸付近の地面の傾斜角 $\theta$ が 1.5°，15°（鎖線），90°の場合について示す．

図 2.20 は海岸線付近での地面の傾斜の効果を見る．ここでは，今まで考えた $\theta=1.5°$ の場合に加えて，$\theta$ が 15° と 90° の計算例が取り上げられる．海底の深さや変動の初期分布は同じで，海岸線の付近だけで地面の傾斜が変わったと仮定している．海面の変動の大きさは，傾斜角が大きくなるにつれて多少減少するが，大局的な傾向は変わらない．

海岸線の位置 $u$ は式（2.31）の第 2 式から $\zeta$ に比例するが，図 2.20 にはその変化量の大きさを具体的に示す．$\theta=1.5°$ の場合には，津波は 1,500 m 以上も陸に入り込んでから，海側に大きく退く．海岸線の移動量は斜面の傾斜が急になるにつれて減少する．

### c. 津波伝播の 2 次元計算

計算領域が 2 次元の場合には，それが長さ $L$ と $H$ の長方形であるとして，空間と時間を次のように離散化する．

$$x_i = i\Delta x \quad (i = 0, 1, \cdots, m), \quad \Delta x = L/m$$
$$y_j = j\Delta y \quad (j = 0, 1, \cdots, n), \quad \Delta y = H/n$$
$$t_k = k\Delta t \quad (k = 0, 1, \cdots) \tag{2.37}$$

この離散化に対応して，海の深さを $h_{i,j} = h(x_i, y_j)$，海面の変動を $\zeta_{i,j,k} = \zeta(x_i, y_j, t_k)$ と書き，式（2.28）を差分で表現すれば

$$\zeta_{i,j,k+1} = 2\zeta_{i,j,k} - \zeta_{i,j,k-1}$$
$$+ g\left(\frac{\Delta t}{\Delta x}\right)^2 \left[\frac{1}{4}(h_{i+1,j} - h_{i-1,j})(\zeta_{i+1,j,k} - \zeta_{i-1,j,k}) + h_{i,j}(\zeta_{i+1,j,k} - 2\zeta_{i,j,k} + \zeta_{i-1,j,k})\right]$$
$$+ g\left(\frac{\Delta t}{\Delta y}\right)^2 \left[\frac{1}{4}(h_{i,j+1} - h_{i,j-1})(\zeta_{i,j+1,k} - \zeta_{i,j-1,k}) + h_{i,j}(\zeta_{i,j+1,k} - 2\zeta_{i,j,k} + \zeta_{i,j-1,k})\right]$$
$$\tag{2.38}$$

境界条件や計算の進め方は1次元の場合と同様である．以下の例題では，境界条件の影響を避けて，境界からの反射波が到達する以前の時間範囲で計算結果を議論する．

海の深さ $h$ は，すべての点で標準の深さ $h_s$ にしてから，点 $(x_a, y_a)$ の周囲で距離 $r_x$ と $r_y$ の範囲に $h_a f$ の形で増分を重ね合わせる．ここで $f$ は点 $(x_a, y_a)$ を中心とする高さ1の楕円体状の盛り上がりで，任意の点 $(x, y)$ の関数として次のように定義される．

$$f = 1 - \left(\frac{x - x_a}{r_x}\right)^2 - \left(\frac{y - y_a}{r_y}\right)^2, \quad \left(\frac{x - x_a}{r_x}\right)^2 + \left(\frac{y - y_a}{r_y}\right)^2 < 1 \tag{2.39}$$

不等式の範囲外では $f = 0$ とする．

$t = 0$ における海面の高さ $\zeta$ の分布も，中心の位置 $x_a$ と $y_a$，幅 $r_x$ と $r_y$，波高のピーク値 $\zeta_a$ を決めて，任意の点 $(x, y)$ の関数として $\zeta_a f$ の形で計算し，それを $\zeta_{i,j,0}$ と $\zeta_{i,j,-1}$ の値として設定する．以下に2つの例題を取り上げる．

$\zeta$ の初期分布として設定する津波発生源の形状に津波の伝播がどう依存するかを見る（図2.21）．計算領域は $L = H = 140\,\text{km}$ と $\Delta x = \Delta y = 1\,\text{km}$ で決め，計算の時間刻みは $\Delta t = 1\,\text{s}$ とする．海底の深さは4kmで一定とする．海面の初期変動は，$\zeta_a = 10\,\text{m}$ として，領域の中心 $x_a = y_a = 70\,\text{km}$ のまわりに $\zeta_a f$ の形で与える．初期変動の形状は，(a)では $r_x = r_y = 7\,\text{km}$ の円盤状の分布，(b)では $r_x = 5\,\text{km}$，$r_y = 10\,\text{km}$ の楕円盤状の分布とする．

図2.21は $t = 200\,\text{s}$ のときの津波の波高を等高線で表示する．初期分布が円状の(a)では，当然のことながら津波は周囲に等方的に広がる．津波の広がりの

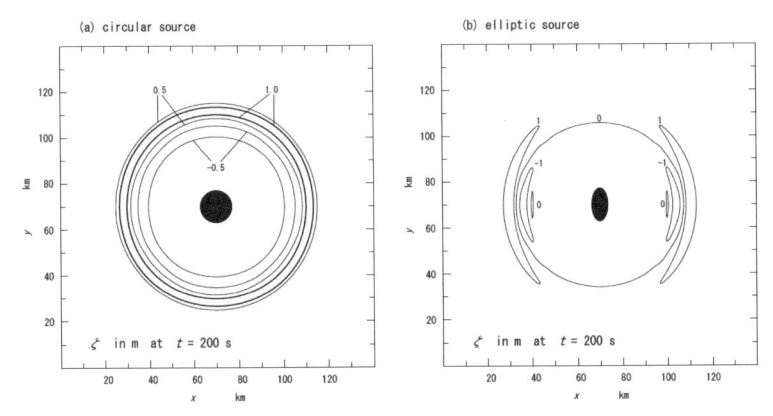

**図 2.21** 津波の波源（塗りつぶした範囲）の形が伝播に及ぼす影響［例題 2-F］200 s 後の波高分布を等高線で示す（単位は m）．(a) 半径 7 km の円状の波源．(b) $x$ 方向に 5 km，$y$ 方向に 10 km の半径をもつ楕円状の波源．波源は中心で 10 m の初期起伏をもつ．

ために，波高の最高値はこの時点で 1 m あまりに下がっている．津波は高まりの後に低海面になるが，それは 1 次元の津波には見られなかったことである．

津波の波源が $y$ 方向に細長い（b）では，波高の振幅に伝播方向への依存性が見られる．最も振幅が大きくなるのは波源の伸びと垂直な $x$ 方向であり，それと垂直な $y$ 方向に伝播する津波は振幅が最小になる．このように，津波は波源が長く伸びる方向と垂直に大きな振幅で放射されるという強い指向性がある．

図 2.22 は同じ計算で得られた波高の時間変化を波源から 15 km および 30 km 離れた点で見る．この図で上の 2 つは波源から $x$ 方向に，下の 2 つは $y$ 方向に離れた点である．波源が円状の（a）では，$x$ 方向と $y$ 方向の伝播に差がなく，高まりの後に海面の低下が続く変化が振幅を下げながら伝播する（左）．波源が異方的な（b）では，$x$ 方向に伝播した津波の振幅が $y$ 方向より大きくなる（右）．$y$ 方向の伝播は，振幅が小さい代わりに変動の継続時間が長くなる．

次の例題では，海底の深さに凹凸がある場合に，その伝播への影響を見る．今度は領域を横に少し広げて $L = 180$ km，$H = 140$ km としたが，$\Delta x = \Delta y = 1$ km と $\Delta t = 1$ s は変わらない（図 2.23）．海底の深さは点（50 km, 70 km）を中心に最大 3 km 浅くし，点（130 km, 70 km）を中心に最大 3 km 深くした（影をつけた円盤）．凹凸の半径（$r_x = r_y$）は 10 km である．波源は点（90 km, 70 km）を中心に $r_x = 5$ km と $r_y = 15$ km の楕円体の範囲の波高を最大 10 m 高くした（塗りつぶした楕

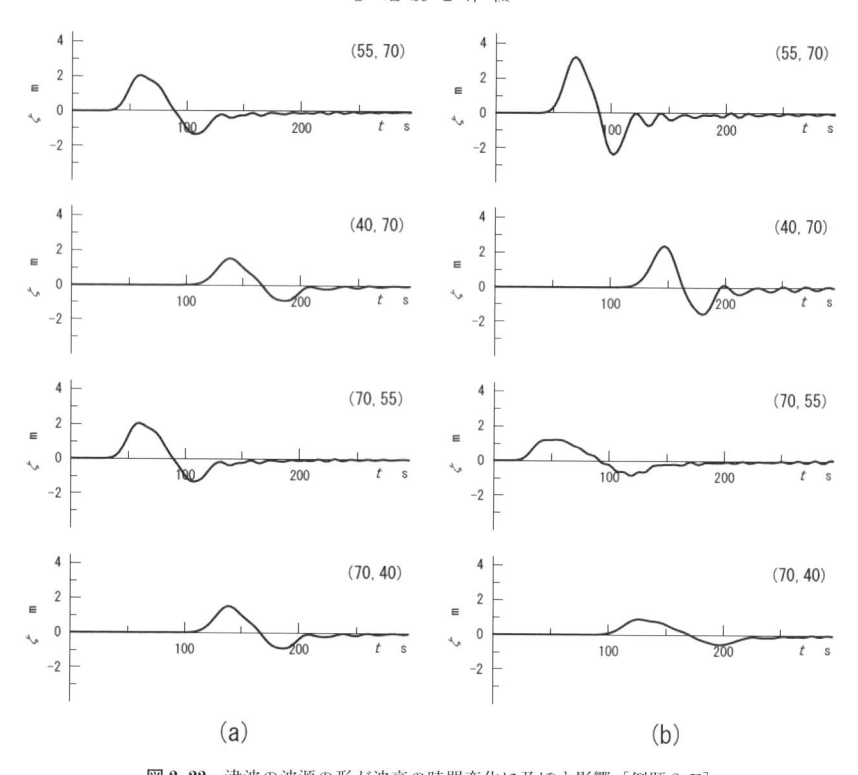

**図 2.22** 津波の波源の形が波高の時間変化に及ぼす影響 [例題 2-F]
(a) は円状の波源, (b) は楕円状の波源についての計算結果 (図 2.21 参照). 観測点は上の 2 つは $x$ 方向に, 下の 2 つは $y$ 方向に, 波源から 15 km および 30 km 離れた位置にある.

円).

　図 2.23 左の 2 枚は, 時間が 200 s と 300 s 経過したときの波高の分布である. 比較のために, 海底の深さが一定な場合の計算結果を右に示す. 海底に凹凸がある場合には, 津波が海底の浅い部分に入ると伝播が遅れ, 深い部分に入ると伝播が進むために, 等高線の形に歪が生ずる. 歪の形状から, 浅い部分には波が集まり, 深い部分からは波が遠ざかるのが読み取れる.

　図 2.24 は, 同じ計算で波源から $x$ の負の側 (海底の浅い部分を含む側) と正の側 (深い部分を含む側) に 20 km ずつ離れた 3 点で波高の時間変化を見る. 比較のために, 海底の深さが一定な場合の計算結果を破線で示す. 海底の浅い領域に入ると, 津波の伝播が遅れ, 波高は大きくなる. 逆に深い領域に入ると, 伝

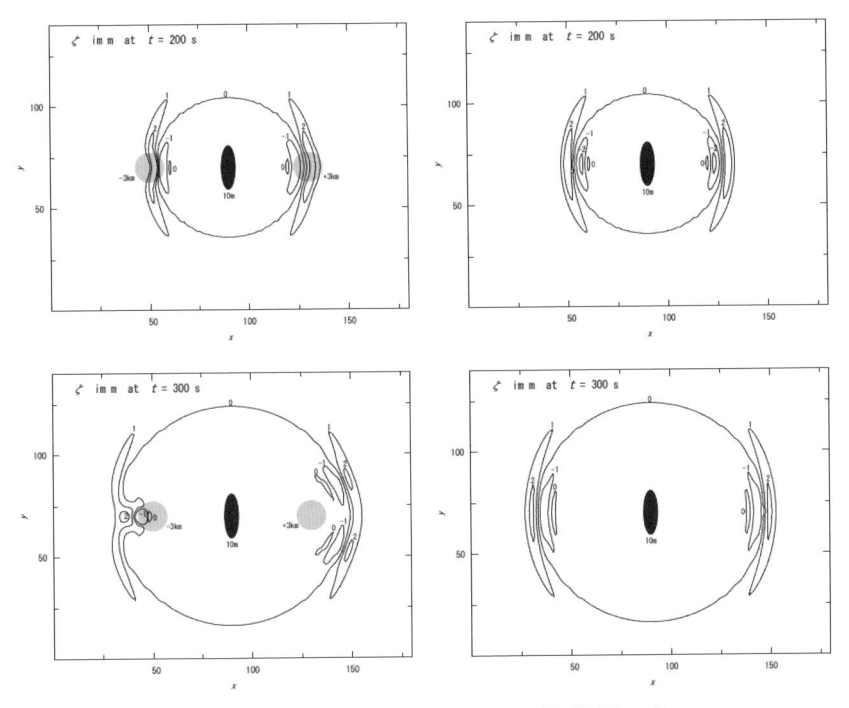

**図 2.23** 津波伝播への海底の深さ異常の影響 [例題 2-G]
200 s 後（上）と 300 s 後（下）の波高の分布を等高線で示す（単位は m）．図の左は波源（塗りつぶした楕円）の左側（$x$ の小さい側）に海底の浅い部分，右側に深い部分を含む場合である（異常のある範囲に影をつける）．比較のために，図の右に海底の深さが一定な場合の計算結果を示す．

播は進み波高は小さくなる．

　この波高の変化は波線理論（2.5 節 a 項）を使って直感的に理解することもできる．津波が水深の浅い低速度の領域に入ると，波線はその領域の側に曲げられ，凸レンズが光を集めるように集められる．この波線の曲がりが図 2.23 で見た等高線の歪に対応する．波線が集まって津波のエネルギーが集中するために，波高が高まるのである．逆に海底が深い領域では，凹レンズが光を分散するように，波線が広がって波高が小さくなる．

　津波の放射が波源の形によることや，津波の波高が海底の深さ分布に影響されることは，津波の伝播方向や高さを見積もる上で重要である．

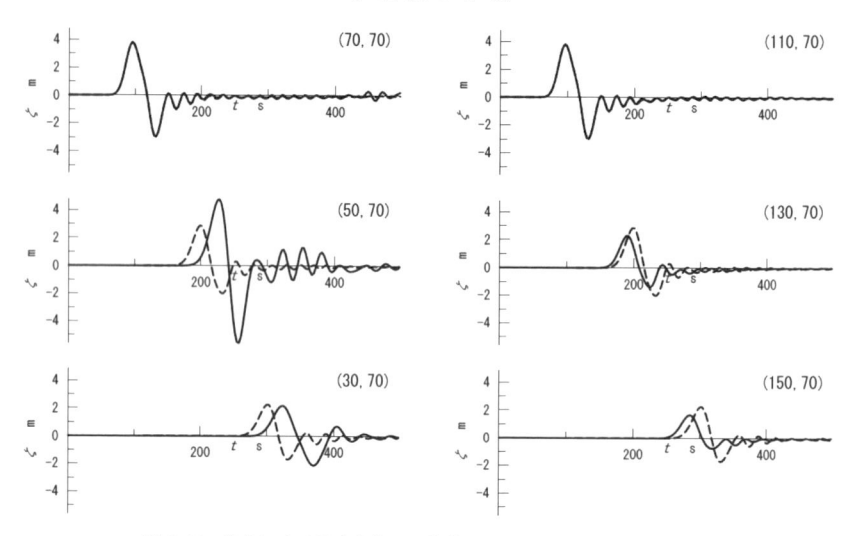

**図 2.24** 津波による波高変化への海底の深さ異常の影響 [例題 2-G]
波源から $x$ の負の側と正の側に 20 km ずつ離れた 3 点で波高の時間変化を見る．波源の左側に海底の浅い部分，右側に深い部分をもつ場合（図 2.23 左）を実線で，海底の深さが一定な場合（図 2.23 右）を破線で示す．

## 2.5 地震波の伝播と地球内部の構造

20 世紀の前半から，地震学は地球の内部構造を解明するという課題に取り組んできた．そのときに使われた波線理論について a 項で解説する．解析に用いられる観測データは P 波や S 波の初動が到達する時刻である．その扱い方を簡単なシミュレーション例題を交えて b 項で考察する．実際の地球の内部構造との関係は c 項で議論する．

### a. 地震波線の追跡

2.2 節で述べたように，地震波の伝播は弾性体の運動方程式によって厳密に記述されるが，それを解く計算は大がかりなものになる．そこで，地球の内部構造を調べる研究では，波線理論を用いて伝播にかかる時間を近似的に計算する方法がとられてきた（宇津，1977）．波線理論は光の行路を解析するときに使う手法（幾何光学）としてよく知られており，波（光）は波線（光線）の束でできていると考える．波線は伝播速度の異なる媒質にぶつかると反斜や屈折を起こし，不透明

2.5 地震波の伝播と地球内部の構造

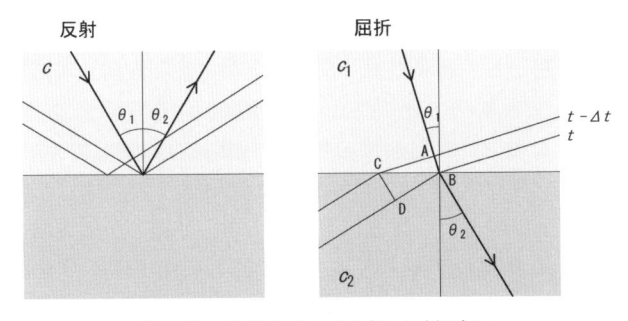

**図 2.25** 波線理論による反射と屈折の扱い
矢印をもつ直線で波線を，それと垂直な細線で波面を表す．波線の方向は境界面に立てた法線からの角度で表す．反射も屈折も波面が境界で連続性を保つように起こる．屈折の場合（右）には，境界で接する2つの媒質が伝播速度 $c_1$ と $c_2$ をもつ．

な物体で遮られると背後に影をつくる．

　波の伝播との関連では，波線は波の峰や谷を連ねた面（波面）の各部分が移動する軌跡である．震源からの地震波の広がりはまわりに波線が無数に伸びることで表現する．P波とS波は異なる波線で表現され，それぞれが時間とともにP波速度とS波速度で伸びていき，地震波の伝播経路を描くと考える．

　光線は光の伝播を波長より十分に長いスケールで近似的に表現する．光の波長は $5 \times 10^{-5}$ m 程度なので，日常的に経験する光の性質はこの近似で問題なく理解できる．地震波の場合も，波線は波長より十分に長い距離にわたる波の伝播を表現する．しかし，この条件は必ずしも満たされないので注意を要する．

　光線についてよく知られているように，波の伝播速度に不連続があると，反射や屈折が起きて波線が曲げられる．波が伝播速度 $c_1$ の媒質から $c_2$ の媒質に伝わる場合を想定し，屈折の法則を導いてみよう（図 2.25 右）．波動が境界面（伝播速度の不連続面）を通過するときに，波線が境界面の法線（境界面に垂直な線）に対してなす角度が $\theta_1$ から $\theta_2$ に変わるものとする．

　波線は時刻 $t$ のときに B 点で境界面と交差し，直前の時刻 $t-\Delta t$ のときには波線上の A 点の位置にあったとする．また，$t-\Delta t$ のときの波面は点 C で境界面と交わり，その点は $t$ のときには D に達していたとすれば，長さ AB は $c_1 \Delta t$，長さ CD は $c_2 \Delta t$ となる．一方で，波線の角度を使うと，AB は $BC\sin\theta_1$ に，CD は $BC\sin\theta_2$ に等しいので，波が連続性を保つ条件から次の関係が得られる．

$$\frac{\sin\theta_1}{c_1} = \frac{\sin\theta_2}{c_2} \tag{2.40}$$

式 (2.40) はスネルの法則とよばれる．

　反射の場合は問題がもっと簡単で，反射の前後で波面が同じ間隔をもつべきことから，入射角 $\theta_1$ と反射角 $\theta_2$ が等しいことが導かれる（図2.25左）．この場合は伝播速度も同じなので，反射前後の角度と伝播速度に対してやはり式 (2.40) が成立する．

　反射や屈折の法則は縦波にも横波にも適用でき，波線の伝播方向を計算するために，光，音波，地震波のP波とS波のどれにも使用できる．ただし，波線が不連続面にぶつかると，一般には入射波の一部が反射し，残りが屈折する．地震波にはP波とS波があるので，事情はさらに複雑になる．入射波がP波であっても，反射波や屈折波にはP波ばかりでなくS波も生じうる．入射波がS波の場合も同様である．反射波や屈折波の振幅は，このすべての可能性を考慮して波動の連続性から求める．

　地震波速度は連続的にも変化しうるので，その場合も含めて波線を追跡するために，式 (2.40) を次のように一般化する．

$$\frac{\sin\theta}{c} = w \tag{2.41}$$

ここで $\theta$ は波線が各点で鉛直方向に対してなす角度である．同じ波線については $w$ が一定である．いいかえれば，個々の波線は $w$ の値で識別される．$w$ は波線パラメータとよばれる．なお，地震波の伝播を地球規模で追跡する場合には，鉛直方向は場所ごとに異なって平行にならないので，式 (2.41) には修正が必要になる．

　地震波速度 $c$ に水平方向の不均質がなければ，波線は同一の鉛直断面内にある．地表を平面で近似して，波線上の時刻 $t$ における地震波線の位置を直交座標で $(x, y)$ と表そう．$x$ は水平方向，$y$ は鉛直上向きにとる．式 (2.41) によれば，波線の位置 $(x, y)$ は地震波の伝播とともに以下の関係に従って伸びていく．

$$\frac{dx}{dt} = c^2 w, \quad \frac{dy}{dt} = \pm c(1 - c^2 w^2)^{1/2} \tag{2.42}$$

ここでは波線として $x$ の正の側にあるものを考慮するが，反対側や他の方向にあるものも同様に扱える．第2式右辺の符号は波線の連続性を満たすように選ぶ．特に，右辺の値が0になったら，それ以後は符号を逆転させる．

### b. 走時曲線の計算

　震源は広がりを無視して1点であるとしよう．震源で発した地震波が地表の各

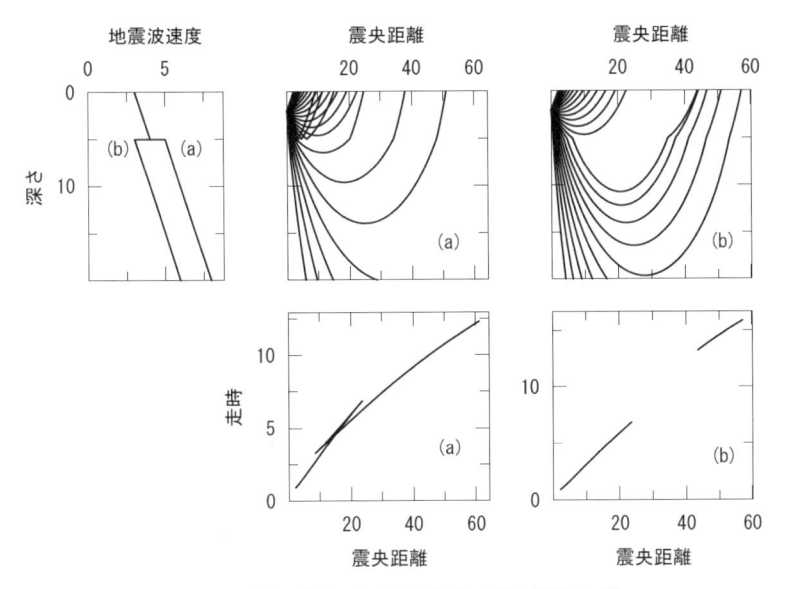

2.5 地震波の伝播と地球内部の構造　　87

**図 2.26**　波線の追跡による走時曲線の計算［例題 2-H］
地震波の伝播速度の分布（左）として，深さ 5 で不連続に増加するモデル (a) と不連続に減少するモデル (b) を考える．震源から等間隔の角度で全方向に放射される 25 本の波線を追跡して（中と右の上図），波線が地表に到達する位置から走時曲線を描く（中と右の下図）．

点に到達する時刻は，震源からの距離とともに変化する．震源から着目する点まで地震波が伝播するのにかかる時間を走時とよぶ．地震波速度が場所によらず一定ならば，走時は震源からの距離を地震波速度で割ったものになる．地震波速度が一様でない場合には，伝播経路（波線）は直線でなくなり，走時は各部分を伝播するのに要する時間の和になる．

走時データを整理するときは，震源から観測点までの距離の代わりに震源の真上に位置する地上の点（震央）からの距離を使うことが多い．震央の位置は正確に決まるが，震源の深さは見積もりの誤差が大きいからである．震央距離と走時の関係を走時曲線とよぶ．

理論的な走時曲線は地球内部の地震波速度の分布から定まる．簡単な例について数値シミュレーションをしてみよう．地震波（P 波または S 波）の伝播速度 $c$ は深さのみの関数（$y$ のみの関数）と仮定する（図 2.26 左）．深さ，地震波速度，時間の単位は適当に選び，特に指定しない．圧力の効果を考慮して，$c$ は地表で 3 の値をもち，深さとともに $dc/dy = -0.2$ の割合で増加するものとする．さらに，

深さ5 ($y=-5$) で不連続に1だけ増加する場合 (a) と，減少する場合 (b) を考える．

震源は深さ2の位置 ($x=0$, $y=-2$) にあるものとする．震源のまわりで等間隔に $\theta$ を分割し，それぞれの $\theta$ に対応する $w$ を式 (2.41) から定める．$\theta$ が $0°$ から $180°$ の間を25分割して，それぞれの $w$ に対して式 (2.42) を用いて波線を追跡した結果を，図 2.26 (a) および (b) の上図に示す．この計算で，波線が地表に到達したときの位置 $x$ と伝播にかかった時間 $t$ を読み取って，走時曲線を描いたのが，(a) および (b) の下図である．

地震波速度が不連続に変わる深さ (5) より上では，深さによる地震波速度の連続的な増加に対応して，波線は下に凸のなめらかな曲線を描く．下向きに放射された波線もいずれ上向きに変わって，最後は地表に到達する．震央距離が23程度より短い場合の走時曲線で示されるように，地表に到達するまでにかかる時間（走時）は震央距離とともにほぼ直線的に長くなる．

地震波速度に不連続な変化があると，波線はその変化に敏感に応答する．不連続な増加がある場合 (a) には，不連続面に入った波線は浅い側に曲げられ，短い距離で不連続面に戻って，上向きに返される．不連続面に入るか入らないかの限界付近では，不連続面に入った波線は，入らないで上に戻る波線と比べて，地表に到達する位置が震源に近い側にくる．そのために，走時曲線には「重なり」が生ずる．

地震波速度が不連続な減少を含む場合 (b) には，不連続面に入った波線は深い側に曲げられる．そのために，波線は深部を通って長い距離を経てから，遠方で不連続面に戻る．不連続面に達せずに上に戻る波線と比べると，地表には遠く離れた位置に到達する．その結果，地表にはどの波線も到達しない影の領域が出現し，走時曲線には「とび」ができる．

#### c. 地球の内部構造

P波やS波が最初に到達する時刻（初動時刻）は観測からかなり正確に求まるので，地球の内部構造を決める基礎データとして使われてきた．図 2.27 はP波初動の伝播を半定量的に描いたもので，左側に特徴的な波線の振る舞い，右側に走時曲線を示す（杉村ほか，1988, p.2）．(a) はそれを地球全体について示し，(b) は震央距離が 200 km より短い部分を，また (c) は震央からの角距離（地球の中心から見た震源と観測点の間の角度）が $30°$ より小さい部分を拡大する．

地球内部の地震波速度は走時曲線を基礎データとして解析が進められてきた．

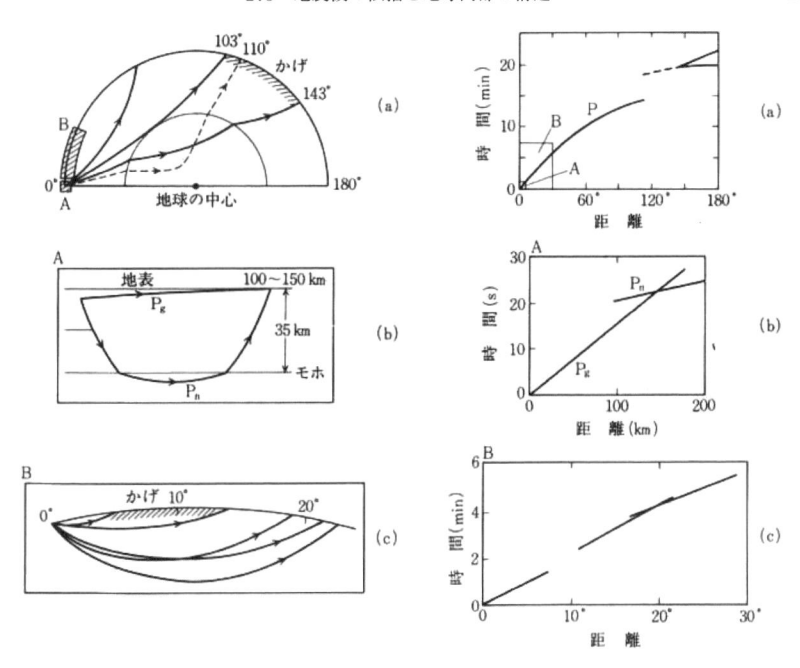

**図 2.27** 地球内部を伝わる P 波波線の特徴（左）と対応する走時曲線の形状（右）（杉村ほか，1988）
(a) 地球全体．(b) 震央距離が 200 km より短い部分．(c) 角距離が 30°よりも小さい部分．

　図 1.12 は解析結果の一例である．計算方法は定性的には次のように要約できる．震源に近い観測点には浅部を通った地震波が最初に到達する（図 2.26 参照）ので，震央距離の短い走時から浅部の地震波速度がまず決まる．震央距離が長くなるにつれて，走時はさらに深部の地震波速度まで反映するので，震央距離の短い走時から順に使って，地震波速度を浅いほうから順に決めていくことができる．
　実際の走時曲線の解析では，地震波速度に不連続や急な変化がある．図 2.26 のシミュレーション結果によれば，地震波速度の不連続な変化は走時曲線に重なりやとびをもたらす．実際の地球の走時曲線（図 2.27）にも重なりやとびがいくつか見られるので，それと対応させながら地球の内部構造を概観しよう．
　地球全体で見ると，角距離が 103°から 143°の間で走時曲線に大きなとびが存在する（図 2.27(a)）．図 2.26 で見たように，走時曲線のとびは地震波速度が深さとともに急に減少するときに起こる．地球規模で観測される大きなとびは，地球の中心に核があることを示す明確な証拠である．観測事実は，マントルの岩石

と外核を構成する液体金属の間で密度や弾性に大きな差があって，外核の地震波速度がマントルに比べて大きく減少することで説明できる．なお，図の破線は，とび（影）の領域にも固体の内核を通る弱い波が到達することを示す．

　震央距離が小さい範囲を拡大すると，震央距離 150 km 付近に走時曲線の重なりが見られる（図 2.27(b)）．図 2.26(a) によれば，走時曲線の重なりは地震波速度の急増に対応する．現実の地球では，距離が 150 km 付近の重なりは深さ 35 km 付近に存在する地殻とマントルの境界に対応する．マントルは地殻より緻密な結晶構造をもつ鉱物を豊富に含むために，地震波速度が不連続に増加するのである．地殻とマントルの境界はモホ面（モホロビチッチ不連続面）とよばれる．

　図 2.27(c) はマントルでの地震波の伝播を拡大して表現するが，そこにも角距離が 10°付近に走時曲線のとびが，20°付近に重なりが見られる．とびは深さ 100 km 付近に分布する高温の低速度層（アセノスフェア）によって生ずると解釈される．重なりは深さ 400〜1,000 km で地震波速度が急増するために起こる．その原因は圧力の増加によって鉱物の結晶構造が変わること（相転移）にあると理解される．

　地球の内部構造の解明には，P 波や S 波の走時曲線に加えて，不連続面で発生する各種の反射波も使われる．低速度層の確認には，表面波の分散関係（2.2 節 e 項）が重要な役割を果たした．大規模な地震が発生すると，地震波は地球全体を何周も回って地球全体を振動させるが，この地球振動の周波数や減衰定数も地球の内部構造の解明に使われる．

　地震波速度は水平方向にも変化する．その変化は地球のさまざまな領域を通る膨大な数の走時データを使って解析されてきた．解析結果は大陸地殻と海洋地殻の違い，リソスフェア（プレート）やアセノスフェアの発達度合いなどに対応づけられる．マントル全体の3次元的な地震波速度の分布（地震波トモグラフィー）は温度分布を表現し，上昇流や下降流の発生場所を示すものと解釈される．

## 2.6　シミュレーションの現状と課題

　第2章のまとめとして，地震や津波のシミュレーションに関して技術的な側面を補足し，実際に進められている研究や防災への活用について概観する．現状ではシミュレーションが予測や防災に十分に活用されているとは言い難いが，その障害となる問題点についても議論する．

## 2.6 シミュレーションの現状と課題

### a. 地震波の伝播計算

2.2節で取り上げた地震発生過程のシミュレーションは，計算方法が簡単であることを重視したので，計算技術上の問題には深入りしていない．実際の研究の現場では，計算の高精度化や高速度化を目指してさまざまな工夫がなされ，関連する研究が進められてきた（古村，2009）．

数値計算のために離散化した変数を2.2節ではすべて同じ格子点で定義したが，最近では格子点の配列に工夫をこらしたスタガード格子がよく使われる（古村，2009）．スタガード格子とは，等間隔に配置した元の格子Aに，位置を格子間隔の半分だけずらしたもう1組の格子Bを組み合わせるもので，弾性体や流体の数値解析などに広く用いられている．

弾性体の解析にスタガード格子を用いるときは，格子Aの各点で変位を，格子Bの各点で歪や応力を定義する．弾性体力学では変位の空間微分から歪や応力が，応力の空間微分から運動方程式が得られるので，2つの格子で数値微分を交互に繰り返すことで運動方程式が得られ，それを時間的に積分して変位や応力の時間変化が計算される．

この計算にスタガード格子を用いると，数値微分を2次の差分で表すときの精度が元の格子間隔を半分にしたのと同じになる．単一の格子で格子間隔を半分にすれば，変数の数は2次元の場合に4倍，3次元の場合に8倍になり，計算時間や計算容量が大幅に増大する．それを避けて精度を上げられる点が，この格子を使う最大の利点である．ただし，境界条件の扱いは多少面倒になる．

計算領域の境界条件として，2.2節では変位を既定値に設定する固定境界と，応力を0にする自由境界を考えた．地表を自由境界にするのは理にかなっているが，計算領域の側面や底面は人工的な境界なので，そこで反射波が生じて変位や応力を乱すのは好ましくない．ところが，固定境界と自由境界のいずれを採用しても，境界からは入射波と同じ振幅の反射波（振動方向は2つの条件で逆になる）が発生する．

境界からの反射を抑える目的に最近は無反射境界の条件がよく使われる（Festa and Nielsen, 2003）．この方法は計算領域の境界に数列の格子点からなる無反射層（吸収層）を導入する．無反射層の内部では，変形は通常の微分方程式に波を減衰させる項や係数を加えて計算するが，その効果は通常の格子点に近づくと消えるようになっているので，領域内部から無反射層に入った波だけが消失する．これまでさまざまな種類の無反射境界条件が開発されてきたが，近年ではPerfect Matched Layer (PML) とよばれる条件が広く用いられている．この技術は，

境界面にさまざまな角度から入射する実体波（P波とS波）ばかりでなく，表面波についても反射を遮断する上で有効である．

地震波の振幅は伝播につれて小さくなるが，その主要な原因は波の空間的な広がりで波面の各部分に配分される波動エネルギーが減ることにある．この幾何学的な効果に加えて，地震波が媒質の不均質によって散乱されると，着目する方向に伝播する波動エネルギーが減少する．また，変形の時間空間的な不均質のために波動エネルギーの一部が摩擦熱として失われる効果もある．

このような地震波の実質的な減衰は $Q$ (quality factor) という量で表現される．$Q$ は振動の1周期間にエネルギーが失われる割合の逆数である．減衰が全くなければ $Q$ は無限大になる．地球内部の平均的な状態では $Q$ は数百～数千程度の大きさをとるが，高温で不均質性の高い火山地帯などでは $Q$ は100前後にも下がる（宇津，2001）．一般に $Q$ には周波数依存性があり，周波数ごとに減衰の大きさが異なる．

2.2節のシミュレーションでは，散乱や摩擦による地震波の実質的な減衰は考慮されていない．この効果をシミュレーションに組み込むには，運動方程式や構成方程式（応力と歪の関係）に散乱や摩擦の効果を表す項や係数をつけ加える．その表式は理論的，あるいは現象論的な考察によって得られるが，減衰の強さを表す $Q$ などのパラメータは，地質構造の種類によって平均的な値をおおまかに見積る程度の情報しかなく，空間分布を詳細に把握するのは難しい．

### b. 震源過程

観測される地震波形は周期1秒付近を境に性質が変わる．この周期より長い地震波は震源で発した変動をかなり忠実に表現し，それに減衰の効果を加えたものになる．それに対して，1秒程度よりも短い周期の地震波は伝播途中のあちこちで散乱され，複雑な経路を通った散乱波が遅れて到着して重なり合うので，観測波形は元の変動とは違うものになる．地球内部に数km以下の不均質が大きいためである．このような事情で，地震波形の短周期成分を地震発生源の性質と関連させて理論的に予測し，解析するのは難しい．

このために，断層すべりなどの震源域の活動をシミュレーションによって地表の地震動と結びつけようとするときには，観測される地震波形から周期が1秒よりも長い波だけを取り出して理論波形と比較する．最近は，観測波形に合わせるようにすべりの分布を計算するインバージョンの技術が進んできた．その方法の概略は以下のとおりである．

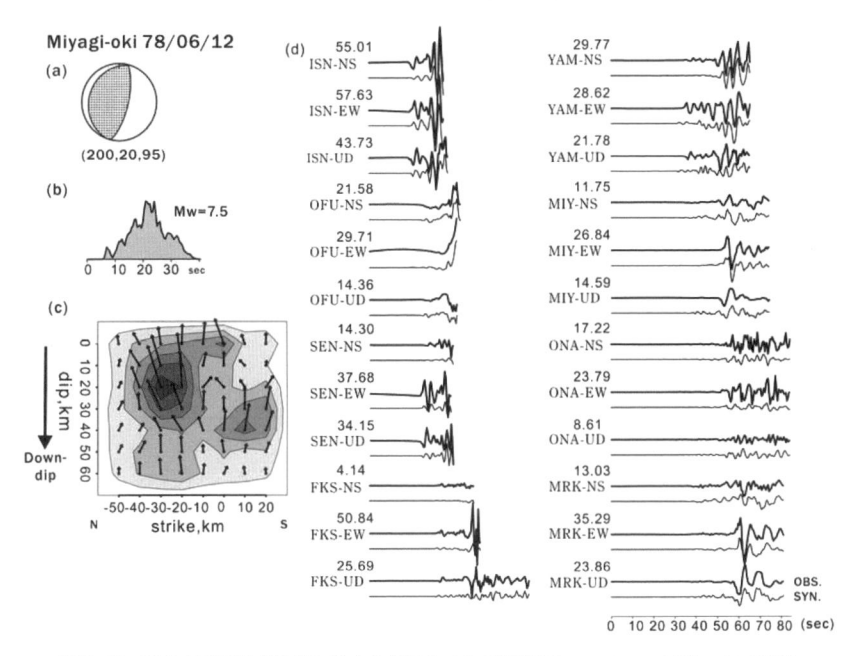

**図 2.28** 1978 年宮城県沖地震に対する断層すべりの解析（Yamanaka and Kikuchi, 2004）解析には東北地方の 8 観測点で得られた強震動波形が使われた．(a) 地震のメカニズム解．(b) すべりの効果を重ね合わせた地震モーメントの時間変化．(c) インバージョンで求められた断層面上のすべり分布．(d) 観測波形（太線）と理論波形（細線）の比較．

まず，メカニズム解や余震の分布などから断層の位置や形状を決め，断層面をいくつかの部分に分割する．次に，その各部分各方向に単位すべりを仮定して，各観測点にどのような地震動が生ずるか（すなわちグリーン関数）を計算する．この準備のもとに，各部分に各時刻でさまざまなすべりを想定して，その重ね合わせで観測点の波形を計算し，すべり分布の組み合わせで観測に一番合うものを探し出す．こうしてすべりの空間分布と時間変化を抽出する理論解が得られる．

すべり分布の計算例として，1978 年宮城県沖地震の解析結果を図 2.28 に示す．この事例では東北地方の 8 観測点で得られた強震動波形のデータ（図 (d) の太線）が使われた．解析によって得られた断層面上のすべり分布が (c) に，すべりの効果を重ね合わせた地震モーメントの時間変化が (b) に示される．断層すべりに対応する理論波形（(d) の細線）は，観測データをかなりの程度説明する．

この事例からも想像できるように，想定した地震に対して各地点での地震動を予測することは，断層の性質がある程度わかっていれば，地震動の長周期成分に

ついては可能である．その技術を防災にどう活用するかは今後いっそう検討を進める必要がある．

### c. 地殻変動

断層すべりによる変形は，2.3節では差分法を用いて数値的に計算したが，断層が一様な半無限弾性体中にある場合には理論解（Okada, 1985）を用いて厳密に計算できる．理論解で想定される断層は2辺が地表面と平行な長方形であり，すべりは断層面内で一様であるが，断層の走行，深さ，傾斜角，すべりの大きさや方向は自由に選べる．

弾性平衡の微分方程式は線形なので，断層の形状やすべりの分布がもっと複雑な場合には，複数の断層すべりを組み合わせてそれを表現し，全体の変形は理論解を重ね合わせてつくられる．元々の理論解はかなり複雑な数式で表記されるが，それをコンピュータのプログラムに組み込んでおけば，さまざまな断層の形状に対して変形を瞬時に計算できる．そこで，この理論的な解析手法は実用的にも広く使われている．

理論解が成立するのは，地表が無限に広がる平面であり，その下に置かれた弾性体が均一な弾性定数をもつ場合である．この制約を受けたくない解析には数値計算法が用いられる．その場合，任意の向きをもつ断層や複雑な弾性定数の分布に柔軟に対処するために，有限要素法が用いられることも多くなった（Yoshioka and Hashimoto, 1989）．

有限要素法は弾性体の内部を四面体や六面体などの多面体で分割する．それぞれの多面体の頂点（節点）には変位が定義され，多面体の内部でそれを内挿して歪や応力が計算される．力学平衡の微分方程式は変分法によって変位を決める代数方程式（連立1次方程式）に帰着される．多面体の形状や大きさを組み合わせることによって，複雑な幾何学的な形状や疎密のあるデータの配置にも容易に対応できる．

断層の導入には，すべりに対応する変位差を接点間に直接与える方法や，すべりに等価な力を加える方法が使われる．計算領域の側面や底面では，地震動の解析と同様に，境界条件の設定方法が問題になる．境界の影響を避けるには，領域の一番外側に無限要素を配置する方法がある（Zienkiewich et al., 1983）．無限要素の内部で，変位や応力はべき乗に反比例する形で0に近づけられる．

図2.29（口絵2参照）は東北地方太平洋沖地震（2011年3月11日）による地殻変動の計算例で，計算には有限要素法が用いられ，地表の標高や地下の弾性定

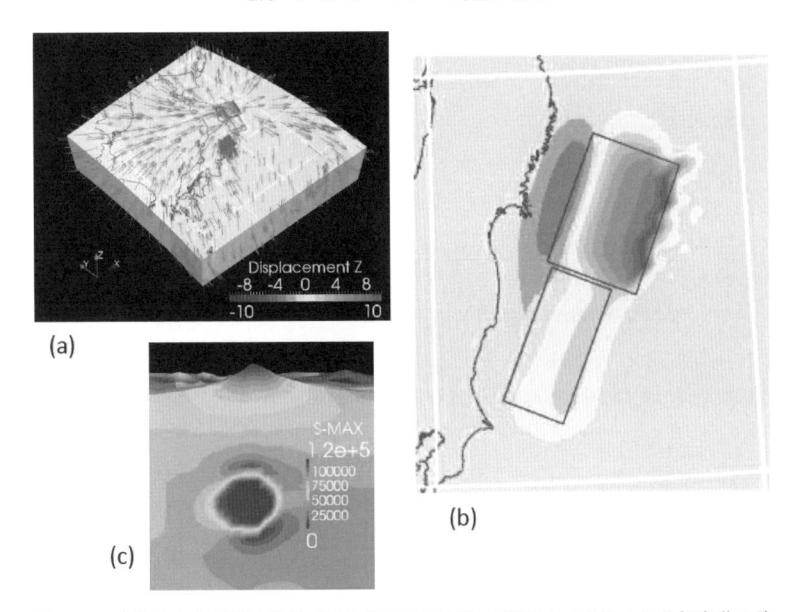

2.6 シミュレーションの現状と課題

**図 2.29** 東北地方太平洋沖地震（2011 年 3 月 11 日）の断層すべりによる地殻変動の計算例（菊池ほか，2013）（口絵 2 参照）
(a) 計算領域の形状と地表の最大主応力の方向．(b) 断層の形状と断層すべりによる鉛直変位（上向きが正）の分布．(c) 富士山直下で生じた応力（非静水圧成分の平均値，ミーゼス応力）の変化．断層の形状とすべり量は国土地理院による．

数には実際の分布が考慮されている．図の (a) は計算領域の形状と地表の最大主応力の方向，(b) は断層と海底の上下変動の分布，(c) は富士山直下で計算された応力変化の詳細である．計算に用いた断層の形状とすべり量（北側の断層で 24.7 m，南側の断層で 6.1 m）は，陸上で観測された地殻変動のデータなどから国土地理院が決めたものである．

海底の地殻変動は津波の原因になるので，その解析は津波災害を軽減する目的にとって重要である．通常の地震断層の解析では，断層の位置や形状は余震の分布から，すべり方向はメカニズム解から，すべり量は地震の規模から決められる．しかし，地震観測点が陸上に偏るために，海底下の断層すべりを高精度で見積もるのは難しく，それが津波の高さや到達時間の予測に誤差を生む最大の原因となることが多い．

地殻変動のデータは陸上では高密度の GPS 観測網によって高い精度で得られるので，断層すべりの効果は観測データと定量的に比較できる．大地震によって

応力状態が顕著に変化すると，周辺で別な地震が誘発されたり，火山の活動が活発化したりすることがあり（井田，2012），その因果関係を解明する上でも地殻変動解析は基礎となる．

### d. 津　　波

　津波の伝播を支配する偏微分方程式（2.28）を導く際にはさまざまな効果が無視されている．まずそれについて検討しよう．

　式（2.28）は完全流体の運動方程式から導かれたので，流体内部で粘性や摩擦が考慮されていない．それを組み込むには，摩擦の効果を津波伝播に作用する力として偏微分方程式に加える必要がある．通常考慮されるのは海底からの摩擦力で，それは定常流に対する考察から流速や水深に非線形に依存する形で定式化される（首藤ほか，2007）．

　式（2.28）の導出に運動方程式を用いるときに，慣性に由来する移流項（1.2節d項）や地球の自転に伴うコリオリ力（4.1節b項）も無視された．これらの効果も付加項として偏微分方程式に取り込むことができる．移流項は流速の2次式になるので，流速が大きい場合に意味をもつ．コリオリ力は緯度に依存する強さで働いて津波の伝播方向に影響し，津波が長い距離にわたって伝播する場合に考慮が必要になる．

　津波の波長が短く，海の深さ（水深）とあまり変わらないような成分をもつ場合は，海面の起伏に対応する圧力変化が深部まで完全には伝わらず，静水圧平衡の式（2.26）が乱される．大まかにいえば，波長の短い成分ほど影響が浅部に限定されるので，伝播速度が遅くなる．そのために，津波の伝播に分散性（2.2節e項参照）が生じて，波形が時間とともに変化するようになる．

　津波が浅海に達すると，海面の起伏 $\zeta$ が水深 $h$ より十分に小さいという仮定が成り立たなくなる．この効果を組み込む簡単な方法は，式（2.28）で $h$ を $h+\zeta$ で置き換えることである．その場合津波の伝播速度は $[g(h+\zeta)]^{1/2}$ になり，波高が高くなると伝播が速くなる．波高の高い部分が高速で移動して津波の前面が急勾配になる事実は，この効果で説明できる．浅海では流れがもっと乱れることもあり，その解析には流体運動の3次元的な考察が必要になる．この場合には，津波には波よりも流れとしての性質が強くなる．

　津波の計算をするときに，地震と津波の関係に通常次の近似がとられる．まず，津波による海面の変動は地震で海底が動く時間よりゆっくりと進むので，海底は瞬時に動いたものとする．また，海底の変動が海の深さよりずっと長い広がりを

もつとして，初期の海面の起伏は海底の上下変動をそのまま反映するものとする．この近似をとらずに海面の初期条件を精密化するには，震源の上で海水の流れを3次元的に計算する必要がある．

　海底での摩擦力，移流の項，有限な波高などを考慮すると，津波の伝播を支配する偏微分方程式は非線形になる（首藤ほか，2007）．津波の伝播を数値計算で追跡する上では，方程式が非線形になることは深刻な問題にならないので，津波の解析に非線形の偏微分方程式が使われることもよくある．ただし，現実には波源の状態や海岸での境界条件に大きな不確定さがあり，それが解析の精度を決めるので，津波の解析が線形の偏微分方程式 (2.28) ですまされる場合も少なくない．

　津波を予報する目的に，現在気象庁はリアルタイムの津波伝播計算を使っていない．海底や海岸線を含む複雑な地形を考慮すると，津波を追跡する計算に時間がかかりすぎて，予報に間に合わないのである．その代わりに，地震が発生すると過去のデータベースから類似の事例を探し出し，それに基づいて予報を出す．しかし，まったく同じ地震を探すことは一般に困難だから，この方法では予報は最初から誤差を含む．また，地震や津波について新しい情報が加わっても，それを予報の改善に活用するのが難しい．

　線形の偏微分方程式 (2.28) は重ね合わせで解を求めることができるので，それを基礎にすれば津波の伝播計算を高速化することができる．その事前の準備として，海底を細かく分割し，各部分で単位量の隆起が生じた場合に海岸の各地点に到達する津波の波形（グリーン関数）をあらかじめ計算して，それをデータベースとして保存する．実際に地震が発生したときは，地震から予測される海底の変動から海底各部分の隆起量を求め，それを重ね合わせて各地で予測される海面の変化を素早く計算するのである．

　類似な方法は，津波の観測波形からインバージョンで断層すべりの分布を計算する目的にも使える．この場合には，断層を細かく区切って各部分のすべりの寄与をグリーン関数として計算しておく．すべりの組み合わせの効果を重ね合わせて計算し，観測波形に最も適合する組み合わせを最適解として選び出す．これは地震波形について図2.28で述べたのと同様な手法である．

　例として，東北地方太平洋沖地震（2011年3月11日）で発生した津波の解析結果を図2.30（口絵3参照）に示す．図の左は津波計算に用いた断層すべりのモデルである．断層の向き，傾斜角，すべり方向は世界中の地震波形から求められたメカニズム解による．断層の各部分ごとに色で区分けされるすべり量は，津

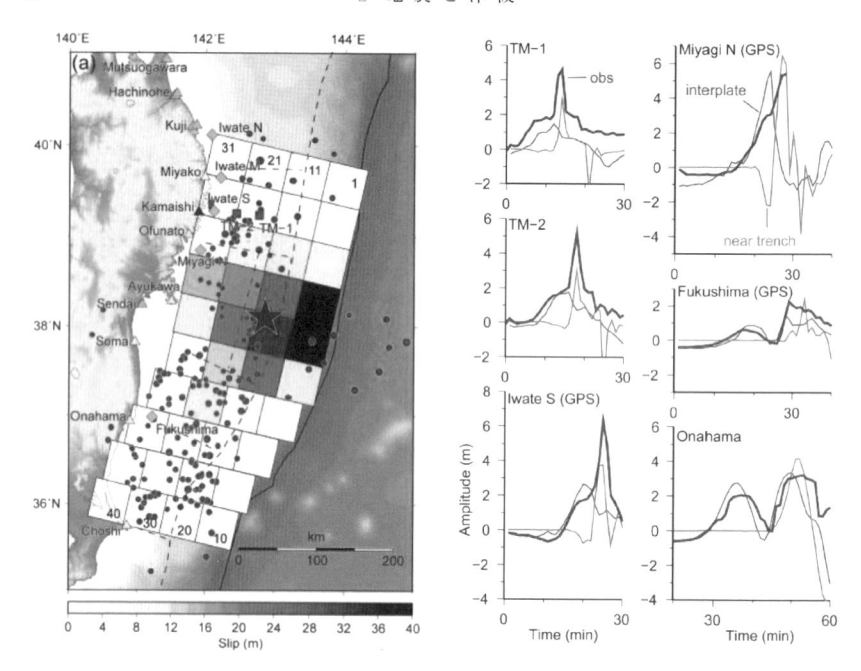

**図 2.30** 東北地方太平洋沖地震(2011年3月11日)に伴う津波の解析(Fujii *et al.*, 2011)
(口絵3参照)
左はインバージョンにより求められた断層面上のすべり量の分布．右はおもな観測点で得られた津波の観測(赤線)を計算結果と比較する．計算結果は海溝近傍の隆起による寄与(青線)と陸近くの沈降による寄与(緑線)を分けて示す．

波の観測データに適合するようにインバージョンで決められた．この計算結果によると，断層の東端にあたる海溝の付近に40 m に達する大きなすべりがある．

図2.30の右は，海底津波計などの主要な観測点で得られた波高データ(赤線)を計算結果と比較する．計算結果は，陸から離れた海溝付近の隆起による寄与(青線)と，陸の近くの沈降による寄与(緑線)に分けて示す．観測と比較すべき津波波形は2つを足し合わせたものである．陸を襲った高い津波に対応する鋭いピークは，海溝付近の大きな隆起に原因があることがわかる．

津波のシミュレーションは海底地形のデータを基礎にするので高精度で実行でき，防災上もハザードマップの作成などに広く活用されてきた．実際に地震が起きたときに予報に活用するには，計算速度を速める必要があるが，それは原理的な困難ではない．一番不確定性が大きいのは地震による海底の変動の見積もりであるが，その精度を上げるには海底観測を強化する必要がある．

### e. 地震の発生条件

2.2節や2.6節b項では,震源域で適当なすべりを仮定して,それによる地震波の発生や伝播を計算した.このような運動学的 (kinematic) な扱いは,地震の性質を断層すべりと関係づける上で重要であるが,地震現象の半面しかとらえていない.自然現象としての地震は,応力の蓄積を解消するように破壊が自発的に始まり,ある範囲に拡大してから停止する過程である.このような動力学的 (dynamic) な震源過程のシミュレーションについて,現状と問題点を概観する.

無垢な岩石に加えられた一様な応力を破壊が完全に解消しながら進行する場合には,破壊はいつまでも加速しながら拡大し,岩石全体を破壊面で分割するまで止まらない.ところが,現実の地震にはさまざまな規模があり,大きな地震ほどまれにしか起こらない.地震の発生頻度は規模に依存してグーテンベルグ-リヒター則とよばれる統計法則を満たす(宇津,2001).

グーテンベルグ-リヒター則は,地震の発生頻度がエネルギーのべき乗に反比例しており,発生過程がフラクタルの性質をもつことを示す(井田,2012).地震の発生は個々に独立に起こる単純な破壊過程ではなく,規模の異なるたくさんの地震が相互に関係しながら複雑に絡み合う過程なのである.

地震のほとんどが既存の断層で発生する点も,もう1つの重要な事実である.いいかえれば,同じ断層が破壊と固着を繰り返して多数の地震を生み出す.この過程は最も単純には弾性反発モデル(2.1節b項)で記述されるが,現実の地震は必ずしも同じ規模で周期的に繰り返されるわけではない.群発的な地震や余震などを含めて,断層の同じ場所が多様な地震発生の場になるのである.

以上のような地震の性質から見て,応力や強度は断層面上で不均一に分布し,その分布は時間的にも推移すると考えられる.地震は断層のある部分の応力を解消するように起こるが,それが応力の再分配の原因となって,別の地震を準備する過程の一端を担う.このような地震発生場の性質は,シミュレーションの基礎になるはずだが,まだ定量的な解明が十分に進んでいない.

断層面上の不均質に関連して,現在多くの研究者に興味がもたれているのはアスペリティーの概念である.アスペリティーは断層面上で特に強度の強い固着域と定義され,それが最終的に壊れるときに大規模な地震が発生すると理解される.地震発生時にはアスペリティーで大きなすべりが生ずると解釈すれば,アスペリティーの分布を地震観測から決めることもできる(Yamanaka and Kikuchi, 2004).

しかし,このアスペリティーの概念は,地震のフラクタル性,応力降下量の一

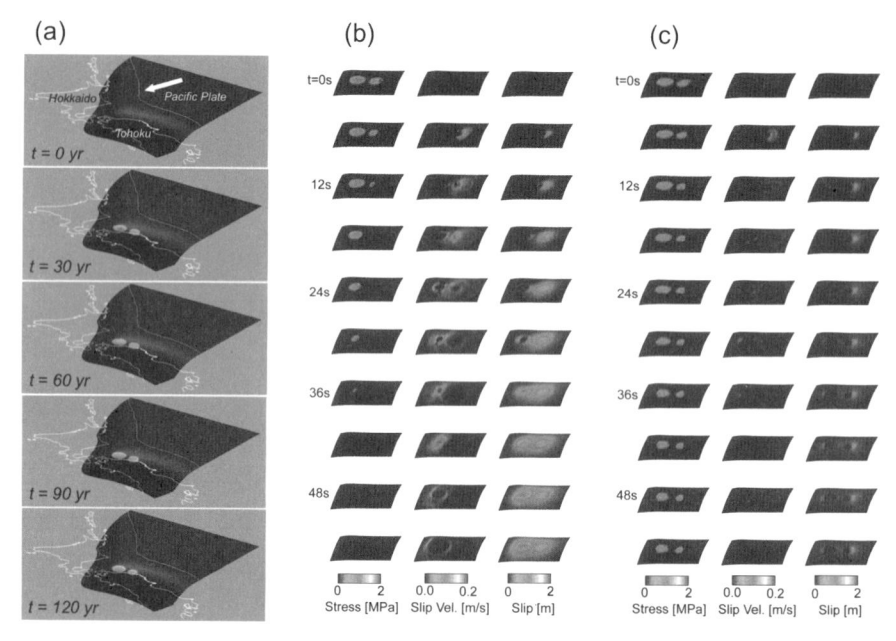

**図 2.31** 十勝沖地震（1968 年）の地震発生サイクルのシミュレーション（松浦，2012）
（口絵 4 参照）
(a) プレート運動による応力の蓄積状況の変化．(b) 応力が 120 年間蓄積して臨界状態に達した時点での地震破壊の拡大．(c) 応力が 60 年間蓄積した時点で強制的に開始させた破壊の広がり．

様性，前震の存在などを必ずしも整合的に説明できない．地震の発生過程の記述には，破壊の開始を支配するアスペリティーよりも，破壊の停止を制御する強度や応力の不均一（バリア）のほうが本質的だとも考えられる（井田，2012）．

　地震が同じ断層で繰り返し起こることから，地震の発生を断層面上の摩擦過程としてとらえる立場もある．通常の摩擦則（アモントンの法則）によると，応力は断層面上で静摩擦の限界を超えたときに急に降下して，動的なすべりを含む動摩擦の状態になる．しかし，この摩擦則には地震の繰り返しを可能にするような断層の固着が考慮されていない．

　断層の破壊と固着を両方表現する概念としては，動摩擦係数の時間依存性を考慮する速度・状態依存摩擦則がある（Nakatani, 2001）．この摩擦則は岩石の摩擦実験に基づいて構築され，動摩擦係数の時間変化を微分方程式の形で定式化する．速度・状態依存摩擦則を仮定して，南海トラフ沿いで繰り返される地震の系

列を解析するシミュレーションもなされた（堀，2009）．

応力の分布には，プレート境界の幾何学的な形状や大陸地殻の下に横たわるアセノスフェアの流動も影響する．これらの効果も考慮して，1968年に起きた十勝沖地震の発生過程をシミュレーションで解析したのが図2.31（口絵4参照）である．この解析では，断層面上の強度はフラクタルの性質をもつすべり弱化則に支配されると仮定された．

十勝沖地震を起こした断層には，図2.31(a)に示す2つのアスペリティーが想定される（Yamanaka and Kikuchi, 2004）．シミュレーションによれば，プレート運動によってそこに120年間応力が蓄積されると，アスペリティーの南端が臨界状態に達して破壊が開始する（松浦，2012）．その時点では応力が十分に蓄積しており，破壊は領域全体に拡大する(b)．しかし，応力が60年間分しか蓄積していない時点では，破壊は強制的に開始してもすぐに停止して，領域全体に広がらない(c)．

準備過程から発生後の効果までを含めた地震の全過程をたどるには，基礎となる断層の性質の理解が不十分である．地震間の相互作用も含めて，発生過程の全貌がまだ姿を見せていない．予測能力があって地震予知に役立つようなシミュレーションを可能にするには，研究の累積に加えて何らかの革新的な進歩が必要であろう．

### 引用文献

阿部勝征：地震災害・津波災害, 新装版地球惑星科学14・社会地球科学（鳥海光弘・松井孝典・住 明正, 平 朝彦・鹿園直建・青木 孝・井田喜明・阿部勝征著），岩波書店，p.114-149, 2011.

Festa, G., and S. Nielsen：PML absorbing boundaries, *Bull. Seism. Soc. Am.*, **93**, 891-903, 2003.

古村孝志：差分法による3次元不均質場での地震波伝播の大規模計算, 地震, **61**, S83-S92, 2009.

Fujii, Y., Satake, K., Sakai, S., Shinohara, M., and Kanazawa, T.：Tsunami source of the 2011 off the Pacific coast of Tohoku Earthquake, *Earth Planets Space*, **63**, 815-830, 2011.

堀 高峰：プレート境界地震の規模と発生間隔変化のメカニズム, 地震, **61**, S391-S402, 2009.

井田喜明：地震予知と噴火予知, 筑摩書房, 253pp., 2012.

菊池愛子・戸田則雄・井田喜明：巨大地震の影響評価, アドバンスシミュレーション, **14**, 65-76, 2013.

松浦充宏：東北沖超巨大地震とプレート沈み込み帯のマルチ地震サイクル, 地質学雑誌, **118**, 313-322, 2012.

Nakatani, M.：Conceptual and physical clarification of rate and state friction：Frictional sliding as a thermally activated rheology, *J. Geophys. Res.*, **106**, 13347-13380, 2001.

Okada, Y.: Surface deformation due to shear and tensile faults in a half-space, *Bull., Seismol. Soc. Amer.*, **75**, 1135-1154, 1985.

杉村　新・中村保夫・井田喜明：図説地球科学，岩波書店，266pp., 1988.

首藤伸夫・今村文彦・越村俊一・佐竹健治・松冨英夫編：津波の事典，朝倉書店，350pp., 2007.

宇津徳治：地震学，共立出版，390pp., 2001.

Yamanaka, Y., and Kikuchi, M.: Asperity map along the subduction zone in northeastern Japan inferred from regional seismic data, *J. Geophys. Res.*, **109**, doi：10.1029/2003JB002683, 2004.

Yoshioka, S., and Hashimoto, M.: The stress field induced from the occurrence of the 1944 Tonankai and the 1946 Nankaido earthquakes, and their relation to impending earthquakes, *Phys. Earth Planet. Inter.*, **56**, 349-370, 1989.

Zienkiewich, O. C., Emson, C., and Bettess, P.: A novel boundary infinite element, *Internat. J. Numer. Meth. Engineer.*, **19**, 393-404, 1983.

# 3
## 噴　　　火

　　噴火現象のシミュレーションは，地下のマグマの上昇過程に関するものと噴火で地表にもたらされる現象に関するものに分けられる．地表の現象には液体状態で噴出する溶岩によるものと破砕されたマグマが生み出す噴霧流によるものがあるので，第3章ではシミュレーションの題材としてマグマ上昇過程（3.2節），溶岩流（3.3節），爆発的な噴火による破砕物の噴出（3.4節）を取り上げる．また，他の章と同じく，3.1節は基礎事項の解説に，3.5節は現状と課題についての記述にあてられる．

## 3.1　噴火に関連する基礎事項

　マグマが地表まで上昇して火山から噴出するのが噴火である．噴火に関連するシミュレーションの準備として，この節ではマグマ，火山，噴火についての基礎知識をまとめる．さらに，噴火が原因となる火山災害とそれに対処する火山防災について概要を整理する．

### a. マグマ
　地球の内部は高温である．地球の誕生後間もなく，金属鉄が核としてマントルから分離して莫大な重力エネルギーを熱に変えた（1.4節c項）．また，ウラン，トリウム，カリウムなど，半減期の長い放射性元素がゆっくりと放射崩壊して，地球内部で熱を出し続けてきた．これらの熱源によってマントルには対流が生じ，浅部では岩石の一部が融解してマグマが生まれる．マグマが最初につくられる深さは100 km 以浅と推測される（下鶴ほか，2008, p.14）．
　マントルで生まれたマグマは，周囲の岩石との密度差で浮力を受けて上昇し，一部は地表に到達して噴火を起こす．長期的には地表付近に累積して火山を生み出す．もっと大きなスケールで見ると，噴出したマグマと地下で固化したマグマを合わせて，マントルの上に地殻を形成する．

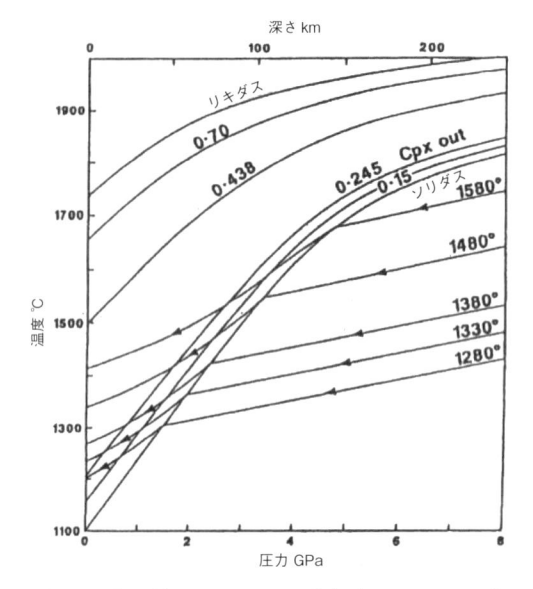

**図 3.1** 減圧融解によるマグマの生成（McKenzie, 1984）
さまざまな温度（温度の値は融解を起こさずに地表に達したときの値）のマントル物質が上昇するときに，温度と融点（ソリダスとリキダス）の関係で部分融解がどう進むかを示す．

　マグマがどのように生み出されるかについて確定的なことはわかっていないが，有力な機構に減圧融解がある（McKenzie, 1984）．対流などに乗ってマントル物質が上昇すると，周囲から受ける圧力が下がって融点が降下する（図3.1）．上昇流の規模が数十 km より大きいと，熱伝導によって周囲に逃げる熱流は無視できるので，温度は断熱膨張で下がるだけである．温度と融点の圧力効果の違いのために，岩石がマントルの浅部に達すると融点が温度より低くなり，岩石の部分融解が生じるのである．
　プレートテクトニクスとの関連では，火山が活動するのは海嶺，沈み込み帯，ホットスポットの3地域である(1.4節c項)．海嶺とホットスポットの直下では，マントル物質の上昇流があるはずなので，マグマは減圧融解の機構でつくられると理解できる．沈み込み帯は冷たいリソスフェアの侵入のために低温になるはずなので，マグマができるのはむしろ不思議である．水などの揮発性成分がプレートによって地球内部に持ち込まれ，それが岩石の融点を下げることがマグマ発生のきっかけになると推定される．

## 3.1 噴火に関連する基礎事項

**表 3.1** マグマの種類による性質と噴火形態の違い（下鶴ほか，2008, p.14）

| マグマ | 玄武岩質 | 安山岩質 | デイサイト質 | 流紋岩質 |
|---|---|---|---|---|
| 化学組成 | マフィック ← | | → | フェルシック |
| $SiO_2$（重量%） | 45～53.5 | 53.5～62 | 62～70 | 70 以上 |
| 密度（$kg/m^3$） | 約 2,700 | 約 2,400 | 約 2,300 | 約 2,200 |
| 粘性率（$Pa \cdot s$） | $10^2$～$10^4$ | $10^4$～$10^7$ | ～$10^9$ | ～$10^{11}$ |
| 噴出温度（℃） | 1,000～1,200 | 950～1,200 | 800～1,100 | 700～900 |
| 噴出物の種類 | 溶岩 | 火砕物，溶岩 | 火砕物，溶岩 | 火砕物，溶岩 |
| 固形噴出物の色 | 黒～灰 | 灰 | 灰～茶 | 褐色～白 |
| おもな噴出形態 | 溶岩流，溶岩噴泉 | 噴煙，噴石，溶岩流 | 噴煙，溶岩流，溶岩ドーム | 噴煙，溶岩流，溶岩ドーム |

　マグマは純粋な液体であるとは限らず，鉱物の結晶や気泡に閉じ込められた気体が混ざることも多い．自然界に見られるマグマの化学組成は多様で，極端な場合には硫黄を主成分とするマグマもある．しかし，火山で通常見られるのは，ケイ素と酸素を骨格とするケイ酸塩の融解物質である．
　ケイ酸塩マグマは，化学組成にケイ素が占める割合によって，玄武岩質，安山岩質，デイサイト質，流紋岩質に大別される（表3.1）．玄武岩質から流紋岩質に向かうと，ケイ素の割合が増え，その代わりにマグネシウムや鉄の割合が減る．マグネシウムと鉄を合計した量は，酸化物の重量に換算して，玄武岩質マグマで15～20%程度，流紋岩質マグマで5%以内である．マグマには他にアルミニウム，カルシウム，ナトリウムなどが含まれる．マグマや岩石にケイ素の量が多いことをフェルシック（ケイ長質），マグネシウムや鉄の多いことをマフィック（苦鉄質）とよぶ．
　海嶺やホットスポットで生み出されるマグマは大部分が玄武岩質である．フェルシックなマグマのほとんどは沈み込み帯でつくられる．沈み込み帯でも玄武岩質マグマが産出するので，マントルで最初に生み出されるマグマは玄武岩質であると推測される．マントルの岩石の化学組成は，玄武岩質マグマよりさらにケイ素が少なく，マフィック寄りである．この特徴を表現して，マントルの岩石を超マフィック岩とよぶことがある．
　元の岩石と融解でできたマグマの間で化学組成が異なるのは，岩石が複数の鉱物から構成され，マグマがその一部を融かして（すなわち部分融解で）つくられるからである．部分融解の過程では，融液は液体の構成に適した元素を複数の鉱物から選択的に抜き取るので，岩石とは異なる化学組成になる．融解が起こる温度はソリダス（固体が融け始める温度）とリキダス（固体のすべてが液体になる

温度)の間で幅をもち,その間で温度とともに融液の量が増加し,組成も岩石寄りに変化していく(図3.1).

フェルシックなマグマは玄武岩質マグマから2次的につくられると推測される.その基本的な機構は分別固化(分別晶出作用)である.上昇過程でマグマが冷却されると,一部が結晶化してマグマから分離する.分離する鉱物は深部ではおもにカンラン石,浅部ではおもに長石である.分離によってマグマはマフィックな成分を失い,フェルシックな方向に化学組成を変える.分別固化に加えて,既存の地殻物質が再溶融したり,マフィックなマグマと化学反応をしたりすることもフェルシックなマグマの形成に寄与する.

マグマの物性は室内実験で決められてきた(Murase and McBirney, 1973).密度は化学組成がマフィックからフェルシックになるにつれて小さくなる(表3.1).それは,主要な構成鉱物が高密度のカンラン石や輝石から低密度の石英や長石に変わり,さらに質量の大きな鉄などの元素の割合が減るためである.玄武岩質マグマの密度もマントルの岩石の密度約 $3,200 \text{ kg/m}^3$ よりかなり小さい.

マグマの粘性率はフェルシックになるほど高くなる(表3.1).流動性の低い流紋岩質マグマが玄武岩質より粘性率が5桁以上も大きいのは,融液の内部でケイ素と酸素がつくる強固なネットワーク構造がケイ素の増加とともに広がりを増し,マグマ中の原子の移動を強く束縛するためである.なお,固体状態にあるマントルの岩石は,粘性率が $10^{20}$ Pa·s 程度であり,流紋岩質のマグマよりさらに10桁程度も流動性が低い.

マグマには水蒸気や二酸化炭素などの揮発性成分が重量にして数%以内の割合で含まれ,これが浅部で気泡として析出して噴火の性質を左右する.揮発性成分の溶解度は,圧力が高まると増加し(ヘンリーの法則),温度が高まると減少する.

マグマの粘性率は水 $H_2O$ の混入によって著しく下がる.例えば,流紋岩質のマグマに水を重量にして10%程度加えると,粘性率が玄武岩質マグマと同程度になるという実験データがある.これは,ケイ素と酸素の連結が水との反応によって切断されるためと理解される.

粘性率を除くデータは多くが化学組成にあまり強く依存しないので,ここではマグマの種類を区別せず大まかな値をあげる.マグマの体積弾性率は約15 GPa,熱膨張率は $2\sim3\times10^{-5}$/K である.なお,マントルの岩石(固体)の体積弾性率は約130 GPa,熱膨張率は約 $2.5\times10^{-5}$/K である.熱的な物性としては,マグマの比熱は $10^3$ J/kg·K,融解熱は $5\times10^5$ J/kg 程度の値をとる.なお,マントルの岩石の比熱は約 800 J/kg·K である.マグマの熱伝導率は $1\sim3$ W/m·K 程

度の大きさであり，地殻やマントルを構成する鉱物より多少小さめである．

**b. 噴　　火**

　マントルで生まれたマグマは浮力を受けて上昇し，地表に到達して噴火を起こす．マグマが地球浅部の冷たい岩石を突き抜けるには，岩石の間にマグマの通路が必要である．マグマの通路はまず水圧破壊と類似な割れ目の拡大でつくられるものと推測される．すなわち，マグマは割れ目先端に圧力を加えてそこを破壊し，自らを移動させながら割れ目を拡大する．

　水圧破壊でつくられる割れ目状の通路は，マグマの圧力が低下すると閉じ，冷却されると固化するので，通路の機能を長期間保つのが難しい．しかし，割れ目を通るマグマの流れは時間とともにしばしば局在化して，圧縮にも冷却にも強い管状の通路に分離する (Ida, 2009)．通路の特性から，山頂火口は管状の通路を使って繰り返し噴火を起こし，山腹では噴火ごとに新しい割れ目ができて1回限りの溶岩噴出を起こすものと推測される．

　地殻の浅部は圧力が低いので，岩石の内部には亀裂や空隙がつぶされずに残り，岩石全体の密度はマグマより低くなる．そのためにマグマはある深さで浮力を失って蓄積し，マグマだまりをつくると考えられる．マグマが地表に向けて再び上昇を開始するには，蓄積が進んで圧力が高まるなどの条件が整う必要があり，それが噴火の発生を間欠的にする．

　地表へのマグマの噴出の仕方は2種類に分けられる．1つはマグマが液体状態を保って溶岩として流出する場合，もう1つはマグマが破砕されて大小の火砕物（火山砕屑物，テフラ）になって噴出する場合である．溶岩の流出は「非爆発的な噴火」，マグマが火砕物として噴出する噴火は「爆発的な噴火」とよばれる．

　2種類の噴火が発生する原因はマグマに含まれる揮発性成分にある（図3.2）．マグマが上昇して圧力が下がると，それまで溶解していた揮発性成分が発泡して気体になり，マグマ中に気泡をつくる．揮発性成分の溶解度は圧力に強く依存するので，マグマが地表までの数kmを上昇する間に，溶解度は1/10かそれ以下に下がるのである．発泡したマグマはビールのように気泡を含む泡状の状態になり，気泡流として上昇する．

　マグマがさらに上昇を続けると，気相の量が増えて体積の大半が気体で占められる．この状態がさらに進むと，気泡の膨張のためにマグマの液体部分は破砕され，細かく分断されて火砕物となる．上昇流は液体マグマが気泡を含む気泡流の状態から，火砕物の粒子が気体に浮く噴霧流の状態に変わる．非爆発的な噴火で

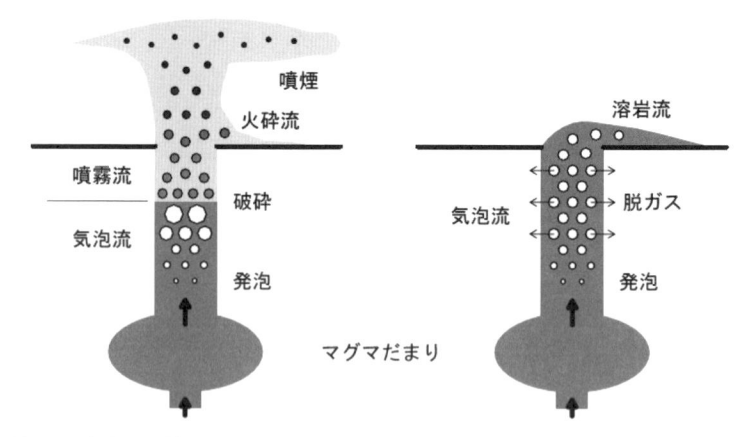

**図3.2** 噴霧流を噴煙や火砕流として噴出する爆発的な噴火（左）と，気泡流を溶岩として流出する非爆発的噴火（右）のイメージ

はマグマは気泡流の状態を保って溶岩として流出するが，爆発的な噴火ではマグマは噴霧流に転移してから噴出する．

　深部ではマグマに溶解していた揮発性成分は，地表付近でほとんどが気相になる．気相になった揮発性成分は，浸透流などによってマグマから抜け出すこと（脱ガス）ができるので，発泡で生み出された気相が膨張する速度と，気相がマグマから逃げる速度の兼ね合いで，噴火は爆発的にも非爆発的にもなるのである（図3.2）．

　流出する溶岩は，粘性率が低い場合は山腹を溶岩流として流下するが，粘性率が高くなると容易に流下できずに噴出地点のまわりに溶岩ドームとして累積する．玄武岩質や安山岩質のマグマは通常溶岩流を生み出す．流動性の高い玄武岩質の溶岩流は時には火口から数十 km 先まで広がる．このような噴火をアイスランド式，あるいはハワイ式噴火とよぶ．デイサイト〜流紋岩質のマグマは多くの場合溶岩ドームをつくるが，噴出速度や地形の傾斜によっては溶岩流になる．

　玄武岩質マグマが溶岩として噴出するときに，赤熱したマグマを噴泉として周期的に上げることも少なくない．このような噴火をストロンボリ式噴火とよぶ．噴泉から落下した溶岩の一部は溶岩流に取り込まれて流下する．安山岩質〜流紋岩質マグマは爆発的に噴出することが多いが，溶岩として流出することもある．

　爆発的な噴火で噴出するマグマは，地表にさまざまな現象を引き起こす．粒径の大きな火砕物は，噴石として弾道を描いて空中を飛ぶ．噴石は数 m 以上の大

きさをもつことがあり，火口から数km以上先まで飛ぶことがある．火山灰などの小さな火砕物は，粒子として気体成分に混ざって噴霧流の一部になる．

火口から噴出する噴霧流は，マグマ起源の粒子を含むことで密度が高くなる．しかし，周囲から大気を取り込んで粒子の熱でそれを温めて膨張させ，粒子の重みを上回る浮力を獲得して，上昇を続けることができる．これが噴煙である（図3.2）．粒子の重さの効果が勝る場合は浮力が獲得できず，噴霧流は噴出時の勢いで上りつめた後は斜面に沿って流下する．これが火砕流である．

上昇した噴煙は最高高度で横に広がる．噴煙からは粒径が大きい粒子から順に分離して，火山灰などの降下火砕物として地表に堆積する．火砕流は噴霧流の状態で粒子を地表に沿って運び，流下しながら粒子を堆積する．粒子を失って軽くなった火砕流は，噴煙に転じて山腹から上昇することがある．

爆発的な噴火のタイプに，突発的な強い爆発を繰り返して多数の噴石を飛ばす噴火がある．これがブルカノ式噴火である．また，噴煙をほぼ定常的に出し続ける噴火がある．このような噴火で噴煙を高く上げるものをプリニー式噴火，おもに火砕流を出すものをプレー式噴火とよぶ．大規模な噴煙は10km以上上昇して成層圏に達する．大規模な火砕流は数十km以上流れて流路を焼き尽くす．実際の爆発的噴火は，多くがこれら3つのタイプの中間にあり，噴煙と火砕流を出しながら時に噴石を飛ばす．

地殻にはさまざまな原因で応力が加わっており，応力の状態はマグマの上昇や火山の成長に影響する（Ida, 2009）．応力は一般に異方性をもち，水平方向にも相対的に圧縮力の強い方向と張力の強い方向がある．応力の異方性が強まり，圧縮力と張力の差が大きくなるほど，マグマの輸送で割れ目の役割が重要になる．応力の異方性が小さいときには山頂噴火がおもにマグマを噴出し，大きくなると山腹噴火が卓越する傾向が見られる．いずれの場合も割れ目は張力方向と垂直に拡大する．

噴火の規模の指標としてよく使われる火山爆発指数（VEI）は，噴出物の総量と噴煙の高さを基準にして，規模を最低の0から最高の8までの9段階で表現する．国内の噴火で歴史上知られる最大の噴火は1914年桜島の噴火であり，火山爆発指数で表現すると5（総噴出量が$10^9 \sim 10^{10}\,\mathrm{m}^3$，噴煙の高さが25km以上）になる．これより大きな噴火も地質学的な火山堆積物の記録に残されている．

**c. 火 山**

火山は噴火が起こる場所という意味で，また噴火によってつくられた地形を指

表 3.2 火山地形の構成要素

| 地形要素 | 形成過程 | 地形断面 | 100 m | 1 km | 10 km | 100 km |
|---|---|---|---|---|---|---|
| 盾状火山 | 溶岩流の累積 |  |  |  | — |  |
| 溶岩ドーム | 高粘性溶岩の累積 |  | — |  |  |  |
| 火砕丘 | 火砕物の累積 |  | — |  |  |  |
| 成層火山 | 溶岩と火砕物の累積 |  |  | — |  |  |
| 火口 | マグマの噴出 |  | — |  |  |  |
| マール | マグマ水蒸気爆発 |  | — |  |  |  |
| カルデラ | マグマ噴出後の陥没 |  |  | — |  |  |
| 崩壊カルデラ | 山体崩壊 |  |  | — |  |  |

各地形要素について，それを生み出す機構，幾何学的な形状，空間的な大きさを概念的に示す．

す言葉として使われる．火山の内部にはマグマの通路が，その下にはマグマだまり，さらにその下にはマグマを生み出すマグマ供給源が想定される．

火山の活動期には新しい噴出物が地表に堆積してなめらかな地形をつくるが，それは時とともに植生に覆われ，次第に侵食されて，複雑に入り組んだ地形に変貌する．活動が数千年以上にわたり，その間に噴出地点や噴火の様式が変わって，全体として複合的な構造をとるに至る火山も少なくない．

火山の地形は基本的な地形要素の組み合わせでできている．要素のおもなものを表 3.2 にあげる．そのそれぞれは地形をつくる固有の機構に対応し，空間的な広がりも異なる．これらの要素は必ずしも火山の一部を構成するとは限らず，盾状火山や成層火山のように火山全体の枠組みとなるものもある．ハワイ島のキラウェア火山は全体が盾状火山であるが，その山頂部にカルデラと火口があり，山頂や山腹の随所に火砕丘が見られる．

表 3.2 にあげた要素のうち，上の 4 つは噴出物の累積による火山地形の成長様式を区分し，下の 4 つは噴火時などに生ずる地形の破壊や変形の仕方を区分する．噴出物の累積でできる地形要素は，噴出物が低粘性の溶岩，高粘性の溶岩，火砕物，溶岩と火砕物の互層であることに対応して，盾状火山，溶岩ドーム，火砕丘，成層火山に分けられる．破壊や変形で生じる地形要素は，原因がマグマの噴出，

爆発，地面の陥没，山体の崩壊であることに対応して，火口，マール，カルデラ，崩壊カルデラに分けられる．

これ以外に，固化した溶岩流や，割れ目噴火の痕跡として残された岩脈（割れ目で固化した板状の溶岩）なども地形の一部となるが，これらは幾何学的な形状が明確に定まらないので，火山地形を特徴づける要素としては影が薄い．

火山地形を個別に詳しく見ていこう．火山地形がおもに溶岩でつくられる場合，粘性率の低い玄武岩質マグマは，溶岩流や貫入岩として広範囲に薄く広がって積み重なり，全体としては傾斜がなだらかな盾状火山を生み出す．大きな盾状火山は，ハワイ島のマウナロア火山のように直径が数十 km になる．逆に，粘性率の高いデイサイト質や流紋岩質の溶岩は，遠くまで流れることができずに噴出口付近に累積して，お椀のように盛り上がる溶岩ドームを形成する．有珠山の昭和新山や雲仙岳の平成新山は日本で最近造られた溶岩ドームの例である．

盾状火山が多数の噴火による溶岩を長期間集めて巨大な地形に成長するのに対して，溶岩ドームは噴火ごとに別の場所にできるので，個々の溶岩ドームは小さい．有珠山や雲仙岳は，全体として見ると多数の溶岩ドームの集合体である．

爆発的な噴火で噴出した火砕物で大きさが中程度以上のものは，空中に吹き上げられてからすぐに落下し，噴出口のまわりに堆積して火砕丘（噴石丘，スコリア丘，火山灰丘）をつくる．火砕丘の中心には，噴出口に対応する火口や，それが埋められた円形の平面が存在するので，地形全体は円錐台となる．

火砕丘の斜面は頂上から麓までほぼ一定の傾斜角をもつ．火砕物がこれより大きな角度で積もると重力不安定で崩れ落ちるためである．この意味で斜面の傾斜角を安息角とよぶ．安息角は通常30°前後である．降り積もった個々の火砕物は，あまり強い結合力で結びついていないので，火砕丘の強度は弱い．山体が大きくなると，重力によって内部に高い差応力が生ずるが，火砕丘はそれに耐えられないので，あまり大きく成長できない．

成層火山は爆発的な噴火と非爆発的な溶岩流出の両方を経験しており，その山体は溶岩と火砕物が交互に重なり合ってできている．溶岩の層が山体を固めるために強度は火砕丘より強く，大きな火山にも成長しうる．成層火山の斜面は，火砕物が累積する過程では安息角に支配されるが，接着剤としての溶岩の役割もあるので一定の角度にはならない．多くの成層火山の斜面は，山頂付近の険しい傾斜から山麓部のゆるやかな傾斜に連続的に移り変わる．富士山，浅間山など，わが国にもたくさんの成層火山がある．

マールは1回のマグマ水蒸気爆発で造られた地形である．爆発が起こると，地

表付近の物質が吹き飛ばされて地表に穴ができる．その穴がマールである．火山の山頂部などに存在する火口にも爆発でできたものがあるが，長期間活動する火口はマグマが地下に逆流して残された穴であることが多い．浅間山や伊豆大島火山では，火口は静穏期には穴であるが，活動期には上昇してきたマグマで一部または全体が埋められる．

カルデラはマグマの移動で地下に空洞ができ，その上部が地盤の重みで陥没して地表に残された大きなくぼ地である．カルデラを生むような大きな空洞は，山腹噴火のときに大量のマフィックなマグマが地下を山腹方向に移動したり，大規模な爆発的噴火で地下からフェルシックなマグマが多量に噴出したりする場合に生まれる．

崩壊カルデラは巨大な山体に成長した成層火山などが重力不安定によって崩壊（山体崩壊）した跡である．崩壊は水蒸気爆発や地震が契機になって発生することが多く，結果として流れ山とよばれる崩壊物質のかたまりを流下範囲に多数残す．

ひと続きの単発的な噴火でできた火山を単成火山，休止期を挟んだ多数の噴火が重なり合って形成された火山を複成火山とよぶ．地形要素（表3.2）との関連では，溶岩ドームや火砕丘は単成火山，盾状火山や成層火山は複成火山ということができる．複成火山は山頂部に噴火を繰り返す山頂火口をもつが，そのまわりに山腹噴火の履歴を表す単成火山が分布する場合も少なくない．単成火山のみで構成される単成火山群には，地下で細かく枝分かれするマグマの通路が想定される．

火山の成長は地下からのマグマの供給と地殻に働く応力によって規制される（Ida, 2009）．地殻が張力成分の強い応力を受ける場合には，張力方向に垂直な面をもつ割れ目が容易に開くので，供給されたマグマは複数の割れ目を通って多数の単成火山に分散する．応力に圧縮性が強い場合には，供給されたマグマは十分に蓄積されてから山頂火口から噴出し，そのまわりに複成火山を成長させる．その場合にも，応力の異方性を反映して，山体の成長が張力と垂直な方向に偏る傾向がみられる．

#### d．火山災害

噴火は多様な現象を地表にもたらすので，火山で発生する災害（火山災害）も多様性に富む．火山災害の分類にはいくつかの流儀があるが，ここでは「噴出物の浮遊や降下による災害」，「噴出物などの流れによる災害」，「物理的な衝撃や変

## 3.1 噴火に関連する基礎事項

表3.3 火山災害の分類（下鶴ほか，2008, p.360）

| 災害要因 | 原因となる火山現象 | おもな災害の内容 | 災害の特徴 | 対応* |
|---|---|---|---|---|
| **噴出物の浮遊や降下** | | | | |
| 噴石 | 爆発 | 死傷，建造物の破壊 | 被弾すると被害 | A |
| 降下火砕物 | 噴煙の上昇と広がり | 建造物や農地の荒廃 | 広域に影響 | B |
| 火山灰の浮遊 | 噴煙の上昇と広がり | 航空機の飛行障害 | 広域に影響 | B |
| 成層圏の微粒子 | 噴煙の上昇と広がり | 気温の降下 | 全世界に影響 | B |
| **噴出物などの流れ** | | | | |
| 溶岩流 | 溶岩の流出 | 建造物や農地の破壊 | 低速，壊滅的 | B |
| 火砕流 | 火砕物の流出 | 生命や建造物の破壊 | 高速，壊滅的 | A |
| 泥流・土石流 | 火砕物の噴出や堆積 | 生命や建造物の破壊 | 高速，壊滅的 | A |
| 岩屑なだれ | 山体崩壊 | 居住地の流失 | 高速，壊滅的 | A |
| 火山ガス | 火山ガスの噴出 | 呼吸困難，窒息死 | 滞留による場合も | C |
| **物理的な衝撃や変形** | | | | |
| 爆風 | 爆発に伴う衝撃波 | 建造物や樹木の倒壊 | 強い破壊力 | A |
| 爆発音 | 爆発に伴う音波 | 窓ガラスなどの破壊 | | A |
| 地震 | マグマの活動 | 建造物の破壊 | 山腹にも震源 | C |
| 地殻変動 | マグマの活動 | 建造物の破壊 | 遅い進行 | C |
| **2次災害** | | | | |
| 津波，洪水 | 山体崩壊や土石流 | 居住地の流失 | 広域的な大災害 | A |
| 疫病，飢饉 | 降灰や微粒子の浮遊 | 地域全体の荒廃 | 長期的な影響 | B |

\*：Aは原因となる火山現象の発生前に対応する必要があるもの，Bは発生後でも対応できるもの，Cは災害が噴火の発生に必ずしもよらないものを表す．

形による災害」，「噴火から派生する他の現象による2次災害」の4つに分類する（表3.3）．

この分類では原因が噴出物にある災害は「浮遊や降下による災害」と「流れによる災害」に分けられる．「浮遊や降下による災害」とは，噴出物が空中を移動する過程や地表に降下した後で生じる災害である．「流れによる災害」とは，噴出物が何らかの流れを形成して地表に沿って移動する過程で引き起こす災害である．この2つの間には災害の性質に大きな違いがある．

「浮遊や降下による災害」は，降灰が火山から離れた場所にまで広がるなど，影響が広範囲にわたるのが特徴である．大規模な爆発的噴火で成層圏に運び上げられた微粒子（エアロゾル，おもに硫酸の液滴）は，世界中（北半球，南半球の一方か両方）に広がって太陽光が地表に到達するのを妨げる．1815年のタンボラ噴火（インドネシア）など，過去数百年間に何度か起きた大噴火の際には，噴火後数年間は成層圏を浮遊する微粒子のために世界の平均気温が0.3℃程度下が

った.

　浮遊する火山灰を吸い込んで航空機のジェットエンジンが飛行中に停止したことが現在までに何度か起きた．幸いなことに，低空でエンジンが再起動したために，どれも災害には至らなかったが，火山灰は航空機にとって大きな脅威になる．

　浮遊や降下による災害でも人命が損傷を受けることがある．ブルカノ式噴火は火口から数kmの範囲に噴石を飛ばすが，その直撃による死傷事故が浅間山や阿蘇山などでたびたび起きた．また，多量の降下火砕物の重みで建造物などが押しつぶされることがある．1991年ピナツボ山（フィリピン）の噴火では火口から数十kmの範囲に300人あまりの死者が出たが，大部分はそれが原因であった．

　「流れによる災害」は被災が流路にあたる場所に限定されるが，そこでは被害が壊滅的なものになり，建造物，道路，農地などが完全に破壊される．火砕流，泥流，土石流は流速が数十km/h以上に達するので，現象の発生後に避難したのでは間に合わない．同じ流れでも，溶岩流は流速がずっと遅いので，建造物などの被災は避けられないが，人命が失われる危険性は低い．

　泥流や土石流は，噴火との関係では，堆積した降下火砕物が降雨とともに流れ下るときに生ずることが多いが，火砕流が氷雪を融かすことが契機になることもある（融雪泥流）．泥流や土石流の破壊力は単純な洪水よりも大きい．岩屑なだれは，地震や噴火などを契機に火山体が崩壊を起こす現象で，泥流や土石流と同様な災害を引き起こす．

　噴火に伴う流れが居住地に達して悲惨な大災害を起こした例は少なくない．1902年のプレー火山（西インド諸島）の噴火では，火砕流が山頂から8km離れたサンピエール市と港を襲って29,000人の命を奪った．1985年のネバドスルイス火山（コロンビア）の噴火のときは，火砕流による融雪泥流が50km下流のアルメロ市を襲って21,000人の死者を出した．

　「物理的な衝撃や変形による災害」とは，地下のマグマの活動や噴火のために地盤に振動や変形が生じて引き起こされる災害である．強い爆発に伴う音波や衝撃波は空中を伝播して地表に達し窓ガラスなどを破壊する．山体崩壊に伴う強い衝撃波のために，樹木がなぎたおされ，建造物などが吹き飛ばされたことがある．

　火山の活動が原因となる火山性地震は，時にはマグニチュードが5を超えて，火山やその周辺に地震動による被害をもたらす．粘性の高いマグマが上昇してくると，地盤に大きな変形が生じる．1977年の有珠山噴火のときは，地盤の変形で建物がゆがみ，引きちぎられた．

　「2次災害」は火山の活動に他の要素が加わって2次的に誘発される災害であ

る．噴出物が海に入ると津波を誘発し，河川をふさぐと洪水の原因となる．津波は海底が陥没してカルデラが形成される場合にも発生する．このような津波や洪水による災害が典型的な2次災害である．降雨や融雪が契機になる泥流や土石流も2次災害といえなくないが，災害の様相が火砕流によるものと類似なので，ここでは「流れによる災害」に含めた．

1792年に雲仙岳の眉山が山体崩壊を起こしたときは，岩屑なだれが海に流入して津波を起こした．津波は島原湾や有明海の沿岸を襲って，日本の火山災害史上最悪の15,000人の死者を出した．1883年クラカトア噴火（インドネシア）のときは，カルデラ形成に伴う津波で3万人以上の死者が出た．1783年浅間山の噴火（天明の噴火）で生じた火砕流は土石流に転じて吾妻川をせき止め，その決壊による洪水は利根川に及んだ．

降下火砕物が広範囲に堆積して農作を妨げると飢饉が起こり，噴火によって住環境が悪化すると疫病が蔓延する．これらも2次災害であるが，その深刻さの度合いは経済や社会基盤の脆弱さに依存する．

表3.3では対応の欄で火山災害を3つに分類した．Aに分類される現象は発生後短時間で火山災害に至るので，災害を防ぐにはその発生前に避難などの対応をとっておく必要がある．Bは現象の発生から災害に至るまでに時間的な余裕が多少あり，発生後でも対応が間に合うものである．Cは災害が噴火の発生に必ずしもよらない現象である．このどれにあたるかによって，防災対応は方法が異なる．

### e. 火山防災

火山災害の防止や軽減のために通常とられる対策は2つある．1つは差し迫った噴火の時期や規模を予測する噴火予知であり，それに基づいて避難や立ち入り規制の措置がとられる．もう1つは，もっと長期的に噴火の可能性を評価して火山災害予測図（ハザードマップ）などを作成し，防災対応の準備を進めることである．

噴火の発生を予知する目的で昔から試みられてきたのは，噴火に先立つ異常現象，いわゆる噴火の前兆現象を検知することである．噴火前に火山や周辺で地震活動が高まることは多くの火山で知られている．この火山性地震に加えて，波形，周期，継続時間などが地震と異なる火山性微動も地震計によくとらえられ，マグマ活動の高まりを知らせる兆候とみなされてきた．噴火の前兆現象には，地殻変動の観測でとらえられる火山体の膨張，電磁気観測で見出される地下の電気伝導

度や磁化の異常，火口から噴出する火山ガスの温度や成分の変化などもある．

　観測体制が整備された火山では，噴火前に何らかの前兆現象がとらえられることが多く，それが噴火予知にも活用されてきた．例えば，2000年に有珠山や三宅島で噴火が起きた数時間～数日前には地震活動の活発化などが見出され，それに基づいて噴火の発生が事前に社会に警告された（下鶴ほか，2008，p.391）．

　しかし，観測された異常現象が噴火の発生に結びつかず，予知が空振りに終わる可能性も少なくない．例えば，活動的な火山では火山性地震の頻発はまれでないが，多くは噴火を見ずに終息する．このように，前兆現象に頼る予知は信頼性が不確かであり，噴火の規模や爆発性などの情報も得られない．

　これらの点を考慮して，観測データは前兆現象をとらえる目的にとどめずに，マグマの状態を総合的に把握する手段として用いられるようになってきた．マグマの状態を把握し，その動向を予測しようとする正当的な手法が噴火予知の主流になりつつある．この手法が実用的な予知に役立つようになるには，マグマの活動に関するシミュレーションの信頼性も高まる必要がある．

　火山防災の長期的な対策の方は，防災の対象になる火山を明確にするところから始まる．近い将来噴火する恐れのある火山は活火山とよばれるから，長期的な対策の基礎は活火山の認定にある．活火山の認定は，過去に噴火した火山は今後も活発に活動するだろうと推測して，通常は古文書や火山堆積物に残された噴火活動の履歴に基づいてなされる．

　日本では気象庁が過去1万年程度の間に噴火を経験した火山を活火山とみなして，北方領土の火山や海底火山も含めて110火山を活火山と認定している．これらの活火山は活動度によってさらにA，B，Cの3ランクに分類される．最も活動度の高いAランクの活火山は，過去1万年の活動度が高く，最近100年間にも活発な噴火活動が見られた火山で，有珠山，浅間山，伊豆大島，阿蘇山，桜島などの13火山が入る．富士山はそれより活動度の低いBランクの活火山である．

　活動度の高い活火山には火山災害予測図が作られ，想定される災害の内容や被災の恐れのある範囲が表示される．表示内容の選択も過去に起きた噴火や災害の記録が基礎になるが，過去の事例はすべての可能性を尽くすわけでないので，噴火現象のシミュレーションを用いて情報を補うことが普通になった．

　災害予測図は住居や公共施設の場所選び，行政による開発計画の策定などに活用される．噴火の恐れが高まったときには噴火予知に連動する形で登山規制，避難勧告，避難指示などの措置がとられるが，その対象となる地域を決める上でも災害予測図は基礎になる．

災害予測図に求められる情報は利用目的によって異なる．登山規制の範囲を決める上では小噴火も無視できないが，重要施設の建設には最大規模の噴火による被災地域が考慮される．すべての目的に合うような防災情報は1枚の災害予測図に集約するのが難しいが，電子媒体を使えば多量のデータの保存や目的によるデータの検索が可能になる．

差し迫った災害に適切な対応をとる上では，噴火現象の進展に合わせて災害予測図をリアルタイムで更新するのが望ましい．このようなリアルタイム・ハザードマップに火山学者の関心が高まっているが，その実現にはシミュレーション技術の進歩が欠かせない．

## 3.2 マグマ上昇過程と噴火

マグマだまりに蓄積したマグマは，最後に一息に上昇して地表に噴火を起こす．この上昇がどのようなきっかけで始まるかはあまり明確でない．ここでは上昇を支配する物理法則を使って，地表の噴出条件に対応する地下の状態を探る立場をとる．取り上げるのはほぼ定常的に噴出を持続するプリニー式噴火である．ストロンボリ式噴火のような周期的な噴出や，ブルカノ式噴火のような突発的な爆発は対象としない．

### a. マグマ上昇流の定常解

噴火が最高潮に達していて，マグマが地下の通路を通って地表に噴出し続けている状態を想定しよう．この状態が長時間同じ様相で継続するときには，マグマ上昇流はほぼ定常状態にあるとみなされる．このような噴出形態はプリニー式噴火の特徴で，その性質は1次元定常モデルを用いて詳しく調べられてきた．以下にこのモデルに沿って考察を進める．

円筒状の鉛直なマグマの通路に沿って上向きに座標軸 $z$ をとる．通路の断面積 $S$ は一定であり，各深さ $z$ の断面で一様な密度 $\rho$ をもつマグマが平均流速 $v$ で上昇するものとする．断面を通過するマグマの質量は単位時間あたり $\rho v S$ なので，$z$ と $z+dz$ 間の薄い円筒状の領域に質量保存則を適用すると，次の関係式が得られる．

$$\frac{d}{dz}(\rho v S) = -J_g \tag{3.1}$$

右辺はマグマに含まれる気体成分が通路の単位長さあたり $J_g$ の流量でマグマか

ら逃げると想定している．この気体成分の移動が噴火の性質を決める重要な要素となる（3.1 節 b 項）．

通路の断面を通過するマグマの運動量は鉛直方向に単位時間あたり $(\rho v)vS$ である．その $dz$ 間の変化は，運動量保存則からマグマが受ける力に等しいから，次の関係式が得られる．

$$\frac{d}{dz}(\rho v^2 S) = -\frac{dp}{dz}S - g\rho S - f \quad (3.2)$$

ここで $p$ は圧力，$g$ は重力加速度，$f$ は通路の壁がマグマに及ぼす単位長さあたりの摩擦力である．なお，気体成分がマグマから離脱する効果はおもに水平方向の運動量に寄与し，それも全体としては打ち消し合う．

マグマは融解したケイ酸塩でできた液体成分と水蒸気などの揮発性成分で構成される．揮発性成分は質量にして液体成分の $\phi$ 倍あり，そのうちの $\phi_d$ 倍が溶解し，残りが気体状態で気泡として分離しているとしよう．気体状態にある揮発性成分が体積全体に占める割合（体積分率）を $\psi$ とする．揮発性成分は，溶解している部分も気体部分もマグマの液体成分と一緒に同じ速度 $v$ で上昇するものとする．

ケイ酸塩でできた液体成分は，通路の途中で加わったり抜けたりしないとすれば，その流量（単位時間に通路の断面を通過する質量）$J_m$ は質量保存則によって $z$ によらない定数となる．マグマが単位時間に移動する距離 $v$ を高さとする円筒状の領域を考えれば，その体積は $vS$，その中に含まれる液体成分の質量は $J_m$ である．この体積全体，揮発性成分を溶解する液体部分，気泡からなる気体部分のそれぞれについて，次の密度の関係が成立する．

$$\rho vS = (1+\phi)J_m, \quad (1-\psi)\rho_m vS = J_m, \quad \psi\rho_g vS = (\phi-\phi_d)J_m \quad (3.3)$$

ここで，$\rho_m$ は液体成分の密度，$\rho_g$ は気体状態にある揮発性成分の密度である．第 3 式は $\phi > \phi_d$ のときに成立する．

式（3.3）の第 1 式と第 2 式から次の第 1 式が得られる．

$$\rho = (1-\psi)(1+\phi)\rho_m, \quad \rho_m = \rho_0\left(1+\frac{p}{K}\right) \quad (3.4)$$

この第 2 式は液体成分の状態方程式を圧力の 1 次式で近似したもので，$\rho_0$ は圧力が 0 のときの密度，$K$ は体積弾性率である．

式（3.3）の第 2 式と第 3 式から，気体部分の体積分率は次のように書かれる．

$$\psi = \frac{q}{1+q}; \quad q = \frac{(\phi-\phi_d)\rho_m}{\rho_g} \quad (\phi > \phi_d), \quad q = 0 \quad (\phi < \phi_d) \quad (3.5)$$

気体部分の密度は理想気体の状態方程式に従い,揮発性成分の溶解は平衡状態にあって溶解度がヘンリーの法則を拡張した圧力のべき乗則で記述されるとすれば

$$\rho_g = \frac{p}{RT}, \quad \phi_d = \left(\frac{p}{p_d}\right)^\gamma \tag{3.6}$$

第1式で $R$ は揮発性成分の比気体定数(普遍気体定数 8.31 J/mol·K を分子量で割った値),$T$ は絶対温度である.また,第2式で $p_d$ と $\gamma$ は溶解度の圧力依存性を記述する定数である.

温度 $T$ が一定の条件下では,密度 $\rho$ は式 (3.4)～(3.6) から圧力 $p$ の関数として決まる.マグマが上昇すると圧力が下がり,式 (3.6) に従って溶解度も下がるので,最初は液体成分に溶解していた揮発性成分が順次発泡して気体となり,マグマ上昇流は気泡流になる.圧力がさらに下がると,マグマは破砕されて,気体中にマグマの破片が浮かぶ噴霧流の状態に変わることがある (3.1 節 b 項).

マグマの破砕がどのような条件で起こるかについては,脆性破壊や延性破壊を基礎にするモデルなど,いくつかの様式が提案されてきた.そのうちシミュレーションで扱いやすい条件は,体積分率 $\psi$ がしきい値 $\psi_c$ を超えたときに気泡流から噴霧流に転移すると仮定するもので,しきい値 $\psi_c$ は 0.7～0.8 程度の値をとることが経験的に知られている.ここでもこの条件を採用することにする.

通路の壁から働く摩擦力 $f$ は気泡流と噴霧流の間で違いがある.気泡流は高粘性のマグマが流れを支配し,ポアズイユ流で近似される(式 (1.20)).一方,噴霧流は粘性の低い気体の流れなので乱流になる(日野,1992).このことを考慮して,摩擦力に次の表現を使うことにする.

$$f = 8\pi\eta v \text{ (気泡流)}; \quad f = \frac{\pi C_f a}{4}\rho v^2 \text{ (噴霧流)} \tag{3.7}$$

ここで $a$ は通路の半径,$\eta$ は気泡流の粘性率である.無次元の定数 $C_f$ は管路の摩擦抵抗係数とよばれ,レイノルズ数 $2av\rho/\eta$ が大きな場合には 0.03 程度の大きさをもつが,完全な定数ではない.

揮発性成分がマグマから離脱する過程は物理機構がよくわかっていない.ここでは,気泡流中で揮発性成分は気体状態で移動し,移動速度は気体部分の割合とともに増大すると考えて,離脱流量 $J_g$ に次の関係式を仮定する.

$$J_g = k_g \psi^n \tag{3.8}$$

$k_g$ や $n$ は現象を説明するように決める定数と理解する.噴霧流については,揮発性成分の離脱が流れの構造に重要な寄与をしないので,$J_g = 0$ とする.

## b. マグマ上昇流の計算方法

マグマが上昇中に冷却される効果は無視して，温度 $T$ は一定と仮定する．保存則には式（3.1）と式（3.2）に加えて $J_m$ が一定となる条件があるので，これらの関係から3つの変数が制約される．密度 $\rho$ は式（3.4）～（3.6）から圧力 $p$ と揮発性成分の割合 $\phi$ の関数になるので，保存則は $p$, $v$, $\phi$ を決める条件とみなすことができる．

式（3.1）と式（3.2）を1次の連立常微分方程式として解く便宜から，次の変数 $X$, $Y$ を導入する．

$$X = \rho v, \quad Y = \rho v^2 + p \tag{3.9}$$

この変数を使えば，式（3.1）と式（3.2）は次のように書かれる．

$$\frac{dX}{dz} = -J_g', \quad \frac{dY}{dz} = -g\rho - f', \quad J_g' = \frac{J_g}{S}, \quad f' = \frac{f}{S} \tag{3.10}$$

定数が $J_m$ を含めてすべて定まり，ある深さで $X$ と $Y$ の値が境界条件として設定されれば，式（3.10）を積分して変数の値を $z$ の関数として計算することができる．この積分の各ステップでは，$X$ と $Y$ の値がまず得られるので，他の変数はその値から計算する必要がある．そのとき $\phi$ は式（3.3）の第1式と式（3.9）から次のように決まる．

$$\phi = \frac{X}{J_m'} - 1, \quad J_m' = \frac{J_m}{S} \tag{3.11}$$

また，式（3.9）の2式から $v$ を消去すると，$p$ の表現が次のように得られる．

$$p = Y - \frac{X^2}{\rho} \tag{3.12}$$

しかし，右辺の $\rho$ は未定なので，この式から $p$ はすぐには計算できない．そこで，$p$ は $\rho$ や $\psi$ と一緒に反復法で計算することにする．すなわち，$p$ に仮の値を設定して，$\rho$ を式（3.4）～（3.6）から計算し，その値を使って式（3.12）から $p$ の値を更新する．この操作を計算が収束するまで繰り返す．このようにして決めた $\rho$ から $v$ は式（3.9）の第1式を使って求める．

式（3.10）や式（3.11）では流量や抵抗力は通路の断面積 $S$ で割った形で現れるので，その形式を変数や定数として用いれば，数値計算で $S$ の値を設定する必要がない．液体成分の流量は $J_m$ の代わりに $J_m'$ を定数とみなして，式（3.3）の第1式を次の形に書き直す．

$$J_m' = \frac{\rho v}{1 + \phi} \tag{3.13}$$

## 3.2 マグマ上昇過程と噴火

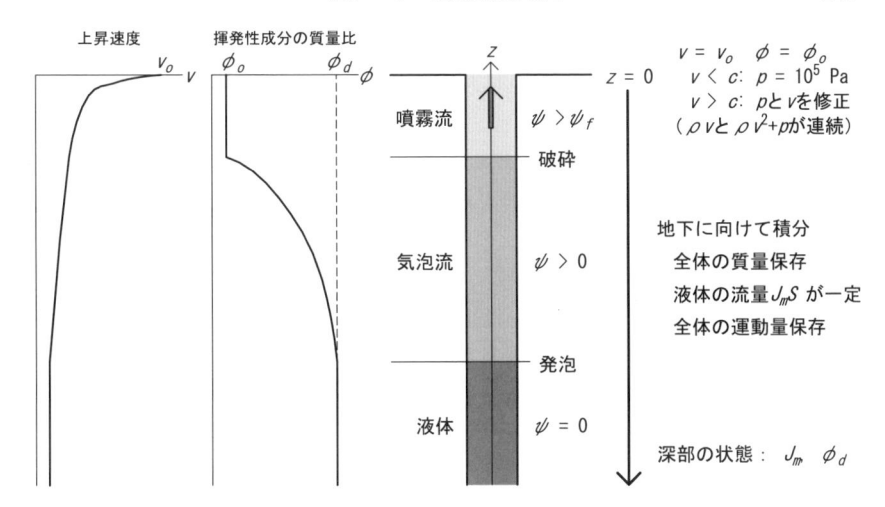

**図 3.3** マグマ上昇流の計算方法［例題 3-A］
地表 $z=0$ で圧力 $p_0$, 噴出速度 $v_0$, 揮発成分量 $\phi_0$ を設定して, 地下に向けて方程式系を積分する. $v_0$ が音速 $c$ より大きいときは不連続面をつくって $p_0$ と $v_0$ を修正する.

摩擦抵抗については,式 (3.7) を次の形に書き換えて係数 $c_b$ と $c_g$ を見積もることにする.

$$f' = c_b v, \quad c_b = \frac{8\eta}{a^2} \quad (気泡流) ; f' = c_g \rho v^2, \quad c_g = \frac{C_f}{4a} \quad (噴霧流) \quad (3.14)$$

揮発性成分の離脱流量 $J_g$ を含む式 (3.10) の第 1 式は,式 (3.13) から次の形に書き換える.

$$J_m' \frac{d\phi}{dz} = -J_g', \quad J_g' = k_g' \psi^n \quad (3.15)$$

揮発性成分の離脱は係数 $k_g'$ を使って対処する. なお,式 (3.15) の第 1 式は質量保存則が揮発性成分についての関係であることを明示する.

地下深部の条件に対応してマグマがどう上昇するかを調べるには,連立微分方程式 (3.10) の積分をマグマだまりなどから始めるのがよい. しかし,地下の条件には不確定性が大きいので,ここでは逆に地表から深部に向かって積分を進めることにする (図 3.3). 地表で観察される噴火の性質を説明する地下の状態を探る立場をとるわけである.

地表の位置を $z=0$ とし,そこでの圧力 $p_0$ を 1 気圧 ($10^5$ Pa) に設定する. 噴火を代表するパラメータとしては,地表での噴出速度 $v_0$ と揮発性成分の質量比

$\phi_0$ を選ぶことにしよう．それらの値を使えば $z=0$ における $\rho$ や $\psi$ は式（3.4）～（3.6）から決まる．また，定数 $J_m{}'$ は式（3.13）から，積分の出発値となる $X$ と $Y$ の値は式（3.9）から定まる．

以上述べてきた計算方法は $v$ が音速 $c$ より小さい場合にしか成立しない．$v$ が $c$ を越える超音速の場合には，圧力と速度に不連続（衝撃波）ができる．ここでは不連続面を $z=0$ におき，$\rho v$ と $\rho v^2+p$ が保存されるように $\rho$ と $v$ を変換して，初期条件が $v<c$ を満たすようにする．

計算に用いる定数のうちで重力加速度は $g=9.81\,\mathrm{m/s^2}$ とする．マグマ液体成分の力学的性質は $\rho_0=2,300\,\mathrm{kg/m^3}$，$K=10^{10}\,\mathrm{Pa}$ で表現する．揮発性成分の状態方程式については，水蒸気の分子量 $18\,\mathrm{g/mol}$ と $T=1300\,\mathrm{K}$ を仮定して $RT=6\times10^5\,\mathrm{Pa\cdot m^3/kg}$ とする．溶解度に関する定数は，マグマへの水の溶解を想定して，室内実験のデータから $p_d=6\times10^{10}\,\mathrm{Pa}$，$\gamma=1/2$ とする．破砕条件には $\psi_c=0.75$ を採用する．

摩擦力 $f$ は不確定性が大きい．気泡流の摩擦力を決める粘性率 $\eta$ は，玄武岩質マグマとデイサイト質マグマの間で5桁以上変わるが，上昇通路の半径も数十倍になるので，式（3.14）で $c_b$ を見積もるときには2つがある程度相殺し合う．噴霧流については，摩擦抵抗係数と通路の半径の両方が不確定性の原因となる．ここでは，それぞれの代表的な値として $c_b$ に $10^3\,\mathrm{kg/m^3\cdot s}$，$c_g$ に $10^{-2}/\mathrm{m}$ を設定し，必要に応じてその変動の影響を考慮する．

揮発性成分の離脱に関する性質は，物理機構が定まらないので，マグマ上昇流で果たす役割から定数の大きさを推測することにする．まず，気泡流が $\rho=10^3\,\mathrm{kg/m^3}$ と $v=1\,\mathrm{m/s}$，噴霧流が $\rho=10\,\mathrm{kg/m^3}$ と $v=100\,\mathrm{m/s}$ で特徴づけられるとして，式（3.13）から $J_m{}'=10^3\,\mathrm{kg/m^2\cdot s}$ と仮定する．気泡流から噴霧流への転移は起こる場合も起こらない場合もあるので，それを説明するためには深さが $1\,\mathrm{km}$ 程度変わる間に $\phi$ が1％程度変化することが必要になる．そこで，式（3.15）から $k_g{}'$ は $10^{-2}\,\mathrm{kg/m^3\cdot s}$ の付近で変動すると推測される．指数 $n$ は仮に1としよう．

### c. 爆発的な噴火と溶岩の流出

ここまで述べてきた計算方法を用いてマグマ上昇過程を計算した事例をいくつかとりあげる．これらの計算で，数値積分の空間刻み $dz$ は気泡流については $0.1\,\mathrm{m}$ 程度，噴霧流については $0.01\,\mathrm{m}$ 程度の値を選んだ．

積分は地表から地下に向かって進めるので，噴火が爆発的かどうかは積分の前

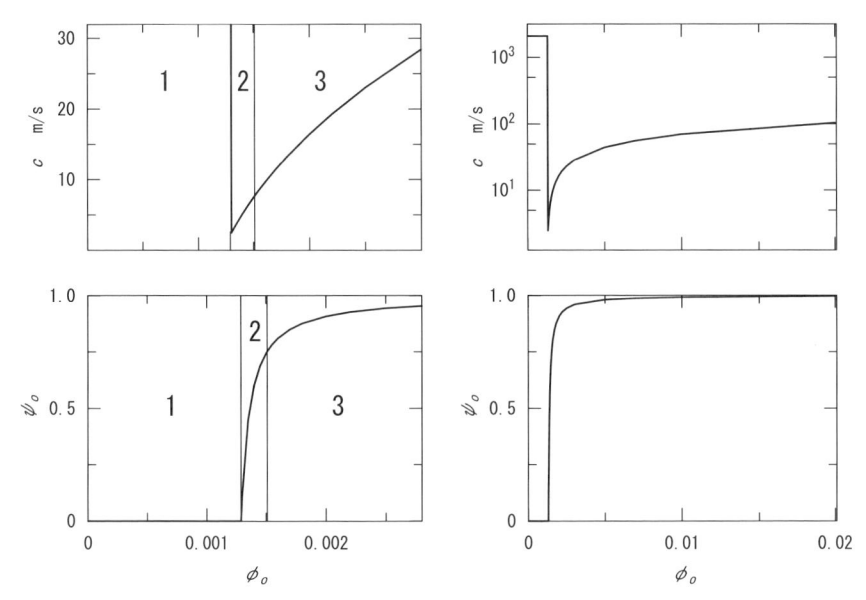

**図3.4** 噴出するマグマの音速 $c$ と揮発性成分の体積分率 $\psi_0$ [例題 3-A]
揮発性成分の質量比 $\phi_0$ への依存性を示す. $\phi_0$ の小さな領域の図（左）には，噴出するのが液体マグマ（1），気泡流（2），噴霧流（3）である範囲を区分する.

に境界条件から判断できる．地表 $z=0$ で設定する揮発性成分の質量比 $\phi_0$ から気体部分の体積分率 $\psi_0$ が計算でき，それが $\psi_c$（$=0.75$）より大きければ噴霧流を噴出する爆発的な噴火，小さければ溶岩が流出する非爆発的な噴火とみなされる．ただし，ストロンボリ式噴火のように小さな爆発を伴って噴泉が上がる場合にも，空中から落下したマグマの破片が溶岩流をつくることがよくあるから，実際の溶岩流は噴霧流が噴出する場合にも生ずる．

図3.4の下段に $\phi_0$ と $\psi_0$ の関係を図示する．左側は $\phi_0$ の小さな範囲を拡大した図で，噴出するのが液体マグマ（1），気泡流（2），噴霧流（3）であるのに対応して，$\phi_0$ の区間を3つに分けてある．$\phi_0$ が 0.00129 より小さいとマグマは気泡を含まない液体状態で，0.00151 より大きいと噴霧流として噴出されるので，気泡流の噴出は $\phi_0$ の狭い範囲だけで生ずる．

図3.4の上段は音速 $c$ である．音速は $(K/\rho)^{1/2}$（1.2節 d 項）を拡張した $(d\rho/dp)^{1/2}$ から計算され，気泡流や噴霧流では純粋な液体や気体の音速よりずっと小さくなる．体積弾性率 $K$ が気体の存在できわめて小さくなるのに，密度 $\rho$ は液体に近い大きな値をとるからである．

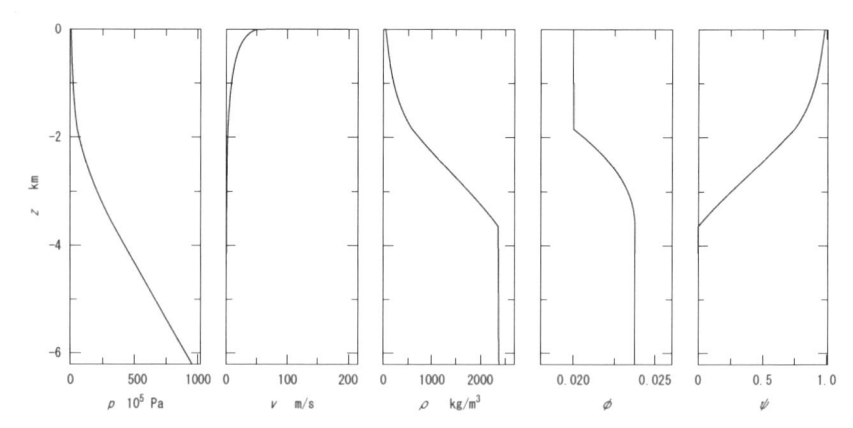

**図 3.5** 噴霧流を噴出する爆発的噴火に対応するマグマ上昇過程の計算例［例題 3-A］圧力 $p$，流速 $v$，密度 $\rho$，揮発性成分の質量比 $\phi$，気体成分の体積分率 $\psi$ を鉛直上向きにとった座標 $z$ の関数として示す．地表 $z=0$ では $v_0=200$ m/s，$\phi_0=0.02$ が仮定されている．

図 3.5 は噴霧流を噴出する爆発的な噴火の計算例で，$z=0$ での境界条件は揮発性成分の質量比 $\phi_0$ が 0.02，噴出速度 $v_0$ が 200 m/s である．$v_0>c$ となるので，$z=0$ で不連続が生じて，$p$ は $3.5\times10^5$ Pa に，$v$ は 50 m/s に変換される．物理定数はすべて前項で述べた値，例えば脱ガスの定数には $k_g'=10^{-2}$ kg/m$^3$·s と $n=1$ を用いた．噴出する気体の体積分率 $\psi_0$ は 0.9961，マグマ上昇流中の液体成分の流量 $J_m'$ は $1.77\times10^3$ kg/m$^2$·s となる．

この図でマグマの状態を地下にたどっていくと，深さとともに荷重が増えることに対応して圧力 $p$ が増加する．気体成分を含むマグマは密度が圧力にほぼ比例するので，圧力や密度の増加は指数関数的になる．深さとともに気体の体積分率 $\psi$ が減少するのは，気体が顕著に圧縮されるためと，溶解度の増加で気体状態の揮発性成分量が減るためである．流速 $v$ はそれより下にあるマグマの膨張の総量を反映するので，浅くなるほど大きくなる．

$\psi$ は深さ 1,845 m で $\psi_c$ まで下がり，それより深部の流れは気泡流になる．気泡流は摩擦抵抗が噴霧流より大きいので，圧力勾配と密度増加の割合が増大する．気泡流の状態では脱ガスが起こり，上昇過程で抜きとられる気体成分が加算されて，揮発性成分の総量 $\phi$ は深くなるほど大きくなる．

深さが 3,650 m に達すると，揮発性成分がマグマの液体成分に完全に溶解する．上昇するマグマはこの深さで発泡を始めるわけである．この深さより下では，マグマは気体成分がなくなって密度変化が小さくなり，圧力もほぼ一定の割合で増

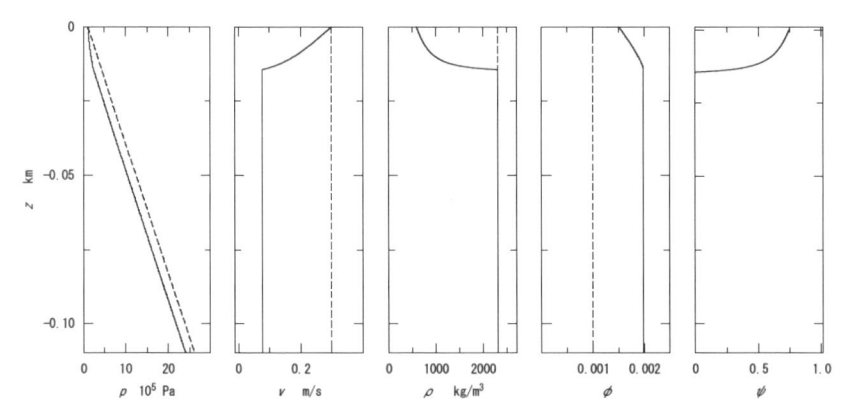

3.2 マグマ上昇過程と噴火　　　　　　　　　　　　　　　　　　　　　　　　　　　　　　125

**図 3.6** 気泡流（実線）と液体マグマ（破線）を溶岩として流出するマグマ上昇過程の計算例［例題 3-A］
圧力 $p$，流速 $v$，密度 $\rho$，揮発性成分の質量比 $\phi$，気体成分の体積分率 $\psi$ を鉛直上向きにとった座標 $z$ の関数として示す．地表 $z=0$ では共通に $v_0 = 0.3\,\mathrm{m/s}$ が，さらに $\phi_0 = 0.0015$（実線）と 0.0010（破線）が仮定されている．

加するようになる．脱ガスが起こらなくなるので，$\phi$ は一定値 0.02375 となる．

このように，深部から上昇するマグマは揮発性成分が完全に溶解する範囲，気泡流の範囲，噴霧流の範囲を順に経て地表に到達し，爆発的な噴火を起こす．3つの範囲で圧力変化の仕方が変わることに注意しよう．なお，この計算では圧力分布はマグマ内部の力の釣り合いで決まり，周囲の岩石との圧力差は通路をつくる岩石の強度で保持されると仮定されている．

図 3.6 は気泡流を噴出する計算例（実線）と気相を含まない液体マグマを噴出する計算例（破線）である．$z=0$ での揮発性成分量 $\phi_0$ は，気泡流の場合は 0.0015（$\psi_0 = 0.7426$），液体マグマの場合は 0.001（$\psi_0 = 0$）とし，噴出速度 $v_0$ は共通に $0.3\,\mathrm{m/s}$ とした．マグマ液体成分の流量 $J_m{}'$ は，気泡流の場合は $1.78 \times 10^2\,\mathrm{kg/m^2 \cdot s}$，液体マグマの場合は $6.90 \times 10^2\,\mathrm{kg/m^2 \cdot s}$ となる．

この図で，液体マグマを噴出する計算例（破線）は密度や流速の深さ依存性がどこでも小さく，圧力は深さとともにほぼ直線的に増加する．気泡流を噴出する計算例（実線）では，マグマは揮発性成分を完全に溶解する状態で地表付近まで上昇し，深さ 143 m で発泡を始めるが，破砕を起こさずに気泡流のまま地表に噴出する．

マグマだまりが深さ 5 km の位置にあるとして，上にあげた 3 つの計算例がそこでのどのような条件から導かれるかを比較しよう．マグマだまりから出るとき

の状態は，噴霧流の噴出例（図3.5）では$p=6.63\times10^8$Pa，$v=0.767$ m/s，$\phi=0.02375$，気泡流の噴出例（図3.6実線）では$p=1.14\times10^9$Pa，$v=0.076$ m/s，$\phi=0.0020$，液体マグマの噴出例（図3.6破線）では$p=1.15\times10^9$Pa，$v=0.297$ m/s，$\phi=0.0010$となる．

マグマだまりの圧力は噴霧流を噴出する場合が気泡流や液体マグマを噴出する場合よりかなり低いことに注目しよう．違いは気相の存在で圧力勾配が小さくなる効果を反映するが，そこから次の推測が可能になる．噴火の開始時にマグマだまりの圧力が同じでも，爆発的な噴火はその後圧力がかなり下がっても噴霧流を噴出し続け，非爆発的な噴火よりマグマだまりから多量のマグマを汲み出して大規模になりうる（Ida, 2010）．

マグマだまりと地表の間で，上昇流は気体成分の生成と膨張によって加速されるので，流速の差は発泡が深部で始まるほど大きくなる．そのために，マグマだまりを出るときには流速にあまり差がなくても，噴霧流は気泡流や液体マグマよりずっと高速で噴出することになる．実際の噴火でも，爆発的な噴火は溶岩流出よりも通常はるかに大きな噴出速度をもち，マグマの噴出流量も大きい．

この計算では，揮発性成分量$\phi$は気泡流の状態で脱ガスによって変化すると考えるので，マグマだまりと地表の間の$\phi$の差は気泡流の範囲が広くなるほど大きくなる．

なお，マグマ上昇流の積分をマグマだまりから始める場合には，積分の出発値として$p$, $v$, $\phi$の値を独立には設定できない．地表の圧力が大気圧に一致する条件が課されるので，独立に設定できるのは$p$と$\phi$，または$v$と$\phi$で，残りは地表の拘束条件から定まる．実際の計算では$p$, $v$, $\phi$のさまざまな組み合わせについて積分を試行して，その中から地表の条件を満たすものを選び出すことになる．

図3.7は噴出速度$v_0$を20, 30, 50, 100 m/sの4通りに変えてその効果を比較する．この計算で揮発性成分の質量比$\phi_0$は0.01（$\psi_0=0.9917$）に固定し，定数は図3.4と同じにした．マグマ液体成分の流量$J_m'$は，$v_0=20$ m/sのときに$3.80\times10^2$ kg/m$^2$·sとなり，$v_0$に比例して変化する．

この図を見ると，深さとともに圧力や密度が増加する割合は$v_0$が小さくなるほど減少し，気泡流の状態にある深さの範囲が広がる．この傾向は$v_0=20$ m/sのときに極限に達する．このときには$\psi$が$\psi_c$に近接した状態を保持して深くなっても下がらず，マグマはいつまでも気泡流の状態にとどまる．マグマ中では上昇とともに発泡が進行するが，生成された気体成分の効果が脱ガスで打ち消され

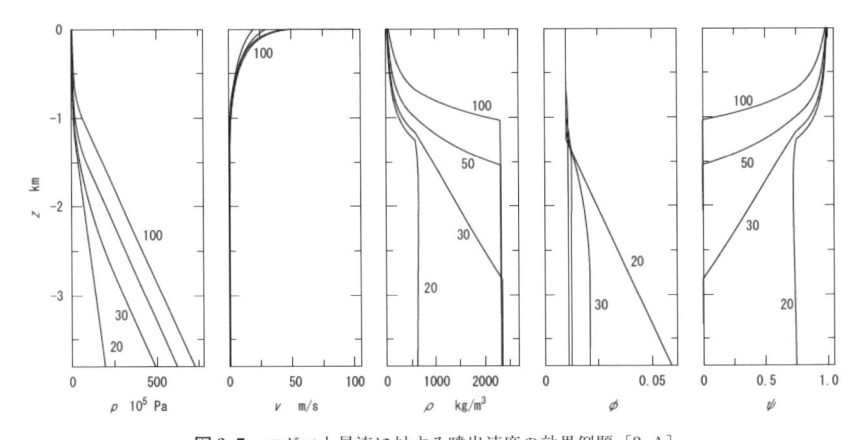

**図 3.7** マグマ上昇流に対する噴出速度の効果例題［3-A］
地表 $z=0$ で $\phi_0$ は 0.01 に固定し，$v_0$ を 20, 30, 50, 100 m/s にしたときの圧力 $p$，流速 $v$，密度 $\rho$，揮発性成分の質量比 $\phi$，気体成分の体積分率 $\psi$ の分布を比較する．

るために，$\psi$ が一定値を保つのである．

### d. シミュレーションの拡張

ここで取り上げた簡単なシミュレーションからも噴火の基本的な性質がいくつか読み取れる．計算方法や定数の値に不確定な部分があるにしても，以下の結論は定性的には一般的に成立するものと考えられる．

①揮発性成分が地下で発泡すると，気相の著しい膨張のためにマグマの上昇は強く加速される．そのために，爆発的な噴火は非爆発的な噴火よりずっと大きな噴出速度をもつ．

②気泡流や噴霧流の内部では圧力勾配が小さいので，爆発的な噴火は非爆発的な噴火よりマグマだまりの小さな圧力で駆動でき，多量のマグマを噴出しうる．

計算方法のうちで物理的な根拠が一番曖昧なのは脱ガスの表現式（3.15）である．その曖昧さで計算結果がどう影響されるかを判断する材料として，図 3.8 に定数 $k_g'$ と $n$ を変えた計算結果を比較する．計算結果は $k_g'$ の値（単位は $kg/m^3 \cdot s$）で区別して，必要に応じて括弧内に $n$ の値を付記し，$n=2$ に対する計算結果は破線で描く．$k_g'$ と $n$ 以外の定数は図 3.5～3.7 と同じであり，噴出条件は $\phi_0 = 0.02$，$v_0 = 200$ m/s とする．

当然のことながら，脱ガスの大きさは揮発性成分量や密度の分布に顕著に影響する．マグマ上昇過程の定量的な計算には脱ガスのきちんとした定式化が必要で

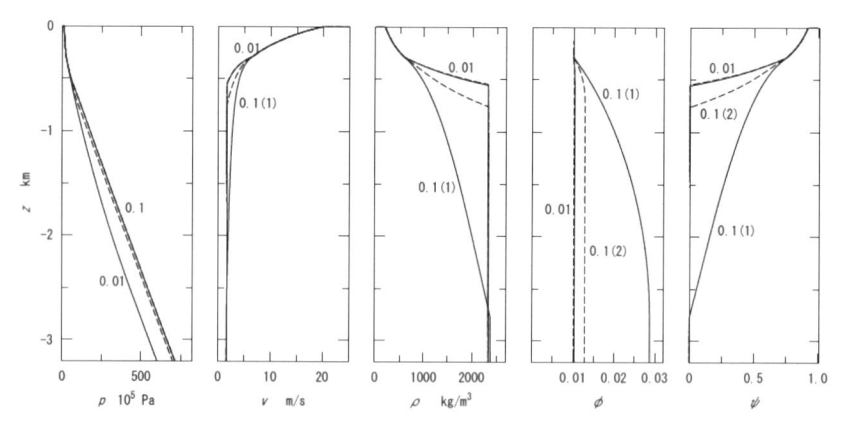

**図 3.8** 式（3.15）の脱ガスの定数 $k_g'$ と $n$ の影響評価［例題 3-A］
定数の値は $k_g'(n)$ の形で図中に表示し（$k_g'$ の単位は $kg/m^3 \cdot s$），$n=1$ の計算結果を実線で，$n=2$ の計算結果を破線で示す．

あることが改めて認識される．なお，図の計算条件で $k_g'$ を $0.01\,kg/m^3 \cdot s$ まで下げると，計算結果は $k_g'=0$ の場合にかなり近くなり，脱ガスの効果は小さくなる．

　最後にシミュレーションを制約する個々の仮定を取り上げ，それを除いて計算の応用範囲を広げる方法を考える．まず，この計算では1種類の揮発性成分のみが考慮され，定数は水蒸気に対するものを設定した．一方で，溶解度の圧力依存性から深部のマグマの状態変化には二酸化炭素が重要であると理解される．二酸化炭素など他の揮発性成分の効果は式（3.6）を適当な形で修正することで計算に組み込むことができる．

　計算ではマグマ上昇流は1次元であると仮定されている．この制約は，断面積 $S$ に深さ依存性をもたせて通路の3次元的な形状を表現することでゆるめられる．ただし，水平方向の流れを含めて変数の分布の詳細を問題にするには，3次元の流体運動を直接扱う必要があり，シミュレーションはもっと高度な技術を要するものになる．

　マグマ上昇流が定常であることの制約は，質量保存則（3.1）と運動量保存則（3.2）に時間依存性を考慮することで除かれる．その場合，運動量保存則は準定常を仮定して（3.2）と同じ形に保ち，質量保存則だけに時間微分の項を加える方法もある．この方法は弾性波や衝撃波を伴うような突発的な爆発には適用できないが，積分の時間刻みがクーラン条件に制約されないので，噴火の開始から終息までの展開を長時間にわたって追跡するのに適している．

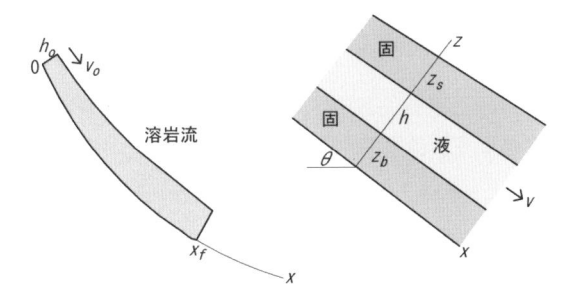

**図 3.9** 1 次元の溶岩流モデル
噴出点 $x=0$ で厚さ $h_0$ の液体溶岩が $v_0$ の速度で流出する. 各点 $x$ で $z$ は斜面と垂直上向きにとった高さ, $\theta$ は斜面の傾斜角である. 速度 $v$ での流下とともに, 溶岩は厚さ $h$ の流体層と厚さ $z_s$ と $z_b$ の固化層に分かれる.

マグマは上昇途上で冷却され, 固化する可能性がある. この問題を計算に含めるには, 温度を変数に加えてエネルギー保存則を考慮する必要がある. そのとき問題になるのは, マグマから失われる熱を見積もるために, 温度の分布を周囲の岩石まで広げて計算する必要が出てくることである.

シミュレーションで扱える問題の範囲はこのようにして広げることができるが, それに伴って計算条件の設定や計算結果の評価に新たな情報が必要になることが多い. 地下の状態には不明な部分が少なくないので, 有意な計算ができるかどうかはこの情報の有無にかかってくる.

## 3.3 溶 岩 流

溶岩流は山頂や山腹から流出したマグマが重力で斜面を流れ下る現象である. 水の流れと同様に流路が地形に制約されるが, 溶岩流はずっと高粘性の流れであり, 表面と底から冷やされて次第に固化することが顕著な特色である. この冷却の効果を中心にすえて, 溶岩流の拡大を簡単なモデルで計算してみよう.

### a. 斜面を下る流れ

簡単のために, 1 方向への 1 次元的な流れを考える. 斜面に沿って流下方向に $x$ 軸, 斜面に垂直に $z$ 軸をとる (図 3.9). 水平面に対して斜面がなす角度 $\theta$ は, 斜面にそって, すなわち $x$ の関数として変化してもよいが, その変化はなだらかであるとする. 厚さ方向で見ると, 溶岩流は中核をなす流体層とその両側で厚み

を増す固化層からなる．流体層の厚さを $h$，上側と下側の固化層の厚さをそれぞれ $z_s$，$z_b$ とする．

　流体層の流れは斜面と平行な成分 $v_x$ が卓越し，加速は無視できて準静的な平衡条件を満たすとしよう．流体層の下面を原点として，座標 $z$ を上向きにとる．下面 $z=0$ では $v=0$，上面 $z=h$ ではずれ応力（せん断応力）が 0 であるとみなすことができる．そこで，流体層を平行板の間を流れる粘性流体の解で近似すると，流速 $v_x$ は $z$ の関数として以下のように定まる．

$$v_x = \frac{1}{2\eta}\left(g\rho\sin\theta - \frac{\partial p}{\partial x}\right)z(2h-z) \tag{3.16}$$

ここで圧力 $p$ は $x$ の関数として扱い，重力加速度 $g$，密度 $\rho$，流体層の粘性率 $\eta$ は定数とみなす．実際の溶岩流では，密度は流体層と固化層の間で異なるが，その差は無視してともに $\rho$ とする．$v_x$ を $z$ 方向に 0 から $h$ まで積分して，平均流速 $v$ を次のように求める．

$$v = \frac{h^2}{3\eta}\left(g\rho\sin\theta - \frac{\partial p}{\partial x}\right) \tag{3.17}$$

この計算で，$x$ 方向の圧力勾配は $z$ に依存しないと仮定した（圧力自身は $z$ に依存する）．

　溶岩の表面は大気に接しているので，圧力はどこでもほぼ 1 気圧に等しい．しかし，溶岩の内部では上に載る荷重の分だけ圧力が高まる．各点の圧力を流体層の中間での値で代表すれば，圧力は次のように表される．

$$p = g\rho\left(\frac{h}{2}+z_s\right)\cos\theta \tag{3.18}$$

したがって，式 (3.17) の平均流速 $v$ は次のように書き換えられる．

$$v = \frac{g\rho}{3\eta}h^2\left\{\sin\theta - \frac{\partial}{\partial x}\left[\left(\frac{h}{2}+z_s\right)\cos\theta\right]\right\} \tag{3.19}$$

問題をさらに単純化して，流体層とその上に載る固化層が，同じ平均速度 $v$ ですべり落ちるように移動するものとする．その場合には，ある点 $x$ を通過する溶岩の流量は厚さに $v$ をかけたものになる．斜面に沿って流量が一様でなければ，着目する点の近傍に入る流量と出ていく流量に差が生じ，その差の分だけ厚さが変化する．溶岩の底でも固化によって厚さ $z_b$ が増加するので，それも考慮すれば，質量保存則から厚さの時空間分布を記述する次の関係式が得られる．

$$\frac{\partial}{\partial t}(h+z_s) = -\frac{\partial}{\partial x}[v(h+z_s)] - \frac{\partial z_b}{\partial t} \tag{3.20}$$

この式は次のようにも書き換えられる.

$$\frac{\partial}{\partial t}(h+z_s+z_b) = -\frac{\partial}{\partial x}[v(h+z_s)] \tag{3.21}$$

固化層の厚さ $z_s$ と $z_b$ は，現実には変形によっても変化するが，ここではそれを無視して，冷却による固化の効果だけを考慮する.

### b. 冷却の効果

高温の溶岩は上面からも下面からも冷却を受けて固化し，その分だけ流体層が薄くなる．この過程は熱伝導による固化層中の熱輸送で制御される．流体層では小規模な対流などによって熱が効率的に運ばれ，温度は均一になっているものとする.

固化層では，温度の変化は溶岩が流れる $x$ 方向に比べてそれと垂直な $z$ 方向で圧倒的に大きい．そこで，$x$ 方向の熱輸送を無視すれば，温度 $T$ は次の方程式（式 (1.31) 参照）を満たす.

$$\frac{\partial T}{\partial t} = \kappa \frac{\partial^2 T}{\partial z^2}, \quad \kappa = \frac{k}{\rho C} \tag{3.22}$$

ここで $\kappa$ は熱拡散率であり，それを定義する第 2 式で $k$ は熱伝導率，$C$ は比熱である．第 1 式の偏微分方程式は 1 次元の熱伝導方程式であり，固体地球科学でよく使われる解析解をもつ (Turcotte and Schubert, 1982). その解析解はここで考察する溶岩の冷却過程にも活用できる.

式 (3.22) を解くために，新しい変数 $\xi$ を次のように導入する.

$$\xi = \frac{z}{2(\kappa t)^{1/2}} \tag{3.23}$$

ここでは $z$ は下向きにとり，その原点は，上側の固化層では大気と接する溶岩の表面，下側の固化層では流体層の底におく．$T$ が $\xi$ のみの関数だと仮定して（すなわち，$t$ と $z$ は $\xi$ を通して $T$ に影響すると仮定して），式 (3.22) の左辺と右辺を書き直すと，次の常微分方程式が得られる.

$$-\xi \frac{dT}{d\xi} = \frac{1}{2}\frac{d^2 T}{d\xi^2} \tag{3.24}$$

この微分方程式の解は元の偏微分方程式 (3.22) の解となるが，導き方からわかるように，式 (3.22) の解が一般的に式 (3.24) に帰着するわけではない.

式 (3.24) はただちに積分できて，解は次の形をとる.

$$\frac{dT}{d\xi} = c_1 \exp(-\xi^2), \quad T = c_2 + \frac{2c_1}{\sqrt{\pi}}\operatorname{erf}(\xi) \tag{3.25}$$

ここで $c_1$ と $c_2$ は積分定数である．また，誤差関数 $\mathrm{erf}(\xi)$ は次のように定義される．

$$\mathrm{erf}(\xi) = \frac{2}{\sqrt{\pi}} \int_0^\xi \exp(-\xi'^2) d\xi' \tag{3.26}$$

誤差関数は $\xi=0$ で値 0 をとり，$\xi$ の増加とともに 1 に漸近する．式 (3.25) で決まる解で，各点 $z$ を通過する熱流量（単位時間に単位面積を通過するエネルギーの流れ）$q$ は次のように表現される．

$$q = -k \frac{\partial T}{\partial z} = -\frac{kc_1}{2(\kappa t)^{1/2}} \exp(-\xi^2) \tag{3.27}$$

式 (3.25) の解を用いて，冷却と固化による溶岩の厚さの変化を見積もる．まず，流体層が下面から冷却される効果を計算する．ここでは $z=0$ を流体層下面の位置とし，$z$ を下向きにとる．融解過程を単純化して，流体層の温度はどこでも融点 $T_m$ に等しいと仮定しよう．$T_m$ は常温を基準にして測ることにする．流体部分に隣接する岩石中では，温度は $T_m$ から下に向かって降下し，最終的に 0 になる．このような温度分布は式 (3.25) で $c_2=T_m$, $c_1=-\pi^{1/2}T_m/2$ とおくことによって得られる．なお，固体地球科学では，同じ解は冷却するリソスフェア（プレート）内部の温度を表現するために用いられる．

流体層の下面から失われる熱流量が，固化による融解熱で補われるとすれば，固化層の厚さ $z_b$ が変化する速度は，境界面で生ずる熱流量を $q$，融解熱（溶岩の単位質量を融解するのに必要な熱エネルギー）を $H$ として，$q/\rho H$ と表される．式 (3.27) に $z=0$ を代入して $q$ を求めると，$z_b$ の時間変化を表現する次の式が得られる．

$$\frac{\partial z_b}{\partial t} = \frac{b\kappa}{[\kappa(t-t_b)]^{1/2}}, \quad z_b = 2b[\kappa(t-t_b)]^{1/2},$$
$$b = \frac{\sqrt{\pi}\, kT_m}{4\rho H \kappa} = \frac{\sqrt{\pi}\, CT_m}{4H} \tag{3.28}$$

この第 2 式は第 1 式を時間について積分して得た．固化は溶岩の先端がこの点を通過した時点から始まるので，先端が通過した時間 $t_b$ を $t$ の原点とした．なお，固化によって流体層下面の位置は $z_b$ の変化分だけ上に移動するはずだが，ここではその影響を無視した．

次に，溶岩の表面で固化する厚さ $z_s$ の変化を求める．この問題は溶岩湖の固化を記述するステファン問題として解かれている．

今度は溶岩表面の位置を $z=0$ として，やはり下向きに $z$ をとる．$z=0$ で溶岩

は大気と接して放射などで熱を失うので，実際の温度は大気より高めになるが，それを無視して $T=0$ とすると，式 (3.25) で $c_2=0$ が要求される．また，式 (3.23) で固化した厚さ $z=z_s$ に対応する $\xi$ の値を $\xi_s$ とすれば，その温度は $T_m$ になる．したがって，式 (3.25) の第 2 式から次の関係が得られる．

$$T_m = \frac{2c_1}{\sqrt{\pi}} \operatorname{erf}(\xi_s) \tag{3.29}$$

この式から $\xi_s$ は定数であることが要求される．したがって，式 (3.23) から次の関係式が得られる．

$$z_s = 2\xi_s [\kappa(t-t_s)]^{1/2}, \quad \frac{dz_s}{dt} = \frac{\kappa^{1/2}\xi_s}{(t-t_s)^{1/2}} \tag{3.30}$$

ここでは時間 $t$ の原点を $t_s$ とした．$t_s$ はこの部分で表面の固化が始まった時間，すなわちその部分が火口で地表に噴出した時間である．

流体層の境界から式 (3.27) を満たして熱伝導によって失われる熱が，固化に伴う潜熱によって補われるとすると

$$\rho H \frac{dz_s}{dt} = \frac{kc_1}{2[\kappa(t-t_s)]^{1/2}} \exp(-\xi_s^2) \tag{3.31}$$

この左辺の $dz_s/dt$ を式 (3.30) の第 2 式で置き換え，$c_1$ を式 (3.29) から消去すると，次の式が得られる．

$$\xi_s \exp(\xi_s^2) \operatorname{erf}(\xi_s) = b \tag{3.32}$$

これが定数 $\xi_s$ を決める方程式である．この式で，右辺の $b$ は式 (3.28) の第 3 式で定義され，融解にかかわる物質定数だけから決まる．

式 (3.30) に含まれる $t_s$ は，溶岩が火口で噴出した時間であるが，その記録は流れとともに速度 $v$ で運ばれる．この過程は $dt_s/dt=0$（流れと一緒に動く立場で見ると，$t_s$ は保存される）すなわち

$$\frac{\partial t_s}{\partial t} = -\frac{\partial}{\partial x}(vt_s) \tag{3.33}$$

を満たす．

### c. 溶岩流の計算方法

以上で計算に用いる基礎方程式がすべて得られた．計算の中心的な部分は，偏微分方程式 (3.21) と式 (3.33) を解いて，流体層の厚さ $h$ と溶岩が火口で生まれた時間 $t_s$ を空間 $x$ と時間 $t$ の関数として決めることである．偏微分方程式に表れる変数のうち，$v$ は式 (3.19) から，また $z_s$ と $z_b$ は式 (3.30) 第 1 式と式 (3.28)

第2式から決まる.

　溶岩は $x=0$ の地点から厚さ $h_0$,流速 $v_0$ で噴出し,先端は $x=x_f$ の位置まで達しているものとしよう.先端の位置 $x_f$ はそこでの流速 $v$ で動いていく.$x$ の各点を先端が通過する時間が $t_b$ である.このような理解に立って,式 (3.21) と式 (3.33) を $x=0$ から $x=x_f$ の間で解くことになる.

　式 (3.19) の右辺は $x$ の微分を含むので,式 (3.21) は実質的に $h$ に関する $x$ の2階の微分方程式となる.そこで,境界条件は2つの自由度をもつ.ここでは,その境界条件として $x=0$ で $h=h_0$ と $v=v_0$ の値を設定することにするが,$v_0$ の値を適切に設定するのは必ずしも簡単ではない.そこで $v_0$ の代わりに,$x=0$ で重力によって流下する速度を考え,それとの比 $r$ を設定することにする.すなわち,

$$v_0 = r \frac{g\rho}{3\eta} h_0^2 \sin\theta_0 \tag{3.34}$$

ここで,$\theta_0$ は $x=0$ における斜面の傾斜角である.

　一方,式 (3.33) との関連では,$x=0$ で $t_s=t$ とすればよい.初期条件としては,$t=0$ で $x_f=0$ とすれば,そのときの $h_0$ と $v_0$ の値から $x_f$ が時間とともに増加し,溶岩流の計算が始められる.

　数値計算のために,座標 $x$ と時間 $t$ を刻み $\Delta x$ と $\Delta t$ で離散化して,$x_i = i\Delta x$,$t_j = j\Delta t$ ($i$ と $j$ は整数) と書く.$x_f$ の移動とともに,考慮すべき格子点の数は増えていく.$x_f$ が通過する時間 $t_b$ は各格子点で定数として記憶しておく.

　式 (3.33) と式 (3.31) は,上流からの流れによって状態を決める関係式なので,数値計算では微分方程式を前進差分で近似するのがよい.例えば,式 (3.33) は次のように離散化する.

$$t_s(x, t+\Delta t) = t_s(x, t) - \frac{\Delta t}{\Delta x}[v(x, t)t_s(x, t) - v(x-\Delta x, t)t_s(x-\Delta x, t)] \tag{3.35}$$

式 (3.19) で $v$ を決める上では,圧力勾配は両側の格子点の圧力から計算するほうが望ましいが,他の差分の精度が1次であることを考慮して,やはり前進差分をとることにする.

### d. 溶岩流の計算例

　計算に必要な情報は,方程式に含まれる定数,$x$ の関数としての傾斜角 $\theta$,噴出点での溶岩の厚さ $h_0$ と速度 $v_0$ である.定数には式 (3.19) で $v$ の大きさを決める $g\rho/3\eta$,熱伝導の時間スケールを決める熱拡散率 $\kappa$,式 (3.28) 第3式で

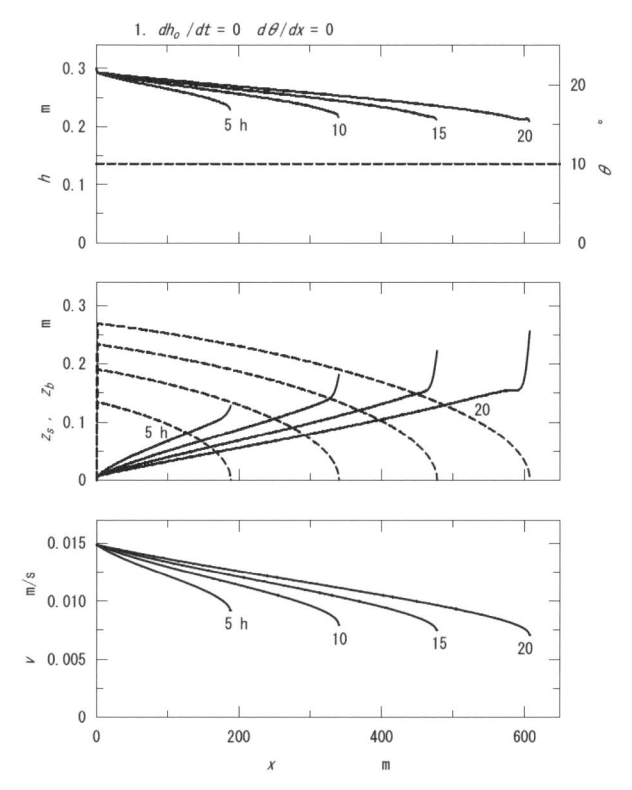

**図 3.10** 傾斜角 $\theta$ が一定値 $10°$ の場合の溶岩流の成長過程［例題 3-B］
境界条件は $h_0 = 0.3$ m, $r = 0.95$ とした. 時間が 5, 10, 15, 20 h 経過したときの流体層の厚さ $h$（上），その上下で固化した厚さ $z_s$ と $z_b$（中，$z_b$ は破線），流下速度 $v$（下）の空間分布を示す. $\theta$ は上図に破線で示す.

定義される無次元の定数 $b$ の 3 つがある．もう 1 つの無次元定数 $\xi_s$ は，超越方程式 (3.32) を解くことによって $b$ から決まる．

定数は，$\rho = 2{,}500$ kg/m$^3$, $k = 1$ J/m·s·K, $C = 800$ J/K·kg として，まず式 (3.22) から $\kappa = 5 \times 10^{-7}$ m$^2$/s を得る．さらに $T_m = 1{,}000$ K, $H = 5 \times 10^5$ J/kg として，式 (3.28) から $b = 0.71$ を得，式 (3.32) から $\xi_s = 0.678$ を得る．$g\rho/3\eta$ の値はマグマの粘性率に強く依存し，$\eta = 10^3$ Pa·s の玄武岩質マグマでは $1$/m·s 程度，$\eta = 10^6$ Pa·s の安山岩質マグマでは $10^{-3}$/m·s 程度の値となる．以下の計算例では，玄武岩質マグマを想定して $1$/m·s とする．

図 3.10 は斜面の傾斜角 $\theta$ が一定値 $10°$ に保たれる場合の計算結果である（$\theta$ は

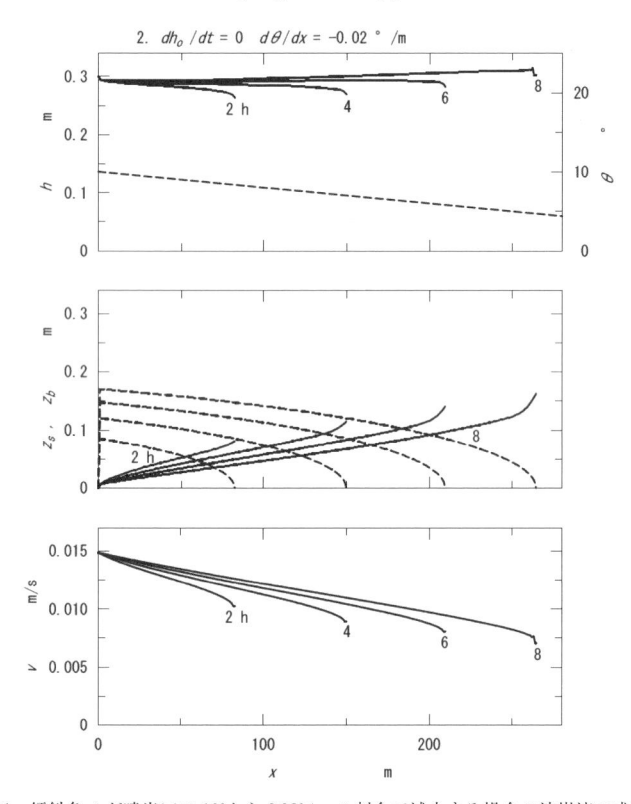

**図 3.11** 傾斜角 $\theta$ が噴出口の 10°から 0.02°/m の割合で減少する場合の溶岩流の成長過程
［例題 3-B］
他の条件は図 3.10 と同じ．

最上段に破線で示す）．噴出点 $x=0$ での境界条件は，溶岩の厚さ $h_0$ を 0.3 m，流速 $v_0$ を決める式（3.34）の $r$ を 0.95 と一定値に設定した．$r$ の値によっては変数が $x=0$ の付近で急な変化をするので，$r$ としてはそれが避けられるような値を選んだ．図は，時間が 5 h（5 時間），10 h, 15 h, 20 h 経過した各時点で，流体層の厚さ $h$，溶岩の上部および下部で固化した層の厚さ $z_s$（実線）と $z_b$（破線），溶岩の流下速度 $v$ が $x$ の関数としてどう分布するかを示す．数値計算の空間刻み $\Delta x$ は 1 m に，時間刻み $\Delta t$ は 2 s に設定した．

この図に見るように，溶岩の先端は時間とともに前進するが，固化のために流体層は先端に近づくにつれて薄くなるので，流下速度は先端に向かって小さくなる．$x$ の各点で流体層の厚さの変化を追うと，流体層は時間とともに厚くなって

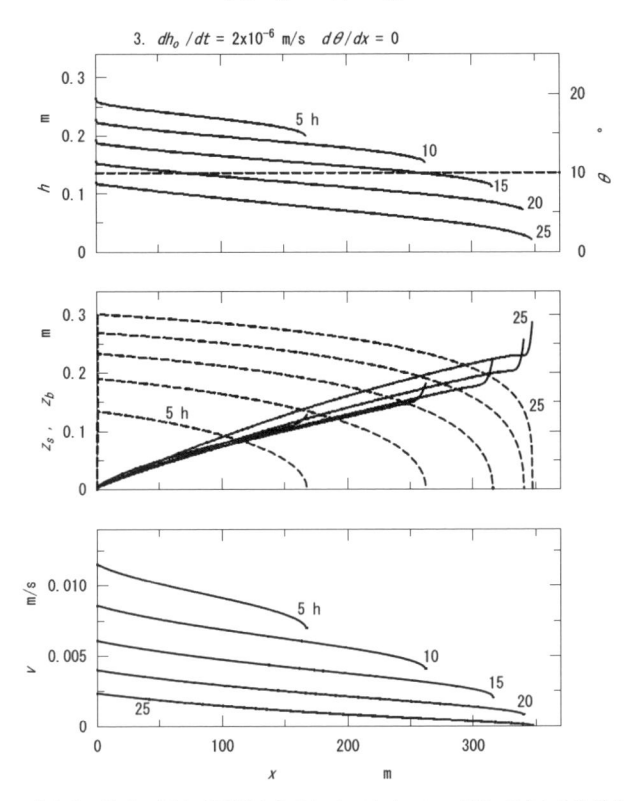

**図 3.12** 噴出する流体の厚さが時間とともに $2\times 10^{-6}$ m/s の割合で減少する場合の溶岩流の成長過程［例題 3-B］
他の条件は図 3.10 と同じ．

いく．流下速度が距離とともに減少するために，前方から抜ける流量が背後から流入する流量より小さくなり，各点に溶岩が次第に蓄積するのである．

興味深い特徴は，上側の固化層の厚さ $z_s$ が先端付近で急に厚くなることである．これは速度が先端付近で急に減少するためと考えられる．表面の固化層が厚くなると，その重みで流体層の圧力が高まり，先端の流れはさらに抑制される．そこで，流速の減少と固化の相乗作用で，溶岩は急に拡大が難しくなり，固化がさらに進むことになる．この例では時間が 22.7 h だけ経過した時点で計算が発散し，溶岩流が最後に不安定になることを示唆する．

図 3.11 は斜面の傾斜角が 10°から一定の割合 0.02°/m で減少する場合である．溶岩は先にいくほど流れにくくなるために，各点では溶岩の蓄積が前の例よりさ

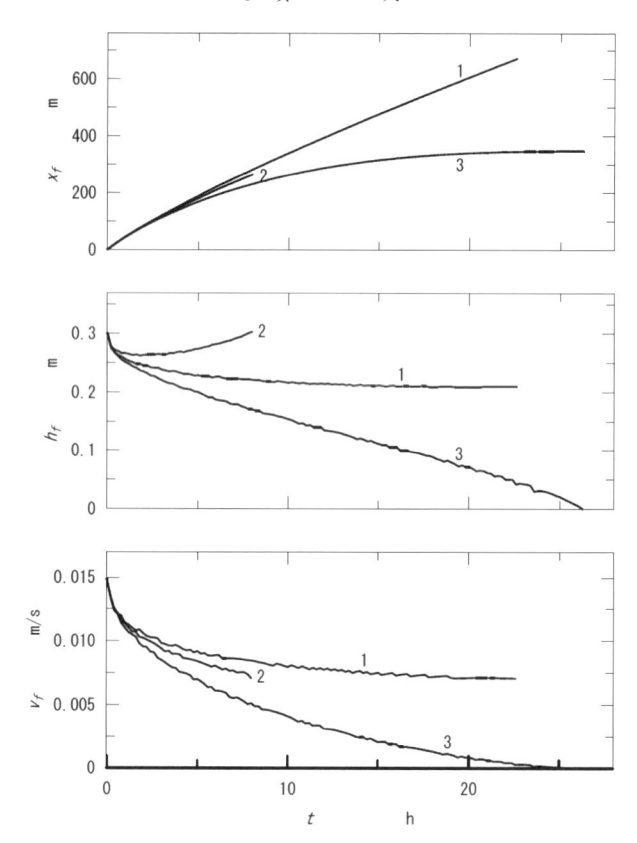

**図 3.13** 溶岩先端の位置 $x_f$, 先端での流体層の厚さ $h_f$ と拡大速度 $v_f$ の時間変化
[例題 3-B]
曲線 1 は図 3.10, 2 は図 3.11, 3 は図 3.12 の計算である.

らに進んで，先端に近づくほど流体層が厚くなる傾向がいっそう強まる．溶岩はあまり先まで進めず，計算は 8.1 h の時点で発散する．

図 3.12 は，噴出する流体層の厚さ $h_0$ が時間とともに一定の割合 $2 \times 10^{-6}$ m/s で減少する場合である．噴出量の時間的な減少のために，流れの各点でも溶岩の蓄積が進まず，流体層の厚さは次第に薄くなる．先端でも溶岩の厚さや流下速度が減少し，溶岩の拡大は 26.3 h の時点で自然に停止する．

以上の計算例 1 (図 3.10), 2 (図 3.11), 3 (図 3.12) で溶岩の先端に着目して，その位置 $x_f$, 流体層の厚さ $h_f$, 拡大速度 $v_f$ の時間変化を図 3.13 にまとめる．溶岩の拡大は，噴出が時間的に低下する計算例 3 では自然に停止するが，計算例 1

と2では計算が不安定になって止まる．この2つの計算例は，溶岩の流出が1次元的な溶岩の拡大でさばききれなくなり，溶岩流が枝分かれする必要性を示唆するものかもしれない．

## 3.4 爆発的な噴火による破砕物の噴出

　地下で破砕を受けたマグマは噴霧流となり，上昇に伴う気相の著しい膨張のために加速されながら高速度で火口から噴出する．噴霧流は，上昇途上で浮力を獲得できれば噴煙として上昇し，密度が釣り合う高さで横に広がる．浮力を獲得できなければ，崩落して火砕流として山腹を流れ下る．浮力を獲得できるかどうかは周辺から取り込む空気の量にかかっている．

　考察の対象はほぼ定常的に上昇するプリニー式噴火である．その解析結果を利用して，さらに噴石や火山灰の降下を計算する．

### a. 定常的に上昇する噴煙

　地下を上昇する過程で破砕されたマグマの破片は，気体成分と混合して噴霧流の形で火口から噴出する．これが上空に漂って噴煙がつくられる．噴煙を長時間噴出するプリニー式噴火では，噴煙は噴煙柱やプルームとよばれる形状でほぼ定常的に維持される．このような噴煙の形成過程は以下に述べる1次元定常モデルで解析できる（Woods, 1995）．

　噴煙は定常状態にあり，火口の真上で軸対称の形をとるものとする．そのとき噴煙の断面は円になるので，半径 $r$，断面積 $S$，周囲の長さ $L$ は次の幾何学的な関係で結ばれる．

$$S = \pi r^2, \quad L = 2\pi r \tag{3.36}$$

噴煙の状態を記述する基礎方程式は質量，運動量，エネルギーの保存則から導かれる．

　まず質量保存則を考える．噴煙は高さ $z$ の断面内で一様な密度 $\rho$ をもち，一様な流速 $v$ で上昇するとすれば，その断面を通過する噴煙の質量は単位時間あたり $\rho v S$ になる．$z$ と $z + dz$ の間の薄い円筒状の領域に質量保存則を適用すると，次の関係式が得られる．

$$\frac{d}{dz}(\rho v S) = \rho_e u L, \quad u = kv \tag{3.37}$$

ここで，噴煙には密度 $\rho_e$ をもつ大気が周辺から $u$ の流速で流入すると考えてい

る.

　周辺から噴煙に大気は乱流状態の渦によって取り込まれる．式 (3.37) の第 2 式は，この大気の流量が噴煙と大気の速度差に比例するとする経験則である．この経験則はジェット噴流についての室内実験などから得られたもので，エントレインメント仮説とよばれる．無次元のエントレインメント定数 $k$ は 0.1 程度の値をとる．

　噴煙の断面を通過する鉛直方向の運動量は単位時間あたり $(\rho v)vS$ である．その $dz$ 間の変化は，運動量保存則から噴煙が内部でその方向に受ける力に等しい．力として浮力を考えて次の関係式を得る．

$$\frac{d}{dz}(\rho v^2 S) = g(\rho_e - \rho)S \tag{3.38}$$

$g$ は重力加速度である．浮力は噴煙が周辺大気と圧力を共有するという仮定から得られる．なお，周辺大気が及ぼす摩擦抵抗は無視した．周辺大気の流入はおもに水平方向の運動量に寄与するが，それも全体としては打ち消し合う．

　同様の考察によって，エネルギー保存則から次の関係式が得られる．

$$\frac{d}{dz}(\rho U v S) = \rho_e U_e u L + g(\rho_e - \rho)vS - pL\left(v\frac{dr}{dz} - u\right) \tag{3.39}$$

ここで $U$ と $U_e$ は噴煙と周辺大気がもつ単位質量あたりの内部エネルギーである．$p$ は圧力で，同じ高さでは噴煙と周辺大気の間で共通だと仮定する．右辺第 1 項は流入する周辺大気がもちこむ内部エネルギー，第 2 項は浮力が内部でする仕事，第 3 項は圧力が周辺大気にする仕事である．第 3 項は大気の流入のために半径が $u$ だけ増える分を補正した．

　噴煙の内部は，破砕されたマグマ起源の粒子が乱流で撹拌されながら気体部分に浮く状態にある．ここでは，粒子は気体部分と分離せずに同じ速度 $v$ で一体化して上昇するものとする．噴煙の断面積を単位時間に通過する粒子の質量を $J$ とすれば，粒子の質量保存から定常状態では $J$ は $z$ に依存しない定数となる．

　密度の見積もりのために，噴煙が単位時間に移動する距離 $v$ を高さとする円筒状の領域を考えれば，その体積は $vS$ になる．$\rho$ を噴煙全体の平均密度と理解し，$\rho_g$ を気体部分の密度とすれば，この体積内に含まれる総質量 $\rho vS$ は，粒子の質量 $J$ と気体部分の質量 $\rho_g vS$ の和になる．このことから次の関係式が得られる．

$$\rho = \rho_g + \frac{J}{vS}, \quad \phi = \frac{\rho_g}{\rho} \tag{3.40}$$

ここで，粒子の占める体積は無視して，気体部分の体積が噴煙の体積 $vS$ と等し

いと仮定した．第2式で定義される $\phi$ は気体成分の質量が噴煙全体に占める割合である．

噴煙の気体部分と周辺大気に理想気体の状態方程式を適用すると，それぞれの密度は次のように表現される．

$$\rho_g = \frac{p}{RT}, \quad \rho_e = \frac{p}{R_e T_e} \tag{3.41}$$

$T$ は噴煙の温度，$T_e$ は周辺大気の温度で，ともに絶対温度で表す．$R$ と $R_e$ は噴煙の気体部分と周辺大気の比気体定数である．

噴煙と周辺大気の内部エネルギーは次のように表現できる．

$$U = [\phi C + (1-\phi)C_m]T + \frac{v^2}{2} + gz, \quad U_e = C_e T_e + gz \tag{3.42}$$

両式の右辺第1項は熱エネルギーで，$C$ は噴煙の気体部分，$C_m$ は噴煙の粒子部分，$C_e$ は周辺大気の単位質量あたりの定圧比熱である．定圧比熱は実際には温度と圧力に依存するが，ここでは定数とみなす．第2項以降は運動エネルギーと位置エネルギーである．

以上で噴煙の定常状態を計算するための方程式がそろった．計算の中心になる変数は噴煙の半径 $r$，上昇速度 $v$，温度 $T$ である．それ以外の変数はこの3変数と代数的な関係で結ばれる．3変数を $z$ の関数として決めるには，火口から噴出するときの値を境界条件として，微分方程式 (3.37)，(3.38)，(3.39) を連立して解けばよい．その際に，圧力 $p$ と周辺大気の温度 $T_e$ は $z$ の関数としてあらかじめ設定しておく必要がある．

### b. 噴煙定常解の計算方法

噴煙の定常解は連立常微分方程式 (3.37)，(3.38)，(3.39) を積分して得られる．この連立常微分方程式が半径 $r$，上昇速度 $v$，温度 $T$ の微分を表現する形に書き直されれば，積分はすぐに実行できるが，この書き換えは煩雑な数式処理を要する．そこで $r$，$v$，$T$ の代わりに別の3変数を導入して，連立常微分方程式を元に近い形で解くことにする．

計算に使う3変数のうち，2変数は次のように導入する．

$$X = \rho v S, \quad Y = \rho v^2 S \tag{3.43}$$

これらの変数の微分 $dX/dz$ と $dY/dz$ の表現は式 (3.37)，(3.38) からただちに得られる．

第3の変数 $Z$ は式 (3.39) に対応させて導入するが，この式の右辺に含まれ

る $dr/dz$ はすぐには計算できないので,それを含む項を式 (3.36) を使って次のように書き換える.

$$pLv\frac{dr}{dz} = \frac{d}{dz}(pvS) - vS\frac{dp}{dz} - pS\frac{dv}{dz} \tag{3.44}$$

この右辺第1項を式 (3.39) の左辺に移項して,第3の変数 $Z$ を次のように定義し,併せて式 (3.39) を書き換える.

$$\frac{dZ}{dz} = \rho_e U_e uL + g(\rho_e - \rho)vS + puL + vS\frac{dp}{dz} + pS\frac{dv}{dz},$$

$$Z = (\rho U + p)vS \tag{3.45}$$

式 (3.45) の第1式右辺に含まれる $p$ と $v$ の微分は次の関係式から計算できる.

$$\frac{dp}{dz} = -g\rho_e, \quad \frac{dv}{dz} = \frac{1}{X}\left(\frac{dY}{dz} - v\frac{dX}{dz}\right) \tag{3.46}$$

この第1式は周辺大気の重力平衡の関係である.第2式は式 (3.43) から導かれる.

　以上をまとめて,連立常微分方程式は式 (3.43) と式 (3.45) で定義される変数 $X$, $Y$, $Z$ を用いて積分することにする.計算の各時間ステップで,積分によってまず得られるのは $X$, $Y$, $Z$ の値である.われわれに興味のある $r$, $v$, $T$ などの変数は $X$, $Y$, $Z$ から計算する必要がある.その計算で流速は $v = Y/X$ からすぐに求められる.

　温度については,式 (3.45) に式 (3.43) と式 (3.42) を組み合わせて次の関係式が導かれる.

$$T = \frac{1}{\phi C + (1-\phi)C_m}\left(\frac{Z}{X} - \frac{v^2}{2} - gz - \frac{p}{\rho}\right) \tag{3.47}$$

しかし,この式には $\rho$ や $\phi$ が未定の状態で含まれているので,$T$ はすぐには計算できない.$\rho$ や $\phi$ は式 (3.40) と式 (3.41) から $T$ の関数として決まるが,それらの関係を考慮すると今度は $S$ が未定の変数として関与する.

　そこで,$v$ 以外の変数はまとめて反復法で計算することにする.未定の変数には仮の値を設定して,まず式 (3.47) から $T$ の値を求める.次に,その値を使って式 (3.40) と式 (3.41) から $\rho$ と $\phi$ を更新する.最後に式 (3.43) の第1式から $S$ を更新する.この操作を変数の値が収束するまで繰り返すわけである.反復計算の出発値には前のステップで得られた値を使う.

　これで連立微分方程式を解く手順が決まったが,1つ困った問題がある.噴煙

はある高さで上昇を止めるが，その高さは計算してみないとわからない．また，その付近では $z$ のわずかな変化で噴煙の状態が大きく変わる．そこで，$z$ の代わりに時間 $t$ を独立変数に選び，連立微分方程式を 4 変数 $X$, $Y$, $Z$, $z$ が関与する次の形に書き換えて，積分を実行する．

$$\frac{dX}{dt} = v\frac{dX}{dz}, \quad \frac{dY}{dt} = v\frac{dY}{dz}, \quad \frac{dZ}{dt} = v\frac{dZ}{dz}, \quad \frac{dz}{dt} = v \quad (3.48)$$

第 4 式からわかるように，$t$ は噴煙を構成する物質が火口から高さ $z$ まで上昇するのにかかる時間である．

周辺大気の温度や圧力は大気の標準的な状態を考慮して次のように設定する．まず温度分布を高さ $z$ の次の 1 次式で近似する．

$$T_e = T_1 - s_1 z \quad (z < z_1), \quad T_e = T_2 \ (z_1 < z < z_2), \quad T_e = T_2 + s_2(z - z_2) \ (z > z_2)$$
$$z_1 = 11.1\,\mathrm{km}, \quad T_1 = 288.0\,\mathrm{K}, \quad s_1 = 6.441 \times 10^{-3}\,\mathrm{K/m}$$
$$z_2 = 20.0\,\mathrm{km}, \quad T_2 = 216.5\,\mathrm{K}, \quad s_2 = 0.992 \times 10^{-3}\,\mathrm{K/m} \quad (3.49)$$

この温度区分の最下層（$z < z_1$）は対流圏，中間層は成層圏，最上層は中間圏に対応する（1.4 節 b 項）．

周辺大気の密度と圧力は，温度に対応して状態方程式（式 (3.41) の第 2 式）と重力平衡の条件（式 (3.46) の第 1 式）から計算する．温度変化が定数や $z$ の 1 次式で表されるので，密度や圧力にも解析的な表現が得られる．例えば，対流圏の圧力は次のように表現される．

$$p = p_0 \left(\frac{T_e}{T_1}\right)^{\gamma_1}, \quad \gamma_1 = \frac{g}{s_1 R_e} \quad (3.50)$$

ここで $p_0$ は地表の圧力である．

計算に用いる定数は，まず $g = 9.81\,\mathrm{m/s^2}$, $k = 0.1$, $p_0 = 10^5\,\mathrm{Pa}$ とする．周辺大気の定圧比熱や比気体定数は，乾燥大気を想定して $C_e = 1.10 \times 10^3\,\mathrm{J/kg \cdot K}$, $R_e = 2.9 \times 10^2\,\mathrm{J/kg \cdot K}$ とする．噴煙には水蒸気が含まれ，その割合は周辺大気との混合によって変化するが，ここではその効果は無視して $C = C_e$, $R = R_e$ とする．粒子の比熱には $C_m = 0.8 \times 10^3\,\mathrm{J/kg \cdot K}$ を使う．

微分方程式の積分は火口の高さ $z_0$ から始め，そこでの境界条件は半径 $r_0$, 上昇速度 $v_0$, 温度 $T_0$ について設定する．$X$, $Y$, $Z$ の境界値はこれらの値を使って式 (3.43) と式 (3.45) 第 2 式から求める．積分の独立変数 $t$ は 0 から出発し，計算の過程で $X$ か $Y$ のどちらかが 0 か負になったら，噴煙が最高高度に達したとみなして計算を打ち切る．

定数となるマグマ起源の粒子の流量は，火口から噴出する気体成分の質量比

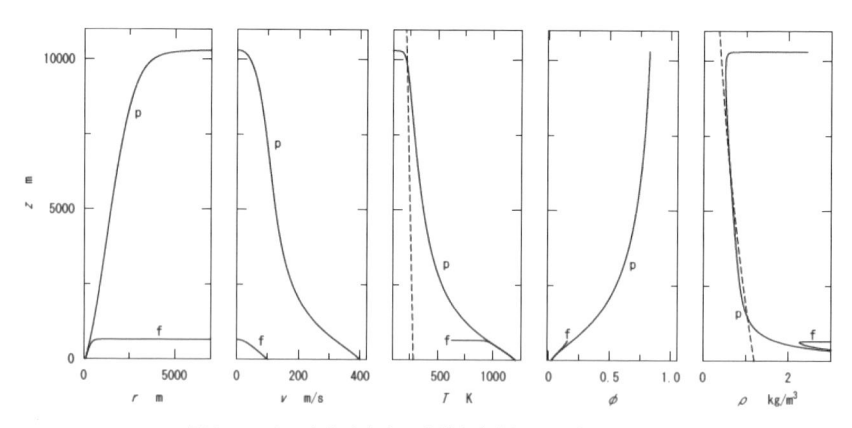

**図 3.14** 火口から噴出する噴霧流定常解の例 ［例題 3-C］
噴煙の半径 $r$, 上昇速度 $v$, 温度 $T$, 気体成分の質量の割合 $\phi$, 密度 $\rho$ を高さ $z$ の関数として示す．火口は $z_0=0$ の位置におき，噴出速度 $v_0$ として噴煙の解 p は 400 m/s, 火砕流の解 f は 100 m/s とし，共通に $r_0 = 100$ m, $T_0 = 1{,}200$ K, $\phi_0 = 0.02$ とした．破線は周辺大気の温度と密度である．

$\phi_0$ を用いて

$$J = \frac{1-\phi_0}{\phi_0}\rho_{g0}v_0 S_0 \tag{3.51}$$

から計算するのがやりやすい．ここで $S_0$ は火口の面積であり，$r_0$ から求める．噴出時の気体部分の密度 $\rho_{g0}$ は式（3.41）を使って $T_0$ から求める．

以下の計算例では，積分の時間刻みは 0.001 s にとり，計算結果は数百ステップごとに出力して図示に用いた．$T$ や $\rho$ の反復計算では，$T$ の計算値が前の結果と $10^{-4}$ K 以内で一致したときに収束とみなした．積分の時間刻みを短く選んだのは，次の時間ステップで使う反復計算の初期値を真の値に近づけて収束を早めるためである．

### c. 噴煙と火砕流

噴煙の計算結果の例を図 3.14 に示す．縦軸は高さ $z$ で，横に並べた 5 枚の図は噴煙の半径 $r$, 上昇速度 $v$, 温度 $T$, 気体成分の質量の割合 $\phi$, 密度 $\rho$ の高さ分布である．温度と密度の図で鎖線は周辺大気の分布である．噴煙の形状は，半径の図から高さとともに広がる傘型になることが読み取れる．

この図で p をつけた曲線は火口を $z_0 = 0$ の位置（地表）におき，そこでの半径を $r_0 = 100$ m, 上昇速度を $v_0 = 400$ m/s, 温度を $T_0 = 1{,}200$ K とした．火口から噴

出する気体成分の質量比は $\phi_0 = 0.02$ としたので，粒子の流量 $J$ は $1.77 \times 10^7$ kg/s，噴出時の噴煙の密度は $14.37$ kg/m$^3$ となる．

　噴煙は上昇とともに周辺の大気を取り込むので，高さとともに気体成分の質量比 $\phi$ が増加し，噴煙の半径 $r$ が拡大する．気体成分の増加とともに噴煙の平均密度が下がるが，密度の減少には温度の寄与も重要である．取り込まれた大気に熱エネルギーが分配されるために，熱膨張で平均密度はさらに下がり，p の曲線で示すように周辺大気の密度（破線）より小さくもなりうる．そうなると浮力が生じて上昇の駆動力となる．

　噴煙の上昇速度は，運動量が周辺から取り込まれた大気に分配されるために最初は下がるが，p の曲線に見るように，浮力が獲得されると下がり方が鈍る．温度の下がる割合も鈍って浮力が長く維持され，上昇は高い高度まで続く．温度が更に周辺大気に近づくと，粒子の重みが浮力で支えきれなくなり，周辺大気との密度の関係がまた逆転して，やがて上昇は停止する．p の計算例では，噴煙は最終的に 10,293 m の高さに達する．火口で噴出した物質が最高高度に達するまでにかかる時間は 99 s である．

　噴煙が最高高度に近づくと，上昇速度が 0 に近づき，質量保存によって半径が急増して，最高高度では無限大になる．このときに噴煙は周辺大気を押しのけて大きな仕事をするので，熱エネルギーが失われて温度が下がり，密度も増加する．しかし，この変化は噴煙の実態というよりモデルの欠陥を露呈するものである．実際の噴煙では，傘の部分は非定常にゆっくりと横に拡大し続ける．定常状態で瞬時に広がるわけではない．

　噴出速度を $v_0 = 100$ m/s まで下げると，噴煙の状態は大きく変化する．計算結果は図 3.14 で f をつけた曲線と，縦軸を拡大した図 3.15 に示す．$v_0$ 以外の条件は p の計算と同じである．噴出速度が小さなこの計算では，上昇速度はほぼ同じ割合で最後まで減少を続け，浮力を獲得する前に 660 m で 0 になる．噴出速度として最初に保有した運動エネルギーを使いきった段階で，上昇は止まるのである．

　浮力を獲得できない噴煙は，実際には崩壊して空中を落下し，山腹を流下する．これが火砕流である．図 3.15 は火砕流に対応する計算例とみなされる．火砕流は最終段階でも空気の取り込み量が少なく，質量の大半がマグマ起源の粒子で占められる．そのために密度が高い状態にとどまって熱膨張が機能する余地がない．対照的に，浮力を獲得した噴煙は質量の大半が気体で占められる．浮力の獲得には周辺大気の取り込みが本質的なのである．

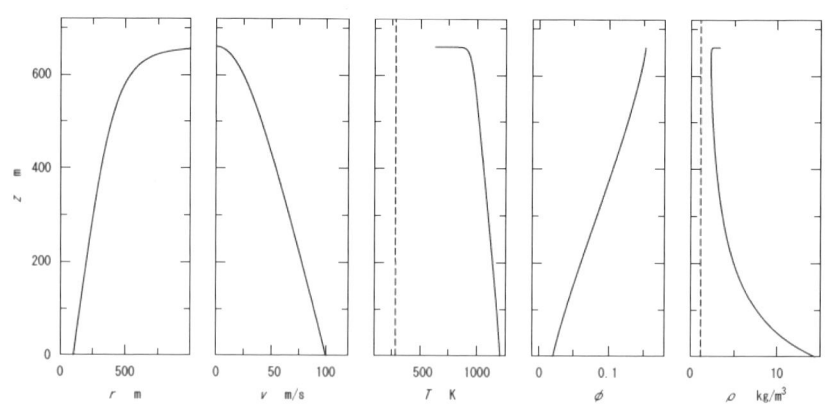

**図 3.15** 火砕流を表現する定常解の例 ［例題 3-C］
図 3.14 の曲線 f を拡大して示す.

　噴出条件をさまざまに変えた計算結果をまとめて，噴出速度 $v_0$ と到達高度の関係を図 3.16 に示す．3 本の曲線の計算条件は図中に示すが，$z_0 = 0$ と $T_0 = 1{,}200\,\mathrm{K}$ は共通である．到達高度から明らかなように，噴出速度の大きい側が噴煙の状態を，低い側が火砕流の状態を表す．注目すべきことは，噴煙から火砕流への移行が狭い噴出速度の範囲でほぼ不連続に起こることである．

　図 3.16 には噴出速度が大きくなるほど到達高度が高くなる傾向が見られる．特に，噴出速度の小さい火砕流の側は，到達高度が噴出速度でほぼ決まる．到達高度が噴出時の運動エネルギーにほぼ完全に支配されるためである．噴煙の側では，到達高度は浮力に左右され，噴出速度以外の条件にも依存する．しかし，周辺大気の取り込みが上昇速度に比例するので，やはり噴出速度が大きいほうが浮力の獲得にとって有利になる．

　ところが，噴煙が火砕流に転移する条件の近傍では，到達高度に極大が出現し，噴出速度と到達高度の関係に逆転が見られる．その理由を探るために，$r_0 = 100\,\mathrm{m}$，$\phi_0 = 0.02$ の曲線で噴煙高度が極大をとるとき（$v_0 = 148\,\mathrm{m/s}$）と極小をとるとき（$v_0 = 230\,\mathrm{m/s}$）を選んで，計算結果を図 3.17 に比較する．

　図 3.17 を見ると，到達高度が極大をとる場合（$v_0 = 148\,\mathrm{m/s}$）には，上昇速度が 0 にかなり近づいた段階でようやく浮力が生じる．その後上昇は文字どおり加速され，浮力が長時間維持されて，最終的には高い高度に到達する．周辺から取り込んだ大気の量は相対的に少ない．熱エネルギーを少量の大気に集中することで，上昇を効率的に進めることができたのだろう．ただし，噴出速度がさらに小

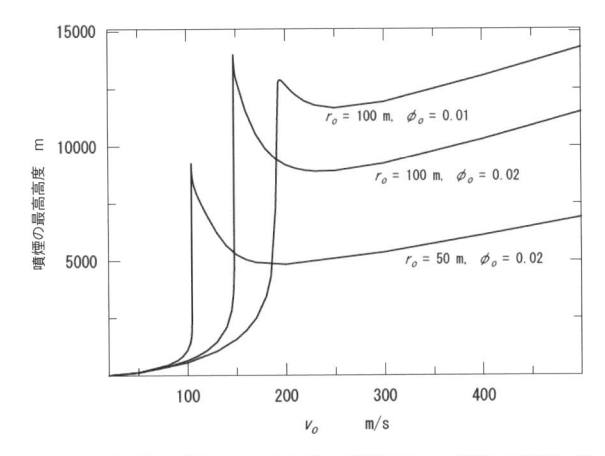

3.4 爆発的な噴火による破砕物の噴出   147

**図 3.16** 噴霧流が到達する最高高度と噴出速度 $v_0$ の関係［例題 3-C］
噴出時の半径 $r_0$ と気体成分の質量の割合 $\phi_0$ の 3 組の組み合わせについて示す．火口は $z_0 = 0$ の位置におき，噴出温度として $T_0 = 1{,}200\,\mathrm{K}$ を仮定した．$v_0$ の大きい側（右）が噴煙，小さい側（左）が火砕流を表す．

さくなると，浮力の発生に必要な最低限の大気量が確保できなくなり，火砕流の状態に移行する．

図 3.18 は噴出温度 $T_0$ が 1,000 K，1,200 K，1,400 K のときの計算結果を比較する．火口は $z_0 = 0$ の位置におかれ，他の噴出条件は共通で $r_0 = 100\,\mathrm{m}$，$v_0 = 300\,\mathrm{m/s}$，$\phi_0 = 0.02$ とした．噴出温度が高くなるにつれて，浮力が低い高度で得られ，その状態が長く維持されるようになる．そのために到達高度は高くなる．

図 3.19 は火口の高度 $z_0$ が 0，2,000 m，4,000 m の計算結果を比較する．他の噴出条件は共通で $r_0 = 50\,\mathrm{m}$，$v_0 = 300\,\mathrm{m/s}$，$T_0 = 1{,}200\,\mathrm{K}$，$\phi_0 = 0.02$ とした．火口の高度の差は噴煙の状態に本質的には寄与せず，各変数の分布は高度の分だけ平行にかさ上げしたのとあまり違わない．

### d. 噴石と降灰

ここまで述べた噴煙の扱いでは，破砕されたマグマ起源の粒子は噴煙の気体部分と一緒に運動すると考えた．実際には，粒径の大きな粒子は噴出直後に噴煙から離脱し，噴石として飛んで火口近傍に落下する．それ以外の粒子も粒径の大きなものから順に噴煙から分離し，最終的には大部分が火山灰として地表に降り積もる．以下にこのような粒子の運動を考察しよう．

解析のために直交座標系を導入して，$x$ 軸を東向き，$y$ 軸を北向き，$z$ 軸を上

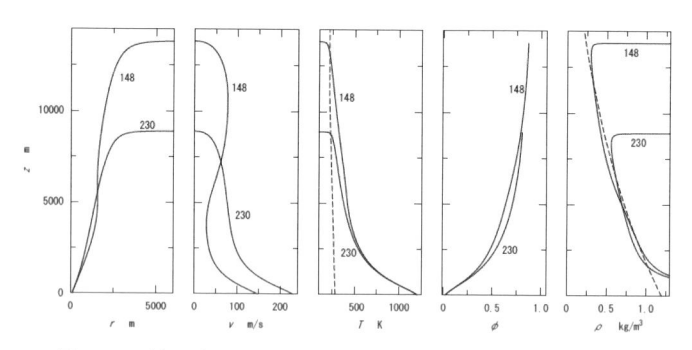

**図 3.17** 図 3.15 で噴煙の高度が極大になる状態（$v_0 = 148\,\text{m/s}$）と極小になる状態（$v_0 = 230\,\text{m/s}$）の比較 ［例題 3-C］
火口は $z_0 = 0$ の位置におき，共通に $r_0 = 100\,\text{m}$，$T_0 = 1{,}200\,\text{K}$，$\phi_0 = 0.02$ とした．

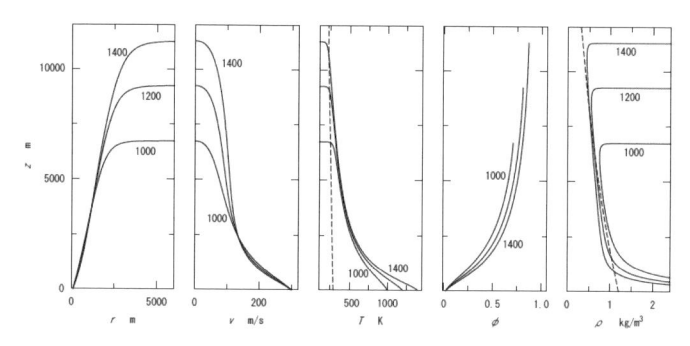

**図 3.18** 噴煙の状態に対する温度の効果 ［例題 3-C］
噴出時の温度 $T_0$ が 1,000 K，1,200 K，1,400 K の場合を比較する．火口は $z_0 = 0$ の位置におき，共通に $r_0 = 100\,\text{m}$，$v_0 = 300\,\text{m/s}$，$\phi_0 = 0.02$ とした．

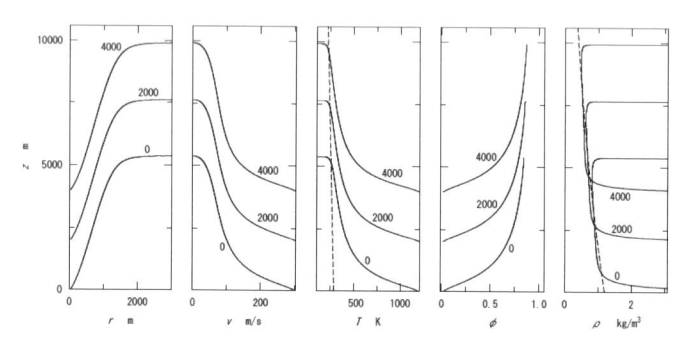

**図 3.19** 噴煙の状態に対する火口の高度 $z_0$ の効果 ［例題 3-C］
$z_0$ が 0，2,000 m，4,000 m の場合を比較する．共通に $r_0 = 50\,\text{m}$，$v_0 = 300\,\text{m/s}$，$T_0 = 1{,}200\,\text{K}$，$\phi_0 = 0.02$ とした．

向きにとり，座標原点は火口の中心を地表面に投影した位置におく．噴煙を含む大気の流れ場は，上の計算で得られた噴煙の定常解を基礎にして水平方向の風を重ね合わせ，噴煙の上昇部，傘型領域，外部に分けて異なる条件を設定する．大気の流速の $x$, $y$, $z$ 成分を $u_x$, $u_y$, $u_z$, 密度を $\rho$ として，それを3つの領域でどう設定するかをまず述べる．

中緯度で卓越する偏西風を想定して，風は $x$ 方向の流速成分のみをもち，その大きさ $u$ は高さ $z_1$ より上の成層圏では一定速度 $u_1$ になり，対流圏では地表の速度 $u_0$ まで $z$ とともに直線的に下がるものとする．噴煙の外部では，この風に対応して流速は $u_x = u$, $u_y = u_z = 0$ となり，密度には式（3.49）から噴煙の外部条件として計算した $\rho_e$ を用いる．

噴煙の上昇部は風の効果を考慮して領域の範囲を修正する．すなわち，噴煙の中心は風に流されて $x = 0$ から次の $x_p$ の位置にずれると考える．

$$x_p = \int u \, dt \tag{3.52}$$

風の流速 $u$ は $z$ の関数であるが，$z$ と時間 $t$ の関係が噴煙の計算時に式（3.48）から得られるので，それを利用して $t$ と結びつけて式（3.52）の積分を実行する．積分の範囲は $t = 0$（火口直上）から所定の $z$ に対応する時間までである．

噴煙の定常解は最高高度の付近で実態を表さなくなるので，噴煙上昇部として定常解を適用する高さに上限 $z_m$ を設ける．最高高度に近づくと半径 $r_p$ が急増することを考慮して，$z_m$ には噴煙の拡大速度 $dr_p/dt = v_p (dr_p/dz)$ が上昇速度 $v_p$ と等しくなる高さを選ぶことにする．噴煙上昇部の範囲は噴煙の中心 $(x_p, 0, z)$ からの水平距離を $r$，火口の高さを $z_0$ として，$r < r_p$, $z_0 < z < z_m$ となる．

この噴煙上昇部では，密度は噴煙の計算で得られた $\rho$ の値をそのまま用いる．流速は定常解で得られた上昇速度 $v_p$ を使って次のように設定する．

$$u_x = u + \frac{x - x_p}{r_p} \frac{dr_p}{dt}, \quad u_y = \frac{y}{r_p} \frac{dr_p}{dt}, \quad u_z = v_p \tag{3.53}$$

水平方向の速度には噴煙の半径が拡大する効果を考慮した．

高さが $z_m$ より上には傘型領域を設け，その性質は，噴煙上昇部の高さの上限 $z_m$ で計算された噴煙の中心位置 $x_m = x_p$, 半径 $r_m = r_p$, 上昇速度 $v_m = v_p$ などを用いて決める．傘型領域の厚さ $h$ は半径の半分（$r_m/2$）とし，密度は $z_m$ における噴煙上昇部の密度と同じ値を一様に設定する．

傘型領域では，流速の鉛直成分は高さ $z_m$ で $v_m$，$z_m + h$ で 0 にし，その間は直線的に内挿する．さらに，高さ $z_m$ から流れ込む噴煙の流量と釣り合うような放

射状の水平流を導入する．要約すれば傘型領域の流速は以下のように表される．

$$u_x = u + \frac{(x-x_m)u_m}{r_m}, \quad u_y = \frac{yu_m}{r_m}, \quad u_z = \frac{(h+z_m-z)v_m}{h} \quad (r<r_m)$$

$$u_x = u + \frac{(x-x_m)r_m u_m}{r^2}, \quad u_y = \frac{yr_m u_m}{r^2}, \quad u_z = 0 \quad (r>r_m) \tag{3.54}$$

$r=r_m$ における水平流速 $u_m$ は質量の保存から $v_m$ と等しくなる．

粒子の運動に話題を移そう．火口から噴出する粒子には，浮力の他に大気との速度差 $(\Delta v_x, \Delta v_y, \Delta v_z)$ に依存する抵抗力が働く．粒子の位置を $(x, y, z)$，平均密度を $\rho_a$ として，運動方程式は次のように書かれる．

$$\frac{d^2x}{dt^2} = -F\frac{\Delta v_x}{v}, \quad \frac{d^2y}{dt^2} = -F\frac{\Delta v_y}{v}, \quad \frac{d^2z}{dt^2} = -\frac{g(\rho_a-\rho)}{\rho_a} - F\frac{\Delta v_z}{v} \tag{3.55}$$

ここで $t$ は時間，$g$ は重力加速度，$F$ は単位質量あたりに働く抵抗力の大きさである．粒子の周辺に分布する大気の密度 $\rho$ は，噴煙の内部と外部で異なるが，$\rho_a$ よりずっと小さいので，浮力にはほとんど影響しない．速度差は次のように書かれる．

$$\Delta v_x = \frac{dx}{dt} - u_x, \quad \Delta v_y = \frac{dy}{dt} - u_y, \quad \Delta v_z = \frac{dz}{dt} - u_z$$

$$v^2 = (\Delta v_x)^2 + (\Delta v_y)^2 + (\Delta v_z)^2 \tag{3.56}$$

粒子が半径 $a$ の球であり，そのまわりの流れが層流である場合には，ストークスの法則（1.27）に従って抵抗力は次のように表現される．

$$F = \frac{9\eta}{2a^2\rho}v, \quad R = \frac{2a\rho v}{\eta} < 1 \tag{3.57}$$

$\eta$ は大気の粘性率である．この表現は第2式で定義されるレイノルズ数 $R$ が1程度より小さいときに成立する．

空気の密度は約 $1\,\mathrm{kg/m^3}$，粘性率は約 $10^{-5}\,\mathrm{Pa\cdot s}$ であり，粒子の半径 $a$ は数十cm～数十m，粒子の速度 $v$ は数～数百m/sの範囲で変動するので，$R$ は $10^4$ より大きくなり，抵抗力に式（3.57）は適用できない．このような状況下では，粒子の背後に渦ができて流れは乱流になり，抵抗力は次のように書くほうが実用的である（有田，1998）．

$$F = \frac{3C_D}{8}\frac{v^2}{a} \tag{3.58}$$

ここで $C_D$ は抵抗係数とよばれる無次元量で，ほぼ0.1程度の値をとるが，レイ

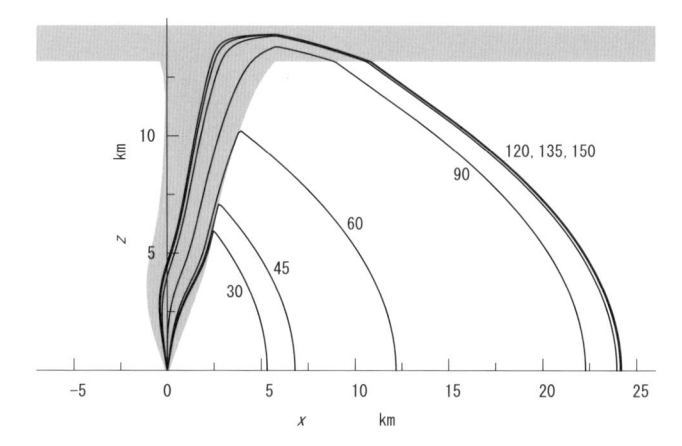

**図 3.20** 火口から放出された粒子の軌跡［例題 3-D］

放出された角度（単位は°）は $x$ 軸の正の方向を基準に上向きに測る．粒子の半径 0.5 m と初速度 200 m/s は共通である．噴煙（影をつけた領域）の状態は図 3.17 で考察した噴出速度 148 m/s の計算結果から決めた．風は成層圏では $x$ 方向に流速 20 m/s で吹き，高さとともに地表の 0 まで直線的に減少する．

ノルズ数や粒子の形にも依存するので，完全な定数ではない．

現実の大気は粒子が飛来する前にも静止しているわけではなく，特に噴煙内部は乱流状態にある．さらに，粒子は他の粒子と衝突などの相互作用をする．これらの効果のために，抵抗力は時間空間的に変動して粒子の運動にゆらぎをもたらす．この問題は拡散過程などで定式化できるが，ここでは立ち入らない．

### e. 降灰の計算例

運動方程式（3.55）を数値的に解く標準的な方法は，それを $x$, $y$, $z$, $v_x = dx/dt$, $v_y = dy/dt$, $v_z = dz/dt$ の 6 変数に関する 1 次の連立微分方程式に書き直して積分することである．式（3.53）と式（3.54）で設定する大気の流れ場には噴煙上昇部，傘型領域，周辺大気の間に不連続があるので，数値積分を安定にするために時間刻みは十分に短く選ぶ必要がある．

以下の計算例では，噴煙には図 3.17 で考察した噴出速度 148 m/s の計算結果を用い，風の場は $u_1 = 20$ m/s，$u_0 = 0$ で設定する．噴煙は，$x$-$z$ 断面で見ると，図 3.20〜3.22 の影をつけた範囲で示す形状をとる．この図で上部の長方形の範囲が傘型領域である．粒子の運動に関与する定数は $g = 9.81$ m/s$^2$，$\rho_a = 2{,}200$ kg/m$^3$，$C_D = 0.1$ とする．

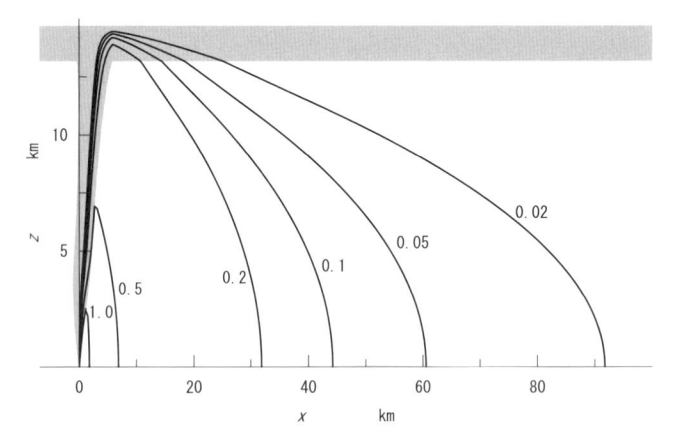

**図 3.21** 粒子の軌跡の半径（単位は m）への依存性［例題 3-D］
粒子の初速度は 200 m/s，放出された角度は 45°である．噴煙（影をつけた領域）と風の状態は図 3.17 で用いたのと同じものである．

粒子が高さ 0 の火口の中心から噴出することを想定して，初期条件は粒子の位置については $x=y=z=0$ とする．速度については次のように任意の初期条件を許容する．

$$v_x = v\cos\theta\cos\varphi, \quad v_y = v\cos\theta\sin\varphi, \quad v_z = v\sin\theta \quad (t=0) \quad (3.59)$$

$v$ は初速度の大きさ，$\theta$ は放出方向を $x$ 軸方向から測った仰角，$\varphi$ は水平面内で $x$ 軸から $y$ 軸に向けて測った方角を表す角度である．

図 3.20 は半径 $a$ が 0.5 m の粒子がさまざまな仰角 $\theta$ で放出されるときに描く軌跡で，各曲線につけられた数値が度で表した仰角である．水平面内の方角 $\varphi$ は 0（$x$ 軸方向），初速度の大きさ $v$ は 200 m/s に固定する．粒子は噴出直後から噴煙によって上方に運ばれるが，仰角が小さいと噴煙から間もなく離脱して，地表には火口近傍に落下する．仰角が大きくなると，粒子は傘型領域まで運び上げられて水平に移動するので，地表の落下地点はずっと遠方になる．特に，真上か風上側に放出された粒子は，仰角にほとんど依存せずに類似の軌跡をたどり，落下地点にも違いが少ない．

図 3.21 は半径 $a$ への依存性で，各曲線につけた値が半径（単位は m）である．粒子の初速度 $v$ は 200 m/s，仰角 $\theta$ は 45°，方角 $\varphi$ は 0 に固定した．粒径の大きい粒子は噴煙上昇部から飛び出して火口近傍に落下するが，粒径が小さくなると運動が噴出直後に上方に曲げられ，粒子は傘型領域を通って遠方に運ばれる．地表に落下するまでにかかる時間は粒子が小さくなるほど長くなり，半径が 1 m の

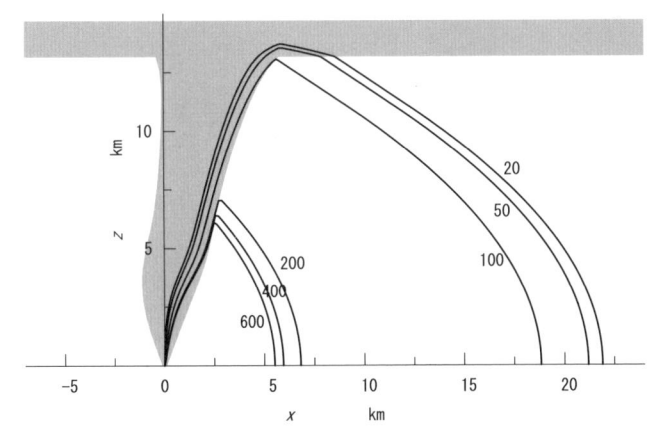

**図 3.22** 粒子の軌跡の初速度（単位は m/s）への依存性［例題 3-D］
粒子の半径は 0.5 m，放出された角度は 45°である．噴煙（影をつけた領域）と風の状態は図 3.17 で用いたのと同じものである．

ときは 240 s，半径が 0.02 m のときは 6,660 s である．

図 3.22 は粒子の初速度 $v$（曲線につけた値の単位は m/s）の効果で，粒子の半径 $a$ は 0.5 m，仰角 $\theta$ は 45°，方角 $\varphi$ は 0 に固定した．粒子の初速度が噴煙の噴出速度（148 m/s）より小さい場合は，粒子の運動は噴煙の流れにほぼ完全に支配され，傘型領域を通って遠方に運ばれる．初速度が十分に大きくなると，粒子は噴煙上昇部から飛び出し，火口の近傍に落下する．このように，落下地点は初速度によって火口近傍と遠方に二分される傾向をもつ．初速度が小さくなるほど粒子が遠方に到達するのは逆説的である．

図 3.21 と図 3.22 では仰角 $\theta$ は 45°に固定した．放出方向がさらに鉛直に近づくか風上側になると，粒子が噴煙上昇部から離脱することが難しくなり，粒子は傘型領域を経由して遠方まで運ばれるようになる．この場合，粒子の軌跡は初速度にほとんど依存せず，地表には火口から類似な距離に落下するようになる．

図 3.23 は，水平面内の放出方向 $\varphi$ をさまざまに変えて地表の落下地点がどう分布するかを見る．仰角 $\theta$ は 45°に固定し，粒子の半径 $a$ は 1 m，0.3 m，0.1 m の場合を比較する．いずれも落下地点は火口の東側に限られる．半径が 1 m の場合には，$\varphi$ が $-130°$〜$130°$のときに粒子が噴煙上昇部から離脱するので，落下地点は広く分布する．粒子が小さくなると，$\varphi$ にかかわらずに粒子は傘型領域に達し，落下地点も類似の範囲に集中する．落下までにかかる時間は，半径が 1 m の

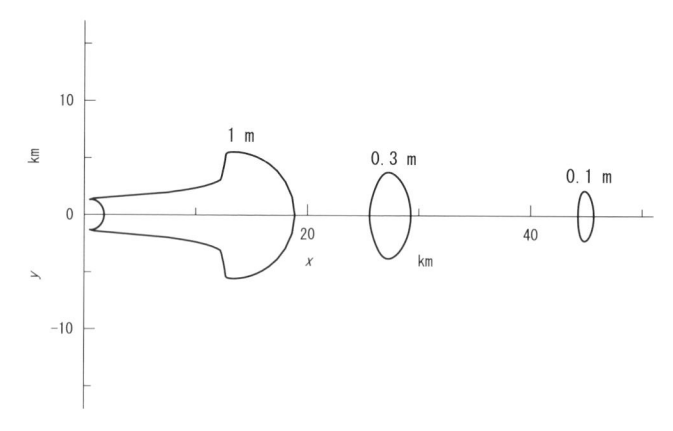

**図 3.23** 火口からさまざまな方角に放出された粒子の落下地点 ［例題 3-D］
粒子の半径が 1 m，0.3 m，0.1 m の場合を示す．放出された方向は水平面から 45°上向きである．噴煙と風の状態は図 3.17 で用いたのと同じものを用いた．

場合は 241〜1,537 s，0.3 m の場合は 1,869〜2,021 s，0.1 m の場合は 3,110〜3,181 s である．

以上のように，火口から噴煙とともに噴出する粒子の軌跡は，粒径が大きくても噴煙に強く引っ張られ，空中を自由に飛ぶ場合とかなり異なる．風上側に放出された粒子は噴煙に高くまで運び上げられて風に流されるので，粒子の風上側への着地は起こりにくい．噴煙の流れや風の影響は粒子が小さくなるほど強まり，落下地点は風下側の遠方になる．

## 3.5 噴火に関するシミュレーションの現状と課題

研究の最前線で問題になっていることや防災への活用を含めて，噴火に関連するシミュレーションの現状と課題を概観する．テーマは，前節までの構成に沿って，マグマ上昇過程，溶岩流，爆発的な噴火による噴出の順に取り上げる．

### a. マグマ上昇過程

マグマ上昇過程に関するシミュレーションは，噴火予知の重要な手段となることが期待されるが，現状では十分な予測能力をもつまでに至っていない．そのおもな原因は，マグマの上昇を支配する個々の物理過程（素過程）に不明な点が少なくないことと，初期条件や境界条件の設定に必要な地下の状態が十分な精度で

わかっていないことにある.

上昇過程に関与する素過程で特に不確定性が大きいのは，マグマから揮発性成分が抜ける脱ガスの機構である．脱ガスは噴火が爆発的になるかどうかを支配する基本的な過程であるが，それをもたらすマグマ中の揮発性成分の移動がどんな様式で，またどんな駆動力で生ずるかが特定できていない．

揮発性成分はマグマに溶解する状態でも濃度勾配を解消するように拡散で移動しうる．しかし，拡散にかかる時間はきわめて長いので，拡散が脱ガスに重要な寄与をする可能性は低い．揮発性成分が液体マグマから分離して気体になると，もっと効率的な移動が可能になる．その1つは気泡が液体マグマ中を移動する方法で，移動速度は気泡の半径が大きいほど，また液体マグマの粘性率が小さいほど大きくなる．移動の駆動力は上下方向には浮力があげられるが，水平方向については明確でない．

揮発性成分の移動機構として有力視されているのは浸透流である．浸透流は気体成分がマグマ中に分布する微小な空隙に沿って移動する機構で，気体成分が受ける圧力勾配に駆動される．浸透流の流量は通路となる空隙の量や状態を表現する浸透率によって決められる．天然の噴出物や擬似物質を用いた室内実験などに基づいて，マグマの浸透率 $\kappa$ には次の実験式が提案されている（Rust and Cashman, 2004）．

$$\kappa = C(\psi - \psi_p)^n \ (\psi > \psi_p) \ ; \ \kappa = 0 \ (\psi < \psi_p) \tag{3.60}$$

ここで $\psi$ は気体がマグマ中で占める体積の割合である．定数 $C$ は $10^{-16} \sim 10^{-9}\,\mathrm{m}^2$ の範囲にあると見積もられる．無次元の定数 $\psi_p$ と $n$ には $\psi_p = 0.3$ で $n = 2$ と，$\psi_p = 0$ で $n = 3$ の組み合わせがよく用いられる．

揮発性成分が浸透流で移動するとして，脱ガスの駆動力となる圧力勾配はどのように生じるのだろう．圧力勾配は鉛直方向には気体成分と液体部分の密度差によって生み出される．水平方向には，通路の中心から両端にかけて分布する流速の勾配が気泡の膨張速度の差を通して圧力勾配を生み出すとする解析がある（Ida, 2007）．この解析結果によれば，浸透率は各深さにおけるマグマ上昇速度の平均値に比例する．

浸透率には増圧と減圧の過程でヒステリシスが認められており，それは式（3.60）のような可逆的な関係式では表現できない．また，固化した噴出物などを用いた浸透率の測定データが液体状態のマグマに適用できるかどうかも問題視されている．これらの問題の究明は今後の研究に待たれる．

マグマ上昇流は破砕によって気泡流から噴霧流に転移するが，破砕がどのよう

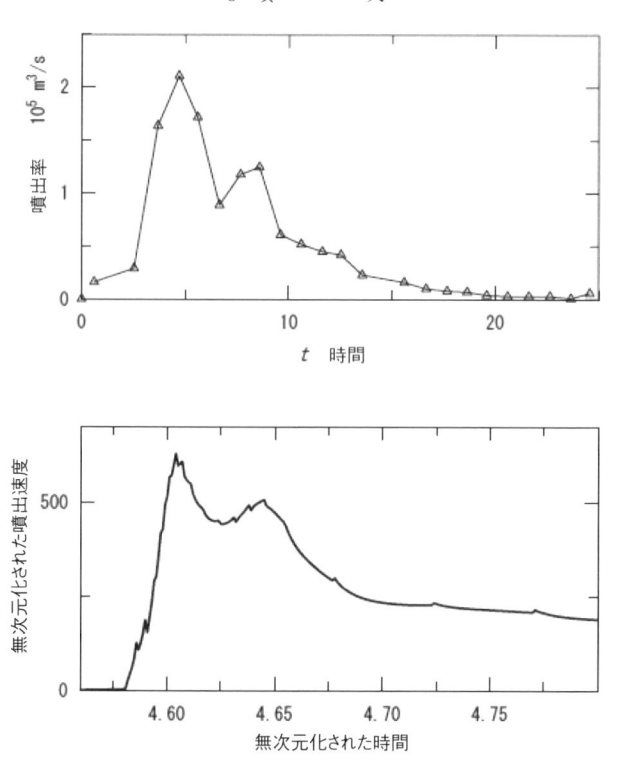

**図 3.24** マグマの噴出速度の時間変化（Ida, 2010）
爆発的噴火についてのシミュレーション結果（下）を 1991 年ピナツボ噴火の実測（上）と比較する．

に起こるかについても議論がある．破砕の機構としては，マグマがガラス状になって固体と同じような脆性破壊を起こす機構や，液体状態のマグマが気体成分の膨張で引きちぎられる機構が提案されている．条件に応じて異なる機構が働く可能性もある（Ichihara et al., 2002）．

　マグマ上昇過程のシミュレーションは多くが 3.2 節で述べたのと類似な 1 次元定常モデルに基づく（Woods and Koyaguchi, 1994 など）．計算には通常マグマだまりなどの深部の圧力や流速が仮定され，それが地表の境界条件と調和する解が探される．地表の境界条件としては，マグマの圧力が大気圧に一致する条件の他に，噴火時に衝撃波が生ずる場合のようにマグマの流速が音速に達する条件が考えられる．

　マグマ上昇過程の非定常な変化も計算されるようになった．図 3.24 は，マグ

マだまりの圧力が十分に高まったときにマグマの上昇が始まるとして，上昇流の大局的な時間変化を1次元モデルで計算した例である（Ida, 2010）．この計算によると，マグマの噴出は噴火初期が最も活発で，その後衰えていく．この傾向は実際の噴火でも観測されている．

マグマ上昇過程のシミュレーションではマグマの破砕を気体成分の体積分率で定式化することが多いが，爆発による圧力変化がマグマ中を高速で伝播する解から見ると，破砕はマグマの粘性が高いときは脆性破壊により，粘性が低いときは膨張に支配される（Koyaguchi and Mitani, 2005）．ブルカノ式噴火で見られる突発的な爆発と，プリニー式噴火のような定常的な噴霧流の形成では，破砕機構も異なる可能性がある．

ストロンボリ式噴火のような間欠的な小爆発の繰り返しは，通常間欠泉のモデルに基づいて解析される．その考えに従えば，上昇通路の浅部で加熱されたマグマが発泡によって不安定になり，ある時点でまとまって噴出して噴火を起こす．次の噴火の発生には失われたマグマの補給が必要であり，補給と加熱に要する時間が噴出の周期を決める．

マグマ上昇過程の計算を個々の火山の実態に合わせて行うには，マグマだまりや通路の位置，大きさ，形状などの情報に加えて，マグマだまりの圧力，揮発性成分の含有量などのデータが必要になる．これらの情報が十分な精度で得られている例は少ないが，火山の具体的な状況や固有な問題に合わせてシミュレーションをすることは今後の重要課題になるだろう．

### b．溶 岩 流

溶岩流はマグマ起源の高粘性の液体が山腹などの斜面に沿って重力で流下する現象である．粘性が高いために流れは層流になると期待され，計算が比較的容易な現象とも思える．現実には，流れが冷却や固化と競合しながら進行することや，粘性率などの流動物性が条件によって多様に変化することから，溶岩流には単純な重力流では対処しきれない問題がさまざまある（井田・谷口，2009, p.131）．

溶岩の流動性は通常の粘性流体よりもビンガム流体で適切に表現できると考えられている．ビンガム流体は降伏応力をもち，流れに加わる応力が降伏応力を超えたときに，その差に比例するような流動が生ずる．ただし，溶岩流の流動を表現する各種の定数は，温度，揮発性成分量，晶出した結晶の量などに強く依存する．

溶岩流の形態は一般にかなり複雑である．流れが先端で止められた後もマグマ

の供給が続くと，溶岩は別の通路をつくって溶岩流を発達させる．そのためにひと続きの連続的な流れ（シンプル流れ）は分断され，全体はシンプル流れが集まった複合流れになる．地下に溶岩トンネルが形成され，そこを通過して遠方に運ばれた溶岩が既存の溶岩流の内部や周辺から流出することもある．このような多様性にシミュレーションは簡単には対応できない．

溶岩の固化や複雑な流動物性を考慮すると，溶岩流の形成過程の計算はシンプル流れについても簡単ではない．計算に必要な定数を適切に設定することが難しい上に，計算がしばしば不安定になるからである．そのために，溶岩流のシミュレーションは，通常の物理現象の扱いのように質量，運動量，エネルギーの保存則を積分する形では実行しにくい．

その代わりに，セル・オートマトンとよばれる離散系のモデルを基礎にする計算方法がよく採用される（Crisci et al., 2004）．この方法は対象とする地域を細かいセルに分割し，それぞれのセルに地形の高度，溶岩の厚さ，温度，隣接セルへの流量などの変数を割り振る．セル内部の変数変化とセル間の相互作用は「規則」として決め，その規則に従って次の時間ステップの状態を順次計算していく．規則は任意に設定でき，物理法則に従うものでも人為的なものでもかまわない．

放射冷却などによる溶岩の温度変化はセル内部の規則として扱われる．セル間の溶岩の出入りは相互作用とみなされ，通常は隣接するセル間でのみ考慮される．溶岩流の流量は高度や層厚の違いに応じて決まるが，粘性流動などの物理過程を溶岩の動きやすさなどに関する経験法則で代用することによって規則が簡略化でき，併せて計算の安定化が図れる．

図 3.25 はこの方法を用いた計算例で，対象はエトナ山（イタリア）の 1991～1993 年噴火による溶岩流である（Crisci et al., 2004）．計算には火口の位置とそこから噴出する溶岩流量の実測値が使われており，図は計算結果（a）を実際の溶岩流の分布（b）と比較する．この計算には対象地域を格子状に埋め尽くす正方形のセルが使われているが，それを六角形のセルに置き換えると実際の分布との一致が改善されるという．

溶岩流は地形から強い制約を受けるので，その流域は地形のみからかなり高い精度で推測できる（Favalli et al., 2005）．火口から地形の傾斜が一番険しい方向をたどり，地形がくぼ地に達するか長さが所定の最大値になるまで下ると，その軌跡が溶岩の予測流路となる．各地点の高さが乱数的にゆらぐとして，流路の追跡をゆらぎの 20,000 組の組み合わせに対して実行し，結果を重ね合わせたのが図 3.26 に描かれた流域である．対象地域はエトナ山で，解析結果（色づけされ

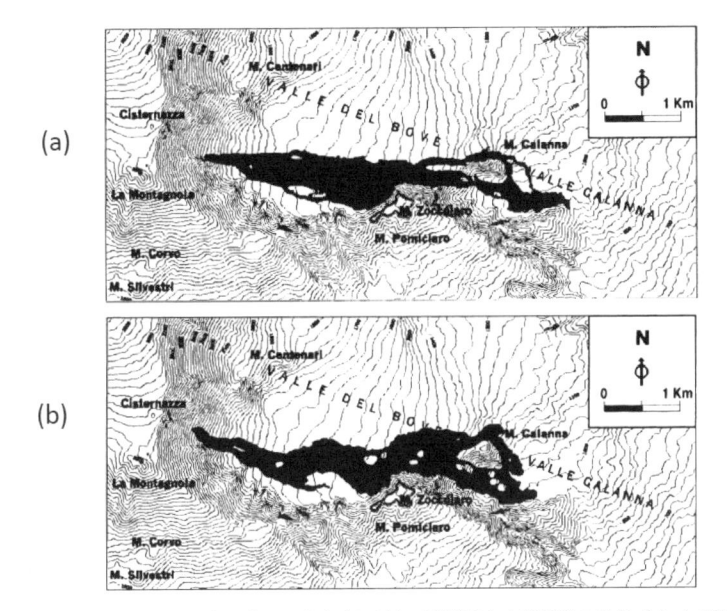

**図 3.25** セル・オートマトン法でエトナ山に対して計算された溶岩流の分布 (a) と 1991～93 年噴火による実際の溶岩流の分布 (b) (Crisci *et al*., 2004) 計算には火口から噴出する溶岩流量の実測値が使われている．

た範囲) は 1992 年の 3 回の噴火の流域 (輪郭を曲線で示す) と比較される．

　この計算で重要なパラメータは，地形の各点でゆらぎとして許容する高さの範囲である．ゆらぎの原因には，標高の観測値の誤差と溶岩流の厚さの効果があるので，ゆらぎの許容範囲はその両方を考慮して決められる．図 3.26 の場合にはゆらぎの範囲として 3 m が使われた．

　このように溶岩流の流域は地形のみからも概要が予測できるが，それは物理的には溶岩流の各部分がほぼ定常状態にあって，流れが重力と粘性抵抗の釣り合いで実質的に決まるからである．一方で，溶岩流が形成される物理過程を具体的に考慮しても，溶岩流の複雑な形態や発達過程はなかなか再現できない．そこにこの問題の奥の深さが感じられる．

### c. 爆発的な噴火

　爆発的な噴火で生ずる噴霧流は，浮力を獲得すると噴煙として大気中を上昇し，獲得できないと火砕流として山腹を流下する．噴煙からはマグマ起源の粒子が粒径によって順次分離し，火山灰などの降下火砕物として地表に堆積する．火砕流

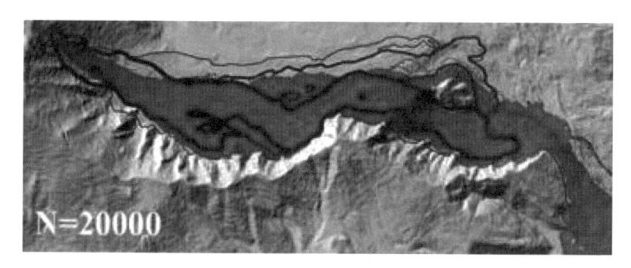

**図 3.26** 地形の傾斜をたどって決められた溶岩流の流域（Favalli *et al.*, 2005）（口絵 5 参照）各地点の標高に最大 3 m のゆらぎをランダムに与えて 20,000 回流路を追跡し，重ね合わされた範囲（色づけた範囲）を流路とした．実線はエトナ山 1992 年の 3 回の噴火で実測された溶岩流の輪郭である．

の場合は，粒子は噴霧流に含まれた状態のまま地表に沿って移動し，流走しながら順次堆積する．噴煙も火砕流も火山災害の深刻な原因となるので，予測のためにさまざまな試みがなされてきた．

噴煙が到達する高さ（最高高度）は噴火の規模を表す指標になる．さまざまな規模の噴火データを比較すると，噴煙の高さには火口からの噴出流量（単位時間に噴出する空隙を除いたマグマ実質部分の体積）と相関が認められ，高さが 10 km まで上がる噴煙はだいたい $10^3 \, \mathrm{m^3/s}$ の噴出流量をもつ（下鶴ほか，2008，p.120）．噴煙の定常解（3.4 節）などの解析結果も参照して，噴煙の高さは噴出流量の $(1/4)$ 乗に比例すると考えられている．

噴煙は顕著な上昇流をもつ対流領域と水平方向の流れが卓越する傘型領域からなる．噴煙から離脱した粒子は，噴煙に運び上げられる効果，風に流される効果，重力による落下運動によって降下地点が決まる．粒径が小さくなるほど，風などの大気の運動に強く影響されて遠くまで運ばれる．粒子の落下は重力の効果が噴煙の上昇と釣り合う点から始まると考えて，地表に堆積する地点を大まかに見積もることができる（Carey and Sparks, 1986）．

風の効果を強調して降灰を予測する方法に移流拡散モデルがある（新堀ほか，2010）．このモデルは粒子が重力を受けながら周辺大気の流れに運ばれ，流れのゆらぎに応じて拡散する状況を表現する．降灰量の分布は，粒径や離脱高度の異なるたくさんの粒子の運動をトレーサーとして追跡し，その落下地点を重ね合わせることによって得られる．

図 3.27（口絵 6 参照）はその計算例で，浅間山 2009 年 2 月 2 日の噴火（噴煙高度 2,000 m）による降灰量の分布を，時間（UTC は協定世界時，日時は 2 月 1 日）

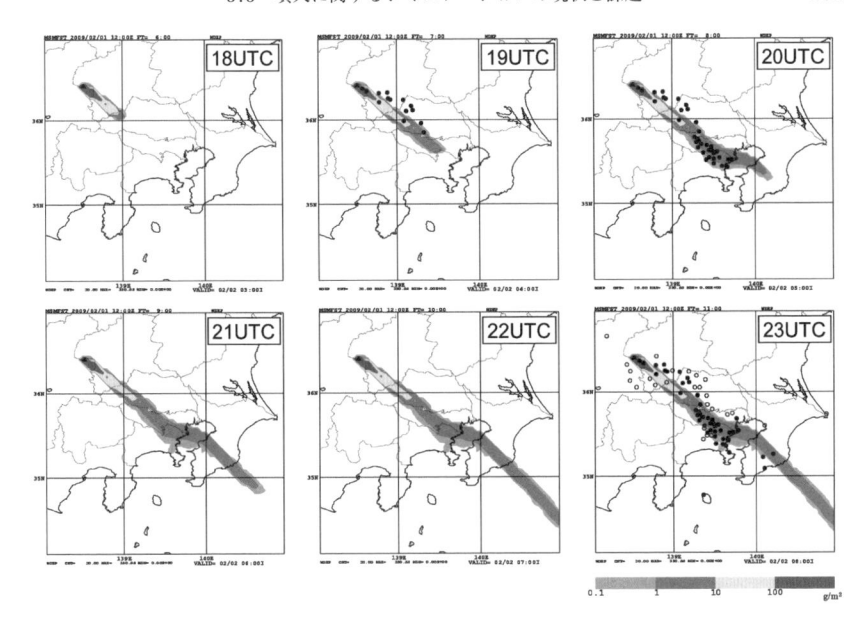

**図 3.27** 移流拡散モデルによる降灰予測の事例（新堀ほか，2010）（口絵 6 参照）
浅間山 2009 年 2 月 2 日の噴火について，降灰量の時間的な推移を降灰量で色分けして示す．黒丸は降灰が実際に観測された地点，白丸は観測されなかった地点である．

を追って示す．比較のために，この噴火で実際に降灰が観測された地点を黒丸，観測されなかった地点を白丸で記す．

　この降灰予測の方法は，天気予報のために気象モデルで計算される大気の運動を粒子の追跡に用いるので，実際の風向や風速が予測にきめ細かく反映される．しかし，噴煙高度などの限られた情報から降灰をすみやかに予測することを目的にすることもあって，粒子の初期分布は噴煙の形状や上昇速度に関するかなり粗いモデルから見積もられる．噴煙の形成が大気の運動を乱す影響も考慮されていないので，大規模な噴火の降灰予測にどれだけ適用できるかは未知である．

　火砕流の流下範囲はエネルギーコーンを用いた簡易な方法でよく見積もられる（下鶴ほか，2008，p.380）．この方法は摩擦を受ける質点の運動で火砕流を近似し，流下を始める高度で保有する位置エネルギーが摩擦で失われて運動が止まる点から流下距離を決める．ただし，質点の運動が実際の地形に沿って追跡されるとは限らず，多くの場合は平均的な摩擦係数を仮定して，流下地点のまわりの各方向について運動が止まる距離と高さを地形だけから判定する．

火砕流を粒子の集合体（粉体）で近似して，その運動を個別要素法などの粒子法で計算する方法もある．この計算では，火砕流を構成する粒子群は，互いに接近しすぎないように反発力などを及ぼし合い，重力下で地面から摩擦を受けながら流下する．この方法は火砕流の実態を必ずしもきちんと表現するとはいえないが，地形を適切に考慮し，反発力の強さや摩擦の大きさなどを調整すると，現実の火砕流の分布と調和的な計算結果が得られる．

火口から噴出する噴霧流は場所や時間とともに激しく変動する乱流状態の流れである．それを3次元の流体運動としてきちんと計算すれば，周辺大気の取り込み，マグマ起源の粒子の分離，噴煙と火砕流の分岐などの基本的な過程が人為的な仮定なしに表現できるはずである．このような計算は大規模で長い計算時間を要するが，コンピュータと計算技術の発達で実行が可能になってきた．

その先駆的な計算（Suzuki et al., 2005）は比較的単純な枠組みで行われた．流体の圧縮性は考慮されるが，粘性は実効的な渦粘性よりずっと小さいとして無視される．マグマ起源の粒子と気体成分の相対速度も無視されて，噴霧流は均一な混合流体とみなされる．このような単純化をしても，格子間隔を十分に小さく選ぶと，数値ノイズが種になって乱流状態の噴霧流が再現され，乱流混合による周辺大気の取り込み量がエントレインメント定数（3.4節a項）から見積もられる量と整合的であることが示される．

噴霧流中の粒子と気体成分の相対運動を考慮するシミュレーションも行われている（Ongaro et al., 2007）．この計算では，粒子としては粒径分布を代表する何種類かが考慮され，乱流状態の流れは格子間隔より小さい流れを平均化するラージ・エッディ・シミュレーション法（LES法）で扱われる．粒子と気体成分は速度差に応じて力を及ぼし合い，温度差に応じて熱をやりとりする．

図3.28（口絵7参照）はベスビオ山（イタリア）山頂火口からの噴出を想定する計算例である（Ongaro et al., 2007）．計算には火口周辺の地形が考慮され，密度$6.3\,\mathrm{kg/m^3}$，温度$1{,}223\,\mathrm{K}$の噴霧流が$5\times10^7\,\mathrm{kg/s}$の割合で噴出されると仮定される．計算に用いられた格子間隔は水平方向には約700 m，鉛直方向には50 mである．

この図では，噴火開始から100 sと440 s経過したときの噴煙の状態が，粒子の体積分率が$10^{-4}$（内側の色の濃い面）と$10^{-6}$（外側の色の薄い面）に一致する2つの面の分布で表現される．時間の経過とともに，噴煙の上部には傘型領域が発達し，下部では崩壊した噴霧流が火砕流を生み出すことが見られる．

このように噴煙や火砕流の予測に3次元の流体計算を応用することが可能にな

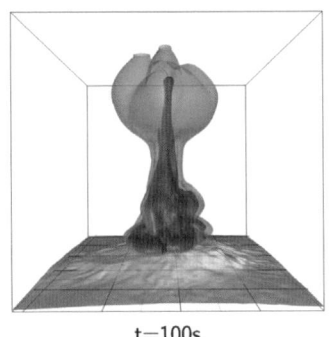

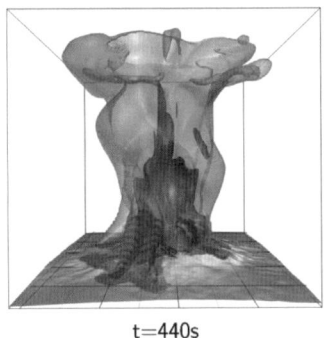

3.5 噴火に関するシミュレーションの現状と課題

**図 3.28** 3次元の流体計算による噴煙と火砕流の形成過程（Ongaro *et al.*, 2007）（口絵7参照）噴霧流の状態は粒子の体積分率が $10^{-4}$（内側の濃い面）と $10^{-6}$（外側の薄い面）をもつ2面の分布で表現する．噴火はベスビオ山の山頂火口から $5\times10^7\,\mathrm{kg/s}$ の噴出率で起こったと想定する．

りつつある．ただし，実用的な火砕流や降灰の予測には，乱流の扱いや粒子と周辺大気間に働く力の表現をさらに精度の高いものにする必要があろう．降灰予測には風の効果の考慮が不可欠なので，計算領域を降灰の及ぶ範囲にわたって広げることも求められる．

以上はほぼ定常的に噴霧流を噴出するプリニー式噴火を考察の対象にしてきたが，噴火には噴石を飛ばして爆風を発する突発的な爆発もある．爆風は衝撃波の扱いに沿って計算されてきた（井田・谷口, 2009, p.151）が，原因となる圧力がどのように発生するかは未知である．マグマ上昇過程と関連させて解明を進めることが今後の課題となろう．

### 引用文献

有田正光：流れの科学，東京電機大学出版局，235pp., 1998.

Carey, S., and Sparks, R. S. J.: Quantitative models of the fallout and dispersal of tephra from volcanic eruption columns, *Bull. Volcanol.*, **48**, 109-125, 1986.

Crisci, G. M., Rongo, R., Gregorio, S. D., and Spataro, W.: The simulation model SCIARA : the 1991 and 2001 lava flows at Mount Etna, *J. Volcanol. Geotherm. Res.*, **132**, 253-267, 2004.

Favalli, M., Pareschi, M. T., Neri, A., and Isola, I.: Forcasting lava flow paths by a stochastic approach, *Geophys. Res. Lett.*, **32**, L3305, doi.10.1029/2004GL021718, 2005.

日野幹夫：流体力学，朝倉書店，469pp., 1992.

Ichihara, M., Rittel, D., and Sturtevant, B.: Fragmentation of a porous viscoelastic material : Implications to magma fragmentation, *J. Geophys. Res.*, **107**, doi：10.1029/2001JB000591, 2002.

Ida, Y.: Driving force of lateral permeable gas flow in magma and the criterion of explosive and effusive eruptions, *J. Volcanol. Geotherm. Res.*, **162**, 172-184, 2007.

Ida, Y.: Dependence of volcanic systems on tectonic stress conditions as revealed by features of volcanoes near Izu peninsula, Japan, *J. Volcanol. Geotherm. Res.*, **181**, 35-46, 2009.

Ida, Y.: Computer simulation of time-dependent magma ascent processes involving bubbly and gassy flows, *J. Volcanol. Geotherm. Res.*, **196**, 45-56, 2010.

井田喜明・谷口宏充編：火山爆発に迫る，東京大学出版会，225pp., 2009.

Koyaguchi, T., and Mitani, N. K.: A theoretical model for fragmentation of viscous bubbly magmas in shock tubes, *J. Geophys. Res.*, **110**, B10202, doi：10.1029/2004JB003513, 2005.

McKenzie, D.: The generation and compaction of partially molten rock, *J. Petrol.*, **25**, 713-765, 1984.

Murase, T., and McBirney, A. R.: Properties of some common igneous rocks and their melts at high temperatures, *Geolo. Soc. Amer. Bull.*, **84**, 3563-3592, 1973.

Ongaro, T. E., Cavazzoni, C., Erbassi, G., Neri, A., and Salvetti, M. V.: A parallel multiphase flow code for the 3D simulation of explosive volcanic eruptions, *Parallel Comput.*, **33**, 541-560, 2007.

Rust, A. C., and Cashman, K. V.: Permeability of vesicular silicic magma：Inertial and hysteresis effects, *Earth Planet. Sci. Lett.*, **228**, 93-107, 2004.

下鶴大輔・荒牧重雄・井田喜明・中田節也編：火山の事典（第2版），朝倉書店，575pp., 2008.

新堀敏基・相川百合・福井敬一・橋本明弘・清野直子・山里　平：火山灰移流拡散モデルによる量的降灰予測：2009年浅間山噴火の事例，気象研究所研究報告，61, 13-39, 2010.

Suzuki, Y. J., Koyaguchi, T., Ogawa, M., and Hachisu, I.: A numerical study of turbulent mixing in eruption clouds using a three-dimensional fluid dynamics model, *J. Geophys. Res.*, **110**, B08201, doi：10.1029/2004JB003460, 2005.

Turcotte, D., and Schubert, G.: *Geodynamics*, John Wiley & Sons, 450pp., 1982.

Woods, A. W.: The dynamics of explosive volcanic eruptions, *Rev. Geophys.*, **33**, 495-530, 1995.

Woods, A. W., and Koyaguchi, T.: Transitions between explosive and effusive eruptions of silicic magma, *Nature*, **370**, 641-644, 1994.

# 4
## 気象災害と地球環境

　災害の防止や軽減などの実用的な目的に，地震や噴火に関連するシミュレーションが限定的にしか役立っていないのに対して，大気現象のシミュレーションの役割はすでに社会的に定着している．現在の天気予報は大気運動の計算に基づく数値予報を抜きには考えられないし，人類の将来にかかわる二酸化炭素排出量の規制はシミュレーションによる環境予測を基礎に議論が進められてきた．

　しかし，現象の性質や支配原理を理解することの重要性は大気現象でも変わりない．天気予報や環境予測に使われているシミュレーションでは，雲や降雨の発生，地表面近くの小規模な乱流運動が大気の運動に及ぼす効果などはパラメータ化という手続きで流体計算に組み込まれるが，その手法には改善を要する問題点が残されている．改善を進めるには，やはり現象の原理的な理解を深めることが欠かせない．

　シミュレーションの題材として第4章でも教育的な意味の大きい内容を取り上げる．具体的には，コリオリ力が大気運動に及ぼす影響（4.2節），温度差に駆動される対流（4.3節），上昇気流中で発生する水蒸気の凝結（4.4節），地球の温度を決める要因（4.5節）について簡単なモデルを用いてシミュレーションを実行する．数値予報と環境予測の仕組みや問題点については4.1節と4.6節で議論する．

## 4.1　気象現象の概要

　大気は対流圏，成層圏，中間圏，熱圏で構成される（図1.11）が，地表付近の大気現象にはおもに対流圏と成層圏が関与する．大気の運動は太陽から入射するエネルギーで駆動され，自転に起因するコリオリ力や水蒸気の相変化に伴う潜熱から強い影響を受けて複雑な様相をとる．本節は大気現象の仕組みを基礎的な概念や原理とともにまとめ，その延長上で各種の気象災害や大気現象の予測について概観する．

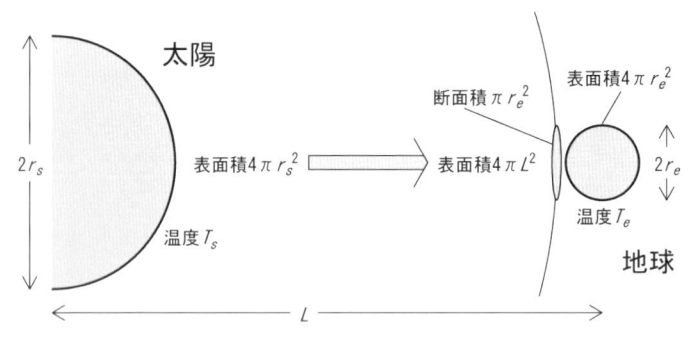

**図 4.1** 太陽が放射するエネルギーと地球表面に入射するエネルギーの関係

### a. 太陽からのエネルギー

地球の表層環境を維持するエネルギーは，ほとんどが太陽から電磁波として供給される．黒体放射の理論によれば，物体の表面から電磁波として放射されるエネルギーは電磁波の各波長に分配され，分配の割合はフォトンの熱平衡の条件から物体の絶対温度 $T$ に応じて決まる．物体の温度が高くなるほど波長の短い電磁波が卓越する．また，物体から放射される電磁波のエネルギーはすべての波長成分を合計して単位面積あたり $\sigma T^4$ となる（ステファン-ボルツマンの法則．$\sigma = 5.67 \times 10^{-8}\,\mathrm{W/m^2K^4}$）．

太陽の電磁波は表面で明るく輝く光球からおもに放射される．太陽の内部や光球を覆う彩層はさらに高温だが，放射される電磁波の性質や強度を決める温度 $T_s$ はこの光球の温度である．光球には厚さがあり，温度も一定ではないが，ここでは $T_s = 5,780\,\mathrm{K}$ とする．この温度に対応して，太陽からは波長が $0.5\,\mu\mathrm{m}$ 付近にある可視光が放射される．地球の表面温度 $T_e$ は約 290 K なので，地球からは波長が $3 \sim 50\,\mu\mathrm{m}$ の赤外線がおもに放射される．

地球の単位面積に太陽から入射するエネルギーの平均値 $J_s$ と，地球の単位面積が単位時間あたりに宇宙空間に放射するエネルギー $J_e$ は次のように書かれる．

$$J_s = \frac{1}{4}\left(\frac{r_s}{L}\right)^2 \sigma T_s^4, \quad J_e = \sigma T_e^4 \tag{4.1}$$

ここで $r_s$ は太陽の半径で，ここでも光球の半径 $6.96 \times 10^5\,\mathrm{km}$ をそれにあてる．$L$ は太陽と地球の間の距離である（$L = 1.50 \times 10^8\,\mathrm{km}$）．第 1 式は，光球の単位面積から放射されるエネルギー $\sigma T_s^4$ を，次に述べる幾何学的な効果で補正したものである（図 4.1）．

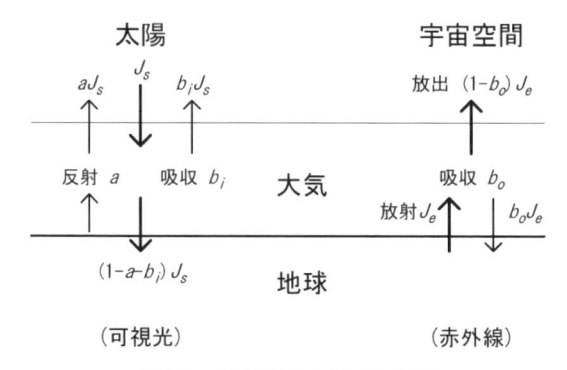

**図 4.2** 地球表層のエネルギー収支
太陽から入射する放射エネルギー（おもに可視光）は大気と地表によって反射と吸収を受ける．地球表面から宇宙空間に放射されるエネルギー（おもに赤外線）は一部が大気で吸収されて地表に戻される．

エネルギーは太陽のまわりの全方向に放射されるので，太陽から距離 $L$ だけ離れた地球の位置で単位面積あたりに分配されるエネルギーは $(r_s/L)^2$ 倍に減少する．このエネルギー流量 $1.37 \times 10^3 \, \mathrm{W/m^2}$ は太陽定数とよばれる（太陽定数は実際には11年の周期で0.1％程度変動する）．地球の半径を $r_e$ ($r_e = 6.37 \times 10^3 \, \mathrm{km}$) とすれば，地球に入射する全エネルギーは地球の断面積 $\pi r_e^2$ 倍 ($1.74 \times 10^{17} \, \mathrm{W}$) になる．それを地球の表面積 $4\pi r_e^2$ に等分配すると，単位面積に入射する放射エネルギーの平均値 $J_s$ は太陽定数の1/4倍 ($342 \, \mathrm{W/m^2}$) になる．

地球の表層環境は安定な状態にあり，太陽から入射するエネルギーは地球が宇宙空間に放射するエネルギーとほぼ釣り合っている．この平衡条件 $J_e = J_s$ を式 (4.1) に課すと，地球の温度として $T_e = 279 \, \mathrm{K}$ が得られる．この温度は妥当な値だが，大気の影響が考慮されていないので，見積もり方法には次のような修正が必要になる．

大気の影響を考慮すると，入射と放射が釣り合う条件（放射平衡の条件）は

$$(1 - a - b_i)J_s = (1 - b_0)J_e \tag{4.2}$$

となる（図4.2）．ここで $a$ は地表や大気中の雲などが電磁波を反射する効果を合計した反射率で，アルベドとよばれる．$b_i$ は太陽からの入射波が大気に吸収される効果，$b_0$ は地球からの放射波が大気に吸収される効果を表す．大気に吸収された電磁波はすぐに再放射され，宇宙空間や地球に向かう．吸収と再放射は実際には何度も反復されるが，$b_i$ と $b_0$ はそのすべてを考慮した最終的な透過率である．なお，反射波は入射波と同じ波長をもつが，再放射される波の波長は一般

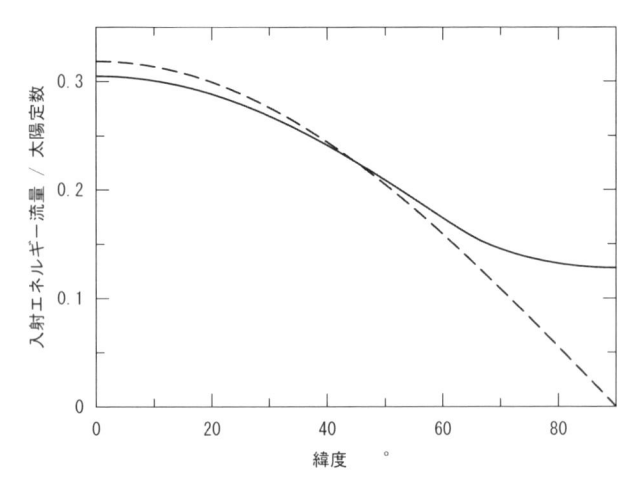

**図 4.3** 太陽から地表に入射するエネルギー流量の緯度依存性
エネルギー流量は地球の位置に到達する単位面積あたりのエネルギー流量（太陽定数）を単位とし、地表全体の平均値は 0.25 である。破線は地球の自転軸が公転面に垂直な仮想的な場合、実線は自転軸が 23.44°だけ傾く実際の場合である。

に入射波と異なる.

　大気が紫外線などを吸収することで，大気の温度は高さとともに上下する特殊な分布をとる（図 1.11）．しかし，大気は可視光に対してほぼ透明なので，電磁波のエネルギーは大部分が地表近くまで到達し，$b_i$ は近似的に 0 とみなすことができる．一方で，温室効果を表す $b_0$ はエネルギーの収支で重要な役割を果たす．地球の平均的な反射率の見積もりとして $a = 0.34$ を用い，平均温度を $T_e = 290\,\mathrm{K}$ とすると，$b_0 = 0.43$ が得られる．地球が放射した電磁波の半分近くは大気にとらえられ，また地球に戻されるのである．

　地表の各点に入射する太陽エネルギーは緯度に依存する．地球の自転軸の傾きを無視して，極が公転面と垂直であると仮定すれば，電磁波は自転軸と垂直に入射する．緯度が $\theta$ から $\theta + \mathrm{d}\theta$ にある範囲を考えると，その範囲に入る地表の面積は $2\pi r_e^2 \cos\theta \mathrm{d}\theta$ になる．同じ範囲を太陽から見ると，太陽光に垂直な面積は $2 r_e^2 \cos^2\theta \mathrm{d}\theta$ である．そこで，緯度 $\theta$ の地域に入射する太陽エネルギーの流量は単位面積あたり次のようになる（図 4.3 破線）．

$$J = \frac{J_s}{\pi} \cos\theta \tag{4.3}$$

この式によると，赤道に入射するエネルギーは地表全体の平均値 $J_s$ の $4/\pi$ 倍で

あり，極には太陽からエネルギーがまったく到達しない．

実際には，地球の自転軸は公転面に垂直な方向から23.44°だけ傾いているので，入射エネルギーの緯度依存性は緩和され，式（4.3）とは異なる．入射エネルギーを1年の各時期について計算してそれを平均すると，自転軸の傾きを補正した入射エネルギーは図4.3の実線のように求まる．入射エネルギーは式（4.3）より低緯度で大きく，高緯度で小さくなり，その比は赤道（450 W/m$^2$）と極（200 W/m$^2$）の間で3倍以内に抑えられる．

### b. コリオリ力

大気や海洋の運動は地球の自転によって大きな影響を受ける．自転の効果は，数学的には運動方程式を地表の各点に固定した回転座標系に座標変換することによって求められる．この座標変換によって，運動方程式には新たに質量に比例する2つの項がつけ加わる．その1つは遠心力，もう1つはコリオリ力（転向力）である．

遠心力は自転軸と垂直に働き，自転軸までの距離の2乗と自転の角速度の積に比例する．この効果は実質的には重力の大きさと方向をわずかに変えるだけで，大気の運動にほとんど影響しない．それに対して，コリオリ力の影響は重要である．

地球は地軸のまわりを1日に1回転の割合で自転する．その角速度を$\omega$（$\omega = 7.29 \times 10^{-5}$ rad/s）としよう．回転軸の方向も含めて自転を表現するには，この角速度を長さとして地球の中心から北極に向くベクトル $\boldsymbol{\omega}$ を用いる．自転する地球に対して速度ベクトル $\boldsymbol{v}$ で動く単位質量の物体には，地表に固定した回転座標系で見ると，次のコリオリ力が働く．

$$\boldsymbol{F}_c = 2\boldsymbol{v} \times \boldsymbol{\omega} \tag{4.4}$$

右辺はベクトル積である．$\boldsymbol{F}_c$ は単位質量あたりの力なので，加速度の次元をもつ．

式（4.4）からわかるように，コリオリ力は運動方向と回転軸の両方に垂直である．地表と垂直に働く鉛直成分ももつが，それは重力などとの兼ね合いで大きな寄与をしない．重要なのは水平成分である．物体が地表に沿って水平に動く場合には，コリオリ力の水平成分の大きさは次式で定まる．

$$F_c = fv, \quad f = 2\omega \sin\theta \tag{4.5}$$

ここで，$\theta$ は物体が存在する地点の緯度（北半球で正，南半球で負）であり，$f$ はコリオリ・パラメータとよばれる．コリオリ力は運動方向と垂直であり，向きは上空から見て，北半球では運動方向の右側，南半球では左側になる．

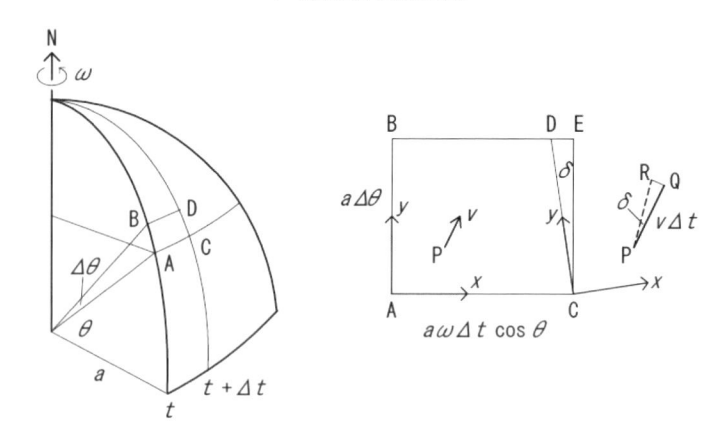

**図 4.4** コリオリ力の直観的な理解
同じ経度をもつ地表の点 A と B は時間 $\Delta t$ の間に C と D の位置に移動する．自転のために線分 CD は AB と角度 $\delta$ だけ傾き，地表面に固定した座標軸は $\delta$ だけ回転する．速度 $v$ で水平に運動する物体は，$\Delta t$ の間に点 P から Q に移動するが，地表に固定した座標で見ると R の位置にくるように見え，物体を R から Q に動かすコリオリ力がみかけ上働く．

　コリオリ力の意味は直観的にも理解できる（図 4.4）．地表にある任意の点 A に着目し，その緯度を $\theta$ とする（左）．A と同じ経度で緯度が微小量 $\Delta\theta$ だけ隔たる点を B とし，時間が $t$ から $\Delta t$ だけ経過する間に，この 2 点が自転によって C と D の位置に移動するとしよう．自転で極の方向が変わるために，線分 CD は AB と平行にはならず，ある角度 $\delta$（弧度で表す）だけ傾く（右）．いいかえれば，地表面に固定した座標軸は $\delta$ だけ回転する．

　さて，A の付近にある物体が水平面内を点 P から速度 $v$ で運動するものとしよう．この物体は時間 $\Delta t$ の経過後には点 Q の位置に移動するが，地表に固定した座標で物体を $v$ の方向に動かすと，その位置は角度 $\delta$ だけ傾いた R の位置にくるはずである．そこで，この座標系で観察すると，物体を R から Q に動かす力がみかけ上働く．これがコリオリ力である．

　もう少し定量的に議論すれば，BD の長さは緯度が $\Delta\theta$ だけ異なる分だけ AC と異なる．そのことから DE の長さが求められ，さらにそれを AB の長さで割って $\delta = \omega\Delta t \sin\theta$ が求まる．それに PQ の長さをかけて，RQ は $v\omega \sin\theta (\Delta t)^2$ となる．この長さを $\Delta t$ で 2 回微分することによって，物体を R から Q に動かす加速度が $2v\omega \sin\theta$ と得られる．この結果はまさに式（4.5）と対応する．

　コリオリ力は決して大きな力ではない．日本付近の緯度にいて新幹線のスピー

ドで動いても，コリオリ力は重力の 1/1,000 程度の大きさでしか働かない．そのために，コリオリ力は日常生活では存在にほとんど気づかないし，通常の流体運動の解析でも無視される．しかし，微小な浮力や圧力勾配を受けて長時間にわたって移動する大気には大きな影響をもつ．それを考慮して，大気や海の運動は地球流体力学という独自の研究分野で研究が進められてきた（木村，1983）．

### c. 大気の運動を支配する方程式

大気の運動がどのような方程式に支配されるかを考えよう（浅井ほか，2000；小倉，2000）．簡単のために地表を平面で近似して，$x$ 方向を東向き，$y$ 方向を北向き，$z$ 方向を上向きにとり，流速の $x$, $y$, $z$ 成分を $u$, $v$, $w$ と書く．現象が広範囲にわたる場合には緯度，経度，高度からなる球座標を使う必要があるが，数式が複雑になるのを避けるために，ここでは直交座標系を用いることにする．

水平成分についての運動方程式は，運動方程式（1.15）にコリオリ力の項を加えて，次のように書かれる．

$$\frac{du}{dt} = fv - \frac{1}{\rho}\frac{\partial p}{\partial x} - F_x, \quad \frac{dv}{dt} = -fu - \frac{1}{\rho}\frac{\partial p}{\partial y} - F_y \qquad (4.6)$$

両式の左辺は大気と一緒に動く立場で見た流速の時間変化（ラグランジュ流の微分）である．右辺の第 1 項がコリオリ力で，コリオリ・パラメータ $f$ は式（4.5）で定義される．$\rho$ は大気の密度，$p$ は圧力，$F_x$ と $F_y$ は大気の単位質量あたりに働く $x$ 方向と $y$ 方向の摩擦力である．

摩擦力は式（1.18）では粘性率と流速の勾配に比例する形で厳密に書かれているが，式（4.6）ではそれをあえてぼかして $F_x$ と $F_y$ に抽象的に組み込む．大気の流れは細かく見ると乱流状態にあり，気象現象で扱う大きなスケールで平均した流速については式（1.18）の表現は正しくないからである．地表付近では，地形の凹凸や温度の不均質によって強い乱流運動が生じ，大気に働く抵抗力も大きい．地表付近を除けば，大規模な大気の運動はおもにコリオリ力と圧力勾配で支配されるので，摩擦力の寄与が無視できる．

鉛直方向の運動方程式には次のように重力の効果が加わる．

$$\frac{dw}{dt} = -\frac{1}{\rho}\frac{\partial p}{\partial z} - g - F_z \qquad (4.7)$$

右辺第 2 項の $g$ が重力加速度である（$g = 9.81 \, \text{m/s}^2$）．この方程式では圧力勾配と重力の項が重要である．特に，水平方向の広がりが大きい大規模な現象では，式（4.7）は両者が近似的に釣り合うという次の静水圧平衡（静力学平衡）の条

件に帰着する．

$$\frac{\partial p}{\partial z} = -g\rho \tag{4.8}$$

鉛直方向の流速は静水圧平衡からはずれた部分によって加速されるのである．

運動方程式は未知変数として流速 $u$, $v$, $w$ の他に圧力 $p$ を含むので，この 4 変数は運動方程式だけでは変化が制約できない．それを補うために次の質量保存則（1.1）を用いる．

$$\frac{1}{\rho}\frac{d\rho}{dt} = -\left(\frac{\partial u}{\partial x} + \frac{\partial v}{\partial y} + \frac{\partial w}{\partial z}\right) \tag{4.9}$$

密度 $\rho$ を定数とみなしてよい問題では，運動方程式と質量保存則だけで大気の運動が決められる．このときには，式 (4.9) は右辺を 0 とする体積保存の式（非圧縮の条件）になる．

大気の運動には温度が関与することが多く，温度は密度を通して運動に寄与する．密度の変化は一般に状態方程式で記述されるが，大気については次の理想気体の状態方程式で代用できることが多い．

$$p = R\rho T, \quad R = \frac{R_u}{M} \tag{4.10}$$

ここで $T$ は絶対温度である．$R_u$ は普遍気体定数（$R_u = 8.31$ J/mol・K），$M$ は大気の平均的な分子量（29 g/mol）である．$R$ は比気体定数とよばれる．

温度が変数として加わると，運動を決める条件がもう 1 つ必要になる．そこで，さらに次のエネルギー保存則を考慮する．

$$\frac{dU}{dt} = \frac{dQ}{dt} - p\frac{d}{dt}\left(\frac{1}{\rho}\right) \tag{4.11}$$

ここで $U$ は大気の単位質量あたりの内部エネルギー，$Q$ は着目する単位質量に周囲から流れ込む熱流の総量である．右辺第 2 項は仕事として（すなわち体積変化に対応する力学的なエネルギーの形で）周囲に受け渡されるエネルギーを表す．

エネルギー保存則を運動方程式（運動量保存則），質量保存則と組み合わせ，状態方程式も加味すると，大気の運動を決める方程式がそろう．ただし，計算には $U$ や $Q$ の具体的な表現が必要になる．熱流 $Q$ が関与する基本的な過程は熱伝導だが，長い距離にわたる熱輸送は乱流や熱放射によってさらに効率的になされる．大気を大きな単位で区切って各部分の平均的な性質を考察する場合には，各部分の間で出入りする熱流 $Q$ は内部エネルギーの変化にほとんど寄与しないので，大気の運動は $Q = 0$ を仮定した断熱過程とみなすことができる．

大気が理想気体として扱えるときは

$$U = c_v T \tag{4.12}$$

が成立する．ここで，単位質量についての定積比熱 $c_v$ は，気体を構成する分子の自由度（並進の自由度3と分子内の振動の自由度）に依存する定数になる．$c_v$ の値は希ガスのような単原子分子では $(3/2)R$，空気の主成分である2原子分子では $(5/2)R$ となる．

水蒸気の凝結が無視できる乾燥大気には式 (4.12) が適用できる．乾燥大気について断熱条件 $Q=0$ を仮定して，式 (4.11) に式 (4.10) と式 (4.12) を代入すると，$T$ と $p$ の関係が $t$ に無関係な $z$ の1階常微分方程式の形で得られる．それを積分すると次の関係式が導かれる．

$$T = T_0 \left(\frac{p}{p_0}\right)^\gamma, \quad \gamma = \frac{R}{c_v + R} \tag{4.13}$$

ここで $p_0$ と $T_0$ は圧力と温度の次元をもつ任意の定数で，$p = p_0$ のとき $T = T_0$ となる．$p_0$ としては1気圧 $(1,013\,\mathrm{hPa} = 1.013 \times 10^5\,\mathrm{Pa})$ を使うことが多い．空気のような2原子分子については $\gamma = 2/7$ となる．

このときにさらに重力平衡の式 (4.8) が成り立つとすると，式 (4.10)，式 (4.13) と組み合わせて，圧力と温度は高度 $z$ と次のように関係づけられる．

$$p = p_0 \left(1 - \frac{g\gamma}{RT_0} z\right)^{1/\gamma}, \quad T = T_0 - \frac{g\gamma}{R} z \tag{4.14}$$

ここで $z = 0$（地表）で $p = p_0$，$T = T_0$ となるものと仮定した．温度勾配を表す係数 $g\gamma/R$ は乾燥断熱減率とよばれ，$0.00976\,\mathrm{K/m}$ の大きさをもつ．

式 (4.14) によれば，乾燥大気が断熱的に運動する場合には，温度と圧力は流速に無関係に高さだけの関数になる．大気が対流によってよくかき混ぜられている対流圏では，圧力や温度の分布は実際に両式で決められるものにかなり近い．水蒸気の蒸発や凝結が関与する場合には，式 (4.12) が成立しないので，水蒸気の保存則も考慮した別の考察が必要になる（4.4節）．

#### d. 地球規模の大気の循環

太陽から電磁波として入射するエネルギーは緯度に強く依存する（図4.3）ので，地球表層部には赤道から極にかけて大きな温度差が生ずる．地球規模の大気の流れは，この温度差に駆動される広い意味での対流である．対流によって太陽からの熱エネルギーは各緯度に再配分され，赤道と極の間の温度差は緩和されて，ほぼ定常的な温度分布が実現されるのである．

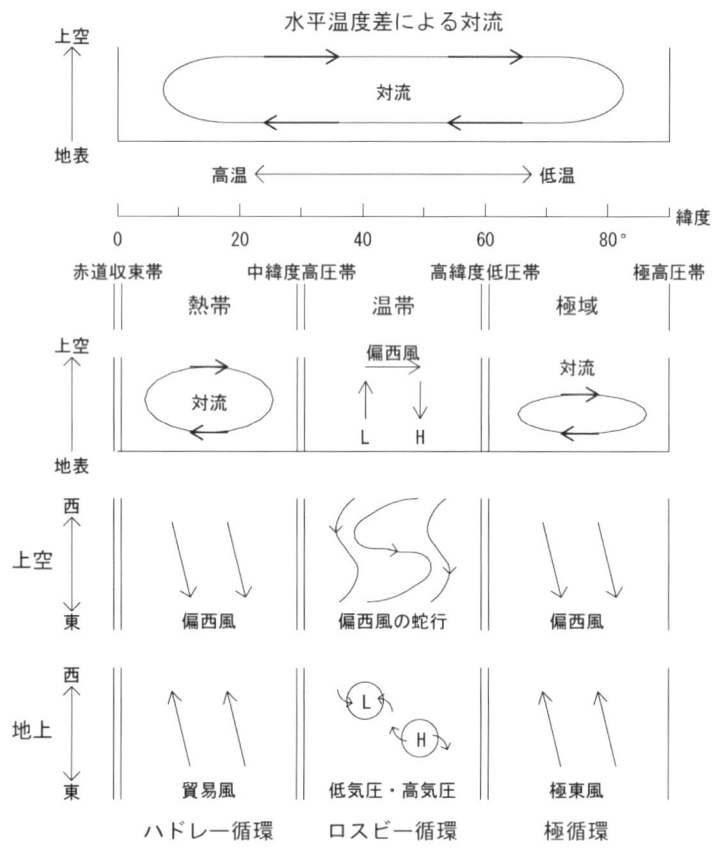

**図 4.5** 地球規模の大気の循環
水平温度差による単純な対流（最上段）が，コリオリ力の効果の違いで熱帯のハドレー循環，温帯のロスビー循環，極域の極循環に分かれる．図の2段目は鉛直面で見た断面図，3段目と4段目は上空と地上を見た平面図である．

　水平温度差による対流は，鉛直温度差による対流とは異なり，温度差が小さくても駆動され，対流の形や大きさは温度分布の存在範囲をそのまま反映する（4.3節）．もし水平温度差による対流が地球表層の大気全体で生じたとすれば，極付近の冷たい大気は地表に沿って赤道付近まで移動し，その過程で地表との間で熱を授受して温度差を緩和する（図4.5最上段）．赤道付近に達した大気は高温になっており，熱膨張に伴う浮力によって上昇する．上空では大気は高緯度側に移動して極付近で下降する．

実際の対流はコリオリ力によって強く歪められて，上に述べたような単純な形態にはならない．コリオリ力が相対的に小さい低緯度の熱帯では，水平温度差による対流の枠組みが基本的には維持される（図 4.5）．しかし，地上付近では低緯度側に向かう大気の流れがコリオリ力によって西向きに強く曲げられ，実質的には東風になる．この東風が貿易風である．上空では逆に大気の流れは東向きの偏西風になる．流れの方向が上下で切り替わる高さは 10 km 付近にある．

極域では中央（極の付近）が冷たく周囲が温かい状況が実現されて，対流はやはり極を中心にする水平温度差に支配されてセル状の構造をとる．この場合にも，地表付近と上空で流れはコリオリ力によって曲げられ，地表に卓越する東風は極東風とよばれる．流れの方向が上下で切り替わる高さは熱帯より低く 5 km 付近にくる．

コリオリ力の影響を受けながらも水平温度差によって全域で簡単な構造が維持される対流は，熱帯のものをハドレー循環，極域のものを極循環とよぶ．温帯ではこのような対流の様式は不安定になり，大気の流れはもっと複雑になる．ロスビー循環とよばれるこの流れについて，以下に考察する．

大気の運動を直接駆動するのは圧力（気圧）である．もし大気の各点で上に積み上がる大気の荷重に差があると，水平方向に圧力差が生ずる．上空では圧力差に応じて大気が容易に動けるので，地表の大気圧はどこでもほぼ一定になる．実際にはさまざまな擾乱によって地表の大気圧は変動し，高気圧や低気圧などが発生する．

地上の温度は赤道から極に向かって下がるので，大気の密度変化に対応して同じ高さの上空の圧力は高緯度側ほど低くなる．乾燥大気の場合には，その具体的な表現が式（4.14）のように得られる．この圧力勾配がコリオリ力と釣り合う条件は，式（4.6）の表記で書けば次のようになる．

$$u = -\frac{1}{f\rho}\frac{\partial p}{\partial y}, \quad v = 0 \qquad (4.15)$$

ここで $y$ は緯度方向にとった座標，$u$ と $v$ は経度方向と緯度方向の速度成分である．圧力分布と平衡状態にあるこの大気の流れを地衡風とよぶ．圧力は緯度とともに減少するから，式（4.15）から $u$ は正であり，地衡風は北半球でも南半球でも東向きになる．これが偏西風である．

温帯では，高さが 3 km を超えるあたりから偏西風の影響で西風が顕著になる．地表付近では，日射の強さの違いなどによって温度と圧力に地域的な変動が生ずる．高温の地域では大気の密度が下がって地表は低気圧に，低温の地域では地表

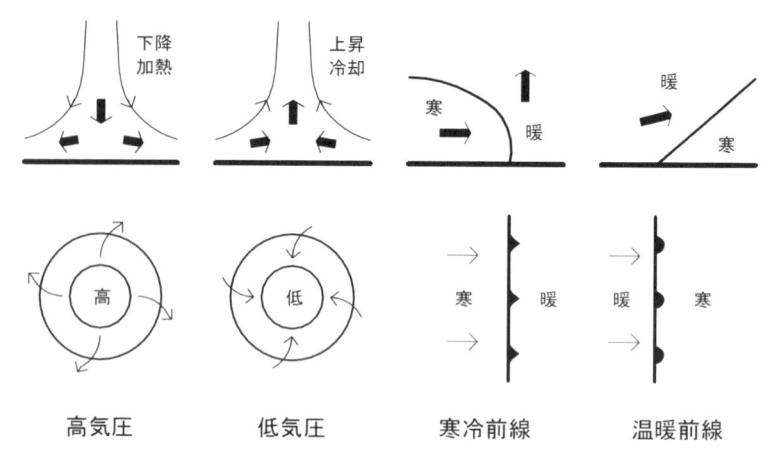

**図 4.6** 高気圧，低気圧，前線の構造
上段は鉛直面で見た断面図，下段は平面図である．コリオリ力による運動方向の変化は北半球の状況であり，南半球では逆になる．

は高気圧になる傾向が強い．

　低気圧にはまわりから大気が集まって高温の上昇気流が生じ，高気圧のまわりには低温の大気が上空から下降して広がる（図4.6）．高気圧や低気圧のまわりでは，流れはコリオリ力のために等圧線に沿って渦を巻く．

　地表付近の低気圧や高気圧の影響は上空にも及ぶ．上空では地衡風が卓越するために，等圧線は基本的には経度線に平行になり，圧力は高緯度側ほど低くなる．この圧力の分布に低気圧や高気圧の効果を重ね合わせると，低気圧の上では等圧線は低緯度側に曲げられ，高気圧の上では高緯度側に曲げられて，等圧線は南北に波打つことになる（図4.5）．コリオリ力のために大気はほぼ等圧線に沿って流れるから，等圧線が波打つのに合わせて偏西風は蛇行する．

　このようにして偏西風は南北に蛇行し，高気圧や低気圧が発生する．式（4.15）の状態は圧力勾配の高さ方向への依存性などによって不安定になるので，それが蛇行の原因となる．

　ロスビー循環による熱輸送の具体的なイメージを得るために，蛇行する偏西風の低緯度側の折り返し点付近に低気圧が，高緯度側の折り返し点付近に高気圧が存在することを思い出そう．地表で温められた大気は低気圧で上昇し，上空で偏西風に乗って東に流されながら高緯度側に運ばれ，高気圧に出会って下降する（図4.5）．結果として低気圧，偏西風，高気圧をつなぐ大きな流れのループができ，

それが低緯度側から高緯度側に熱を運ぶ働きをする．

ロスビー循環は地表から上空に伸びる高低気圧と偏西風の蛇行が組み合わさって地球規模の熱輸送を達成する．地表付近と上空の間は高気圧と低気圧が結び，上空では蛇行する偏西風が南北間で大気を混ぜ合わせる．このシステムを通して地表と上空の状態は強く結ばれ，相互に関係し合う．地表の低気圧や高気圧の生成，移動，消滅も上空の偏西風の状態や安定性と強くかかわる．

なお，偏西風が狭い範囲に集中するとジェット気流になる．ジェット気流は高さが10 km付近にあり，数 kmの厚さと100 km程度の幅をもつ．風速は通常数十 m/sであるが，100 m/sに達することもある．ジェット気流は蛇行し，その位置は時期とともに変化する．通常は亜熱帯ジェット気流と寒帯ジェット気流に分かれるが，2つが合体することもある．

以上のように，地球規模の熱輸送の機構は熱帯，温帯，極域の間で異なる．熱帯と温帯の境は平均的には緯度30°付近に，温帯と極域の境界は緯度60°付近にある（図4.5）．熱帯と温帯の境界はハドレー循環の下降部にあたるので中緯度高圧帯を生み，温帯と極域の境界は極循環の上昇部にあたるので高緯度低圧帯を生む．赤道付近には大気が南北両半球から集まる赤道収束帯が，極付近には対流の下降部に対応して極高圧帯が形成される．

地球規模の大気の運動は，全体としては水平温度差とコリオリ力に支配されてこのように決まる．現実の大気の運動は，さらに陸と海の分布などの影響を受け，場所により季節によって変化する．熱帯，温帯，極域の境界も場所（経度）や時期によって異なる．

#### e. 低気圧と前線

前項で述べたように，大気は高気圧の中心からまわりに押し出され，低気圧の中心に向かってまわりから流れ込む（図4.6）．この運動はコリオリ力に強く制約されるので，等圧線にほとんど沿う流れになり，北半球では高気圧のまわりで上空から見て右回り（時計回り），低気圧のまわりで左回り（反時計回り）になる．南半球では流れの向きは逆になる．地表付近では摩擦力のためにコリオリ力の効果が弱められて，圧力の低い側に流れる成分が明確になる．

大気中では高温の暖気流と低温の寒気流の接触がよく起こり，暖気流と寒気流は非平衡の状態で長期間共存する．2つの気流の境界が前線である（図4.6）．前線のうちで，暖気流の勢力の強いものを温暖前線，寒気流の勢力の強いものを寒冷前線とよぶ．上空のジェット気流は温度勾配の大きい点で前線と似た不連続性

をもち，その地表側の延長に前線ができることもある．

上空には低気圧で上昇流が，高気圧で下降流が生ずるが，大気の上昇や下降は前線でも起こる．温暖前線では暖気流が寒気流に乗り上げ，寒冷前線では寒気流が暖気流の下にもぐりこむ．どちらも暖気流は前線の付近で上昇する．なお，暖気流と寒気流の勢力が拮抗する場合には停滞前線ができ，寒冷前線と温暖前線が合体すると閉塞前線になる．

大気の鉛直方向の運動は圧力や温度の大きな変化を伴う．大気が上昇して断熱膨張によって温度が下がると，水蒸気が凝結して水滴や氷晶になり，それが雲をつくって雨や雪を降らせる．大気の下降流の中では温度が上がるので，水滴や氷晶があっても蒸発し，大気は乾燥する．高気圧に覆われると晴天に恵まれ，低気圧や前線がくると天気が悪くなるのはこのためである．

大気が上昇して温度が蒸発曲線上の飽和蒸気圧に対応する値まで下がっても，水蒸気はすぐには凝結せず，過飽和の状態で気体のままとどまる（浅井ほか，2000）．微小な水滴や氷晶の実質的な蒸発温度は表面張力のために下がるからである．実際の大気中には海水のしぶきからできた塩の粒子や工場の煤煙などの微粒子（エアロゾル）があり，それが核として水蒸気の凝結を助ける．核になりうる微粒子の数は過飽和の度合いとともに急増するので，過飽和度がある段階に達したときに水蒸気の凝結は急に進行する．

空気中には多数の微粒子が含まれるので，凝結時に水蒸気は多数の微小な水滴や氷晶に分かれ，それらが雲粒として大気に浮遊して雲をつくる．上空での観測によれば，雲粒は $10\,\mu m$ 程度の大きさである．雲粒は重力を受けるが，重力が体積に比例するのに，落下にさからう抵抗力は表面積に比例するので，雲粒が小さいうちは抵抗力が卓越する．そのために小さな雲粒は落下速度がきわめて遅く，落下する途中で大部分が蒸発してしまう．

地上に降る雨や雪は $1\,mm$ 程度にまで成長して大きな落下速度を獲得した水滴や氷晶である．雲粒の代表的な成長機構に次の3つがある．①同じ温度圧力条件では氷晶のほうが過飽和度が強いので，氷晶が共存する水滴から水分子を奪う．②氷晶に過冷却状態にある水滴が衝突して凍りつく．③上昇流中で大きさの異なる水滴が衝突して合体する．

大気の運動にとって重要なのは，水蒸気の凝結によって上昇運動が加速されることである．凝結時に放出される潜熱で大気が温められ，熱膨張で密度が下がって，周囲から受ける浮力が増すためである．凝結が起こるときには，上昇に伴う温度降下の割合は潜熱のために半分程度になる（4.4節）．凝結した雲粒のため

に大気の密度は増加するが，潜熱の効果がそれを上まわるのである．

　潜熱によって加速しながら上昇する気流の代表例が積乱雲である．激しい降雨は積乱雲が原因になることが多い．積乱雲は周辺からもくもくと大気を取り込みながら急速に発達する．積乱雲の内部には乱流状態の激しい流れができ，雲粒は衝突を繰り返してあられ（氷粒）や雨摘に成長する．また，あられや氷晶の衝突過程で電荷の分離が起きて静電気が蓄積され，その放電によって稲妻や雷鳴が生ずる．

　上空で積乱雲が激しく活動する場所では，その下に竜巻が発生することがある．積乱雲の活動で上空に大きな圧力の変動が生じたときに，圧力の著しく下がった場所に向けて強い上昇気流が生ずるのである．地面付近の大気にゆっくりと回転する成分があると，大気が上昇気流の下に集められたときに，回転は角運動量保存則によって早められる．そのために，上昇気流は激しく渦を巻いて異常な強風をもたらす．これが竜巻である．

　低気圧には温帯低気圧と熱帯低気圧がある（図4.7）．温帯低気圧は通常前線を伴う．熱帯低気圧は前線を伴わず，発達すると激しい強風や豪雨をもたらすようになり，台風（東アジア），ハリケーン（北米），サイクロン（インド洋周辺）などとよばれる．

　温帯低気圧の発生は上空の偏西風の蛇行と関連する（4.1節d項）．偏西風は緯度による圧力変化や高度による温度変化のために不安定になり，長い波長のゆらぎが成長して蛇行する性質をもつ．この不安定性が原因となって温帯低気圧が発生すると理解される（図4.5）．温帯低気圧の東側には温暖前線，南西側には寒冷前線が生まれる（図4.7）．温帯低気圧の発達につれて，中心付近では寒冷前線が背後から温暖前線に追いつき，両者はやがて合体する．その後中心付近で前線が明瞭でなくなり，温帯低気圧は衰える．

　熱帯低気圧は熱帯の海洋上で生まれる．多量の水蒸気を含む暖かい気流が浮力で上昇して積乱雲をつくり，それが集まってコリオリ力で渦を巻く状態になったのが熱帯低気圧である．熱帯低気圧は高温の海面を移動しながら熱と水蒸気を吸収して次第に発達する．コリオリ力の緯度依存性のために高緯度側に移動する傾向をもち，同時に周辺の風に流される．熱帯に滞在する間は貿易風とともに西に移動し，温帯に入ると偏西風によって進路を東に変える．移動方向は局所的な風向きを決める気圧配置にも影響される．

　熱帯低気圧の内部では，大気が激しく渦を巻きながら中心に向かい，上昇気流がたくさんの積乱雲を生み出す（図4.7）．中心のまわりには，強い風と雨をも

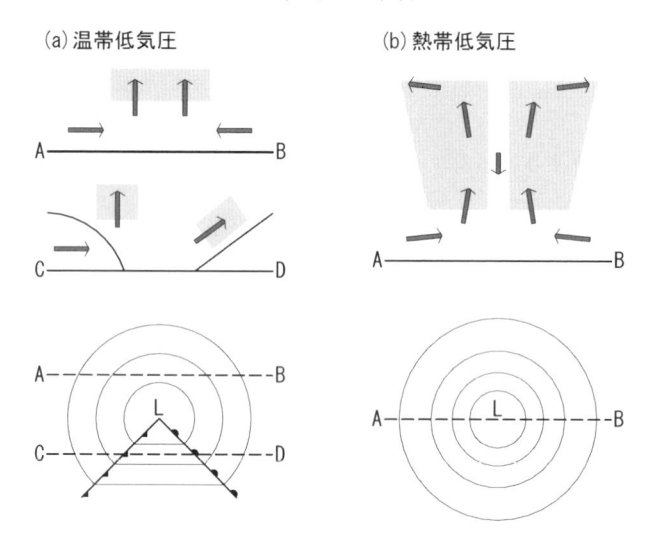

**図 4.7** 北半球における温帯低気圧と熱帯低気圧の構造
上段は AB 断面と CD 断面で見た断面図．下段は平面図である．雲の発生が想定される領域に影をつける．温帯低気圧は通常前線を伴う．平面図は上が極方向，右が東である．

つ領域が同心円状やラセン状に分散して分布する．中心のごく近傍には逆に弱い下降流をもつ眼ができて，そこでは雲も消える．

### f. 気象災害と環境問題

　大気現象によって引き起こされる災害は，地震災害や火山災害と比べると広域にわたって高い頻度で起こり，被災者もずっと多い．気象災害による死者や被災者の総数を世界全体で見ると，その約半数は干ばつによるもので，残りの大部分は熱帯低気圧（台風，ハリケーン，サイクロンを含む）と洪水が原因である（青木，2011）．国内に限ると，気象災害の大半は風水害と雪害で占められる．

　気象災害のうちで短い時間スケールで突発的に発生する災害には暴風，豪雨，豪雪，高潮などによるものがある．これらの現象は，人命の損傷や都市の破壊から農業生産の阻害，交通や通信の障害まで多様な災害を引き起こす．

　暴風などの風の強さには風速を使うが，大気の流れには大きなゆらぎがあるので，風の状態は平均風速（通常 10 分間の平均）と最大瞬間風速で表される．風速が 20 m/s 近くになると歩行が困難になり，さらに強い風は物を飛ばし建造物を壊す．暴風のうち風速が 50 m/s を超える強風は熱帯低気圧がおもな原因にな

るが，局所的には竜巻がもっと強い強風をもたらし，その風速は時に $100\,\mathrm{m/s}$ を超える．温帯低気圧もしばしば $15\,\mathrm{m/s}$ 以上の強風を広域にもたらす．

豪雨は低気圧や前線が通過して積乱雲が同じ場所で繰り返し発生するときによく生ずる．動きの遅い熱帯低気圧が近づく際には，豪雨が長時間持続することがある．豪雨による災害で深刻なのは洪水によって家屋などが流失することで，そのために多数の人命が失われることがある．河川からの洪水は治水対策によってかなり軽減できる．豪雨時に都市では下水があふれ出す災害も発生する．降雨が土壌にしみ込むと山崩れや地すべりを誘発し，岩屑が流水と混合すると破壊力の大きい土石流が生じる．

豪雪時には，鉄道，道路，空港などへの積雪が交通障害を起こし，電線などへの積雪が停電や通信障害の原因になる．木造家屋への積雪は家屋の倒壊を招くことがあり，それを防ぐ雪下ろしの事故でもしばしば犠牲者が出る．雪崩も人的な被害をもたらす．豪雪は寒気の噴き出しによって起こる．日本では寒気はシベリア高気圧から噴き出し，日本海を渡るときに湿った空気を吸収してから，脊梁山脈にぶつかって活発な積雲を生じ，列島の日本海側に多量の積雪をもたらす．

高潮は海面が上昇して海水が陸に溢れ出す現象である．低気圧によって海面が吸い上げられることに加えて，風で海水が吹き寄せられることが原因となる．熱帯低気圧の接近時には特に顕著な高潮が発生し，1959年の伊勢湾台風のときは5,000人以上の死者が出た．2005年のハリケーン・カトリーナのときは米国南部で，2008年のサイクロン・ナルギスのときはミャンマーで，高潮による深刻な被害が出た．水深が浅く地形が奥まった湾は高潮の被害を特に受けやすい．

以上の災害が熱帯低気圧などの突発的な気象現象によるのに対して，干ばつや冷害はもっと長期にわたる気象条件の異常で農業生産が妨げられることによる．このような異常は地球規模の気象変動の一環として生ずることが多い．

干ばつが発生するのは規模の大きな高気圧に長期間覆われるときである．被害の深刻さは水供給のしやすさと干ばつに対処する社会的なシステムの強固さによって変わる．干ばつのためにアフリカなどではしばしば多数の死者が出るが，先進国では水不足という形で問題が現れる．

冷害は日射が長期にわたって減少して農作物の生育が阻害される災害である．日本の東北地方では，地表付近の霧が層雲や層積雲などの下層雲に伴って停滞するために，よく冷害に見舞われる．そのときはオホーツク海低気圧の勢力が強く，ヤマセとよばれる冷たい北東風が吹く．爆発的な大噴火で吹き上げられた微小な火山灰や硫酸の液滴（エアロゾル）が成層圏に長期間漂うことによっても，広い

範囲で日射が遮られて地上の温度が下がる．

気象条件のさらに長期的な変化は気候変動とよばれる．気候変動は海岸線の位置や動植物の生存環境を変えて，住環境に大きな影響をもたらすことがある．

地球の誕生直後を除けば，表層温度は生命の生存を許容する狭い範囲に保持されてきた（二宮，2012；吉野・福岡編，2003）．その間にも世界の平均温度が10℃程度変動することは頻繁に繰り返されてきた．最近100万年間（新生代第四紀）は低温期にあり，その間に4回の氷期が出現した．最終氷期は約1万年前に終わり，氷床の融解によって世界中の海面が100m程度上昇した．その後氷床の量はほぼ落ち着き，気温は上下しながらもほぼ一定に保たれている．

環境の変化には自然に生じるものばかりでなく，人類の活動が人工的にもたらすものがあり，それが環境問題として近年世界的な問題になっている．その中で特に注目を集めているのが地球温暖化である．最近100年間に世界の気温は全体平均で $0.74 \pm 0.18$℃上昇したという．気温の変化には元々かなりのゆらぎがあるが，この急速な温暖化は自然現象としてのゆらぎの範囲を超えると考える研究者が多い．

この間に二酸化炭素の濃度は加速的に増加しており，温暖化の原因は人工的に放出された二酸化炭素が温室効果（4.1節a項）を強めたためと理解されている．温暖化がこのまま進めば，標高の低い地域は海面下に沈む恐れがあり，水資源などへの影響も懸念される．また，二酸化炭素の増加に伴う海洋の酸性化は生態系にも悪影響を及ぼしつつある．それを防ぐために二酸化炭素の発生を抑制する努力が国際的な規模で進められている．

人類の活動が地球の表層環境にもたらす悪影響は他にも数多くあげられる．放牧による草原の消耗は砂漠化の原因になり，建築資材を求める樹木の伐採は熱帯雨林の面積を激減させた．工業生産や人間生活で生み出された有害物質は大気や海洋を汚染し，酸性雨を降らせてきた．人工的に生み出されたハロゲン化合物は成層圏に分布するオゾン層を破壊して，大気が生物に有害な紫外線を遮る効果を弱めている．

これらの人工的な擾乱が個々の現象にとどまらずに，大気大循環などの気象システム全体に影響を及ぼす可能性も慎重にみきわめる必要がある．

### g. 天気予報と環境予測

大気現象のシミュレーションが地震現象や噴火現象と大きく異なるのは，それが数値予報としてすでに定着し，日常的な天気予報に活用されている点である．

数値予報は，気象レーダーや気象衛星などの近代的な観測と併せて，現代の天気予報に不可欠な手段となっている．

　風や雨などの大気現象は人間の活動に大きなかかわりをもつので，天気予報は昔からさまざまな手法を用いて試みられてきた（浅井ほか，2000；上村・明石，2005）．天気は高気圧や低気圧の分布を強く反映し，気圧分布は偏西風などによって時間とともに系統的に移動するので，気圧分布などを記した天気図は天気予報の有力な手段となる．天気図を用いた天気予報の技術は，関連する気象現象の知識とともに19世紀に発達した．

　大気運動の数値シミュレーションを天気予報に活用する試みは20世紀の初頭に始まったが，数値予報が実際に可能になったのは1950年代のことである．その背景としては，大気現象に関する理解の蓄積とともに，大規模な数値計算を可能にするコンピュータの出現があった．

　数値予報には，当初は偏西風帯の波動などの大規模な現象のみを取り出す目的で準地衡風モデルが使われた．数値計算の負荷を減らすために，計算の時間刻みを長くとる必要があったからである．その後コンピュータの性能が上がり，現在は地球全体の大気運動の計算に4.1節c項で述べた基礎方程式を直接解く方法が使われている．この計算方法はプリミティブ・モデルと呼ばれる．

　プリミティブ・モデルは断熱条件を満たす大気の運動を基礎にする（時岡ほか，1993；二宮，2004）．運動方程式として水平方向には式（4.6）がそのまま採用される．鉛直方向には静水圧平衡（静力学平衡）の関係（4.8）が仮定され，鉛直流速は質量保存則（4.9）で制約される．温度はエネルギー保存則（4.11）に理想気体に対する状態方程式（4.10）と内部エネルギーの式（4.12）を組み合わせて計算する．その計算では放射加熱や水蒸気の凝結に伴う潜熱の効果が考慮される．

　数値予報のための実際の計算では，これらの偏微分方程式は緯度，経度，高さを独立変数とする球座標系に書き直され，それを時間に関して積分して各時刻の状態が計算される．数値計算には差分法が用いられ，地球全体にわたる計算（全球モデル）は水平格子間隔が約20 km，鉛直格子間隔が約1 kmの格子を用いて実行される．全球モデルの計算に埋め込む形で地域ごとにさらに詳細なシミュレーションも行われており，日本付近では水平格子間隔が5 kmのメソモデルによる予測結果が得られる．2012年からは水平格子間隔が2 kmの計算も試行されるようになった．

　プリミティブ・モデルによる計算を補うために，粗い格子間隔では表現できな

い重要な物理過程を簡単な関係式で近似し，理論，数値シミュレーション，観測データなどからそのパラメータを決めて，それをモデルに組み込むことがなされている．このようなパラメータ化（パラメタリゼーション）によって，積雲対流や地表面近くの乱流などが計算に組み込まれ，現実の大気現象に近いシミュレーションが可能になる．

　実際のパラメータ化は複雑であり多岐にわたるが，水蒸気の凝結を例にそれを模式的に説明しよう．任意の格子点に着目して，そこで計算された温度と圧力が水蒸気の凝結の条件を満たしたときに，凝結で生ずるはずの雲や雨の量を見積もる．同時に潜熱の効果などを考慮して温度などの変数を補正する．凝結の多くは上昇気流中で起こるので，この操作は保存量などを考慮して上昇気流に関与する格子点間で整合的になるように行う．

　大気運動を駆動するのは地表面の温度差であるが，それは地表面の境界条件を通して計算に入る．地表面の温度は太陽や大気から受け取る放射エネルギーと地中への熱の輸送で決まる．この過程は，陸地については太陽エネルギーの入射量や反射率，地下浅部の熱容量や熱伝導などを考慮してパラメータ化される．海洋では，海水の対流の効果が簡単には見積もれないので，海面の温度を外部条件として設定することが多い．近年は大気と海洋の相互作用を考慮して計算することも可能になってきた．

　地表の境界条件は上空の自由大気の運動にはすぐには適用できない．自由大気と地面の間には乱流状態にある大気境界層が存在するからである．大気境界層の厚さは1km程度であり，そこを通して起こる物質，運動量，熱などの鉛直輸送はパラメータ化される．大気境界層は地表に接する接地層とその上に乗るエクマン層に分けられ，各々が適切な乱流モデルで表現される．大気の流れが地表から受ける抵抗もこの手続きで見積もられ，運動に働く外力として計算に組み込まれる．

　数値予報の現場では，各種のパラメータ化を含む偏微分方程式が常時時間とともに積分されていく．モデルで予測された変数の値はその時点までの観測値を考慮してさらに信頼性の高い値に修正され，それを初期値にして将来に向けた計算が行われ，予報に使われる．観測値の扱いを容易にするために，観測データの種類やとり方は世界中で統一されている．近年はデータ同化の方法が発達し，人工衛星，航空機，船舶などから不定期に入ってくるデータも初期値の修正に容易に使えるようになった．

　現在では数値予報によって数時間後から数日後までの変化はかなり精度よく予

測できるようになっており，それが天気予報に活用されている．数値予測の精度は格子間隔ばかりでなく，観測誤差やパラメータ化の精度にも依存する．大気の状態のもっと長期にわたる予測には，カオスなどによる予測可能性の問題がかかわるので，予報には別な工夫が必要になる（4.6 節 b 項）．

長期にわたる環境変動の予測には気候モデルが使われる（時岡ほか，1993；二宮，2012）．気候モデルが通常の数値予測モデルと基本的に違う点は，海洋のモデルが組み込まれて大気の変動と一緒に計算されることである．長期にわたる変動には海洋の変動や海洋と大気の相互作用が本質的になる．

気候モデルにはさまざまな時間スケールで進行する現象が含まれるので，その時間発展をすべて表現するには，数値予報に匹敵する短い時間刻みで偏微分方程式を積分する必要がある．しかし，それは最も高性能のコンピュータを使っても不可能なので，短時間で落ち着く変動はその定常状態を考慮するなどして時間刻みを長くする工夫がなされる．一方で，植生の分布や高層大気の状態など，短期的には一定とみなせる効果も時間的な変化を考慮する必要が生ずる．

気候モデルは，海洋と大気の相互作用によって発生するエルニーニョ現象，二酸化炭素の放出による温室効果の増大などのシミュレーションに使われる（4.6 節 c 項）．この目的には，植生やプランクトンなどによる炭素循環を考慮するモデルも構築が進められている．気候モデルの開発は世界の多くの研究機関で進められているが，積雲対流のパラメータ化などに種々の違いがあり，予測結果にもばらつきがある．

## 4.2 大気の運動とコリオリ力

大気の運動は地球の自転に起源をもつコリオリ力（4.1 節 b 項）に強く影響される（4.1 節 d 項）．本節では，簡単なシミュレーションを用いてコリオリ力の効果を検討する．まず，大気の圧力が外部条件として設定されるとして，大気の各部分の運動がコリオリ力にどう影響されるかを見る．次に，浅水波モデルを用いて大気の圧力分布と流速分布の変化を調べる．

### a. コリオリ力下の気塊の運動

コリオリ力の影響を受けて大気がどのように運動するかを調べよう．4.1 節 c 項の扱いに沿って地球の表面を平面で近似し，東西方向に $x$ 軸（東が正），南北方向に $y$ 軸（北が正）をとる．$x$ 軸と $y$ 軸方向の流速の成分を $u$ と $v$ とする．

大気に働く力 ($F_x, F_y$) が摩擦力を表し, それが流れと反対向きに流速に比例する大きさで働くと仮定すれば, 運動方程式 (4.6) は次のように書き換えられる.

$$\frac{\mathrm{d}u}{\mathrm{d}t} = fv - \frac{1}{\rho}\frac{\partial p}{\partial x} - k_r u, \quad \frac{\mathrm{d}v}{\mathrm{d}t} = -fu - \frac{1}{\rho}\frac{\partial p}{\partial y} - k_r v \quad (4.16)$$

ここで $p$ は圧力, $f$ はコリオリ・パラメータ, $\rho$ は密度, $k_r$ は摩擦力の係数である. $k_r$ はおもに地表から大気に働く抵抗を表すパラメータと理解する.

圧力 $p$ の分布が外部条件として設定されれば, 式 (4.16) は未知変数として流速 $u$ と $v$ のみを含む. 左辺は大気と一緒に移動する立場で見た流速の変化 (ラグランジュ流の微分) なので, 速度 ($u, v$) を時間 $t$ でもう 1 度積分すれば, 着目する大気の位置 ($x, y$) が時間の関数として求まる. そこで, 式 (4.16) から大気の任意の小部分 (これを気塊とよぼう) の運動が追跡できる. 数値積分にルンゲ-クッタ法 (1.3 節 b 項) を用いて気塊の運動を計算してみよう.

まず, 圧力勾配も摩擦力も存在しない場合, すなわち純粋にコリオリ力だけが働く場合を見る. 日本付近の緯度 $\theta = 40°$ を想定すれば, 式 (4.5) から $f = 9.37 \times 10^{-5}$ rad/s が得られる. 図 4.8(a) の実線は初期条件として $x = y = 0$, $u = 0$, $v = 10$ m/s を仮定した計算結果である. 数値積分の時間刻みは 100 s とした. 運動の方向と経過した時間は, その方向に向けて一定の時間間隔で書かれた矢印で示す. この計算例では矢印間の時間間隔は $10^4$ s である. 破線は初期条件の一部を $v = 5$ m/s に変えた場合である.

コリオリ力だけが働く場合には, 気塊はこのように円を描いて運動し, 速度も速度平面上で原点を中心に円を描く. 北半球ではコリオリ力によって運動は右向きに曲げられ, 円運動は上空から見て右回りになる. 南半球では, $f$ が負になるので運動方向は逆になる. 円の半径は速度に比例し, 北緯 40°で速度が 10 m/s のときは約 100 km になる.

図 4.8(b) は, 摩擦力がコリオリ力の 1/10 の大きさで働く場合 ($k_r = f/10$) の計算結果である. 摩擦力のために運動は次第に減速して最後に止まる. この場合には, 運動が止まるまでに気塊は東に 100 km ほど移動する. なお, 気塊の体積が小さいと, 空気の抵抗はこの想定よりはるかに大きくなるので, 運動はすぐに止まってしまう.

赤道から極にかけて大気の温度は数十℃下がり, 密度は式 (4.10) に従って絶対温度に反比例して 10% 程度大きくなる. 地表付近の気圧は平均的にはどこでも大きな差がないので, 数 km 上空の圧力は, 式 (4.8) に従って, 赤道付近より極付近のほうが数% 程度低くなる. 対応する圧力勾配は南北方向に $10^{-3}$ Pa/m

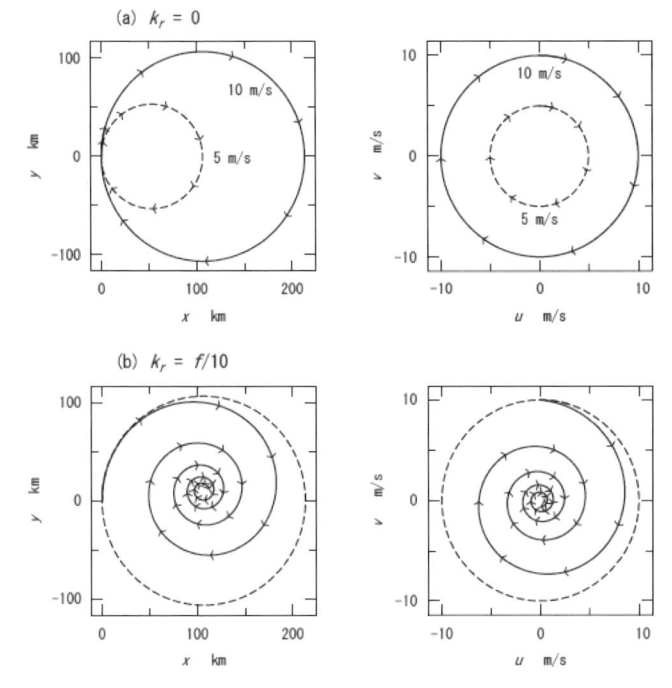

**図 4.8** 気塊の運動に対するコリオリ力の影響 [例題 4-A]
コリオリ・パラメータは北緯 40°の値を仮定する．運動は座標 $(x, y)$ と速度 $(u, v)$ の平面で示され，矢印は運動方向を，矢印の間隔は $10^4$ s の時間経過を表す．(a) の実線は初期速度が $u=0, v=10$ m/s の場合，破線は $u=0, v=5$ m/s の場合である．(b) は摩擦力の係数 $k_r$ がコリオリ・パラメータ $f$ の 1/10 の大きさをもつ場合で，初期条件は (a) の実線と同じである．

程度になる．

この南北方向の圧力勾配が気塊の運動にどんな影響をもたらすかを図 4.9 に示す．時間経過を示す矢印の間隔は $2 \times 10^4$ s である．破線は摩擦の働かない場合で，初期条件は $t=0$ で $u=v=0$ とした．最初静止していた気塊は，圧力勾配によって北向きに動き出し，コリオリ力によって右回りに曲げられる．最終的には南北に振動しながら東に移動する．

実線はコリオリ力の 1/10 の摩擦力が加わった場合 $(k_r = f/10)$ である．振動は摩擦によって抑制され，最終的には気塊は北向きの成分を多少もちながら東へ直線的に移動する．最終速度は東向きに約 10 m/s，北向きに約 1 m/s である．南半球では，気塊は南向きの成分をもちながら，やはり東に移動する．このよう

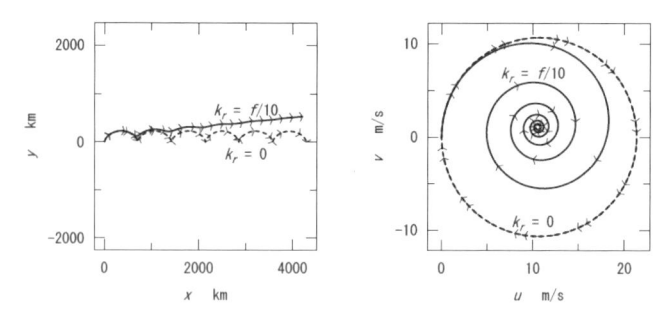

**図 4.9** 圧力が北向きに $10^{-3}$ Pa/m の勾配で下がる場合の気塊の運動 [例題 4-A] 破線は摩擦のない場合,実線は摩擦力が $k_r=f/10$ を満たして働く場合である.矢印は気塊の運動方向を,矢印の間隔は $2\times10^4$ s の時間経過を表す.

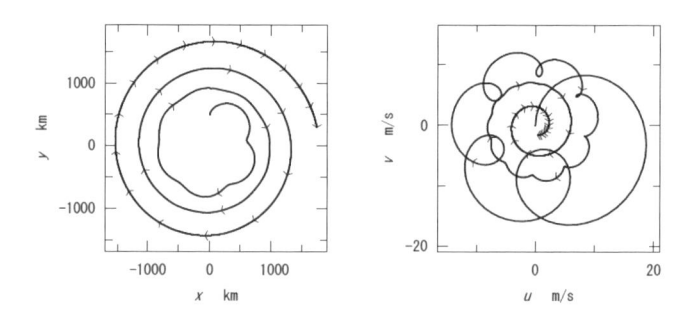

**図 4.10** 高気圧周辺の気塊の運動 [例題 4-A]
圧力分布は式 (4.17) で $p_d=10^3$ Pa,$r_d=1{,}000$ km と設定し,$k_r=f/20$ として摩擦力を加えた.$t=0$ では気塊は静止して $x=0$,$y=500$ km の位置にある.矢印は気塊の運動方向,矢印の間隔は $2\times10^3$ s を表す.

に,低緯度側に減少する圧力勾配がコリオリ力と結びつくと,気塊は東向きに移動する.これが偏西風である.

次に,高気圧や低気圧のまわりに生ずる大気の運動を考える.気圧 $p$ の分布は,高気圧や低気圧の中心を座標原点にして次式で表されるとしよう.

$$p = p_0 + p_d \exp\left(-\frac{x^2+y^2}{r_d^2}\right) \quad (4.17)$$

$p_d$ は気圧の変動の大きさ,$r_d$ は変動の及ぶ半径である.$p_d$ が正の場合が高気圧,負の場合が低気圧を表す.日常的な気圧の変動は気圧全体の 1% 程度,すなわち $10^3$ Pa(10 hPa)程度なので,この値を $p_d$ の大きさとして設定する.

図 4.10 は高気圧のまわりの運動で,$p_d=10^3$ Pa,$r_d=1{,}000$ km として計算した

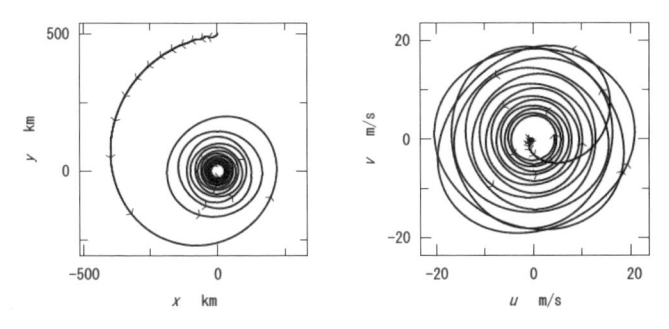

図 4.11 低気圧周辺の気塊の運動［例題 4-A］
圧力分布は式 (4.17) で $p_d = -10^3$ Pa, $r_d = 200$ km と設定し, $k_r = f/10$ として摩擦力を加えた. $t=0$ では気塊は静止して $x=0$, $y=500$ km の位置にある. 矢印は気塊の運動方向, 矢印の間隔は $5 \times 10^2$ s を表す.

結果である. 摩擦力は $k_r = f/20$ で設定した. $t=0$ では気塊は静止した状態で $x=0$, $y=500$ km の位置におかれる. 矢印間の時間間隔は $2 \times 10^3$ s である. 気塊はまず高気圧の中心から離れる方向に動かされ, その後振動しながら右回りに回転する. やがて摩擦力の効果で振動が収まり, ほぼ等圧線に沿って回転しながら高気圧の中心から次第に離れる. なお, 摩擦力が働かない場合は, 高気圧の中心から一定の距離を保って振動しながら回転を続ける.

図 4.11 は $p_d = -10^3$ Pa, $r_d = 200$ km, $k_r = f/10$ として計算した低気圧のまわりの運動である. $t=0$ では気塊は静止して $x=0$, $y=500$ km の位置におかれる. 矢印間の時間間隔は $5 \times 10^2$ s である. 気塊は, 今度は左回りに回転しながら低気圧の中心に引き込まれる. 中心に近づくと, 遠心力が圧力勾配を打ち消すために, 運動はほぼ同じ円に沿う. しかし, 摩擦力で運動エネルギーを失うために, 少しずつ中心に引き込まれる.

### b. 浅水波モデルによる解析

前項で見たように, 圧力の分布が計算条件として設定されれば, 大気の個々の部分の運動は独立に定まる. 実際には大気が運動するとその影響で周辺の圧力が変動するので, その変動を通して大気の各部分の運動は相互に関係し合う. この相互作用は現実には複雑だが, その一端を浅水波モデルで表現してみよう（小倉, 2000）.

浅水波モデルは一定の密度 $\rho$ をもつ流体の層（大気層）で大気を表現する. 大気層の厚さにはゆらぎがあり, その変動量 $\zeta$ は静水圧平衡の条件に従って次

のように直下の圧力 $p$ を決めるものと仮定する.

$$p = g\rho(h - z + \zeta) \tag{4.18}$$

ここで $g$ は重力加速度, $h$ は流体層の平均的な厚さ, $z$ は地表面からの高さである.

大気層の密度 $\rho$ に地表付近の値 $1\,\mathrm{kg/m^3}$ をとることにすれば,地表に 1 気圧の圧力 ($10^5\,\mathrm{Pa} = 10^3\,\mathrm{hPa}$) が生ずるのは大気層の仮想的な厚さ $h$ が約 $10\,\mathrm{km}$ のときである.これはほぼ対流圏の厚さに相当する.

ここでも北半球中緯度の大気を想定して,東西方向に $x$ 軸(東向きを正とする),南北方向に $y$ 軸(北向きを正とする)をとり,流速の $x$ 成分を $u$, $y$ 成分を $v$ と書く.鉛直方向の流速はあからさまには考えないが,質量保存則を満たすように存在するはずである.

運動方程式 (4.16) は, 式 (4.18) から次のように書き直される.

$$\begin{aligned}
\frac{\partial u}{\partial t} &= -u\frac{\partial u}{\partial x} - v\frac{\partial u}{\partial y} + fv - g\frac{\partial \zeta}{\partial x}, \\
\frac{\partial v}{\partial t} &= -u\frac{\partial v}{\partial x} - v\frac{\partial v}{\partial y} - fu - g\frac{\partial \zeta}{\partial y}
\end{aligned} \tag{4.19}$$

ここでは摩擦項は無視する.今度は空間に固定したオイラー流の視点で時間変化を追うので,移流項は右辺に移した.

大気の水平運動は次の質量保存則を通して $\zeta$ と関係づけられる.

$$\frac{\partial \zeta}{\partial t} = -h\left(\frac{\partial u}{\partial x} + \frac{\partial v}{\partial y}\right) \tag{4.20}$$

ここで $\zeta$ は $h$ に比べて十分に小さいと仮定した.式 (4.19) と式 (4.20) を連立すると,適当な初期条件と境界条件のもとに $u$, $v$, $\zeta$ を時間と空間の関数として計算できる.大気の各部分の運動は大気層の厚さの変動を通して互いに関係し合うのである.

計算領域には東西方向の広がりが $L$,南北方向の広がりが $H$ の長方形を考え,変数の範囲を $0<x<L$, $0<y<H$ にとる.コリオリ・パラメータは,式 (4.5) に従って高緯度ほど増加するので,その変化を次の 1 次式で近似する.

$$f = f_0 + \beta\left(y - \frac{H}{2}\right), \quad f_0 = 2\omega \sin\theta, \quad \beta = \frac{2\omega \cos\theta}{r_e} \tag{4.21}$$

ここで $r_e$ は地球の半径,$\theta$ は計算領域の中心の緯度である.

境界条件としては,計算領域の南端 $y=0$ と北端 $y=H$ の間に圧力差を仮定して $\zeta$ に次のような差をつける.

$$\zeta = \frac{\zeta_b}{2} \quad (y=0 \text{ のとき}) ; \quad \zeta = -\frac{\zeta_b}{2} \quad (y=H \text{ のとき}) \quad (4.22)$$

流速は両端 $y=0$ と $y=H$ で $u=g\zeta_b/fH$, $v=0$ とする．これらの条件は計算領域の南側と北側が完全な地衡風の状態にあることを想定する．

東西方向には周期境界条件を仮定する．すなわち $x=0$ と $x=L$ では $u$, $v$, $\zeta$ のすべてが同じ状態にあるものとする．同じ状態とは，変数の値や微分係数が同じであることを意味する．この境界条件によって，大気の流れは東の境界を突き抜けて西の境界から入ってくる．

初期条件は問題に応じて $\zeta$ の初期擾乱の形で設定する．$\zeta$ 自身の初期分布は，式（4.22）で設定される南北間の勾配をその初期擾乱に上乗せして求める．流速の初期分布はコリオリ力が圧力勾配と釣り合う条件

$$u = -\frac{g}{f}\frac{\partial \zeta}{\partial y}, \quad v = \frac{g}{f}\frac{\partial \zeta}{\partial x} \quad (4.23)$$

から決める．

### c. 浅水波モデルの数値計算

浅水波モデルによるシミュレーションの数値計算に差分法を用いることにして，空間と時間を以下のように離散化する．

$$\begin{aligned}
x_i &= i\Delta x \quad (i=0, \cdots, m), \quad m\Delta x = L \\
y_j &= j\Delta y \quad (j=0, \cdots, n), \quad n\Delta y = H \\
t_k &= k\Delta t \quad (k=0, \cdots)
\end{aligned} \quad (4.24)$$

格子点 $x=x_i$, $y=y_j$, $t=t_k$ における $u$, $v$, $\zeta$ の値を $u_{i,j,k}$, $v_{i,j,k}$, $\zeta_{i,j,k}$ と書く．

微分方程式（4.19），（4.20）を2次の差分で表現して次の関係を得る．

$$\begin{aligned}
u_{i,j,k+1} = u_{i,j,k-1} + 2\Delta t \bigg( & fv_{i,j,k} - u_{i,j,k}\frac{u_{i+1,j,k} - u_{i-1,j,k}}{2\Delta x} - v_{i,j,k}\frac{u_{i,j+1,k} - u_{i,j-1,k}}{2\Delta y} \\
& - g\frac{\zeta_{i+1,j,k} - \zeta_{i-1,j,k}}{2\Delta x} \bigg), \\
v_{i,j,k+1} = v_{i,j,k-1} - 2\Delta t \bigg( & fu_{i,j,k} - u_{i,j,k}\frac{v_{i+1,j,k} - v_{i-1,j,k}}{2\Delta x} - v_{i,j,k}\frac{v_{i,j+1,k} - v_{i,j-1,k}}{2\Delta y} \\
& + g\frac{\zeta_{i,j+1,k} - \zeta_{i,j-1,k}}{2\Delta y} \bigg), \\
\zeta_{i,j,k+1} = \zeta_{i,j,k-1} - h\Delta t & \bigg( \frac{u_{i+1,j,k} - u_{i-1,j,k}}{\Delta x} + \frac{v_{i,j+1,k} - v_{i,j-1,k}}{\Delta y} \bigg)
\end{aligned} \quad (4.25)$$

境界条件は，$j=0$ と $j=n$ の南北境界では各変数に式（4.22）などで決まる一定値を設定する．東西境界では，周期境界条件に従って次のように値を決める．まず，$i=0$ の境界で式（4.25）を用いて変数の値を計算する．この計算に必要な $i=-1$ における値は $i=m-1$ における値で代用する．$i=m$ ではすべての変数に $i=0$ で求めた値を割り振る．

初期分布 $\zeta_{i,j,0}$ が設定されたとして，流速の初期分布は式（4.23）から

$$u_{i,j,0} = -\frac{g}{f}\frac{\zeta_{i,j+1,0}-\zeta_{i,j-1,0}}{2\Delta y}, \quad v_{i,j,0} = \frac{g}{f}\frac{\zeta_{i+1,j,0}-\zeta_{i-1,j,0}}{2\Delta x} \qquad (4.26)$$

によって計算する．式（4.25）を適用するには，初期分布は $k=-1$ に対して決める必要があるが，それは $k=0$ について求めたのと同じ分布を使うことにする．

変数の時間的な推移は $k$ を 0 から 1 つずつ増やして順に計算していく．$k$ の各ステップでは，まず式（4.25）から内部の点（$1<i<m$；$1<j<n$）で変数の値を決め，次に同じ式を使って東西境界で変数の値を求める．南北境界では変数の値は初期の状態に固定される．

### d. 低気圧と高気圧

浅水波モデルを使って低気圧や高気圧の状態の時間的な変化を計算しよう．現実の低気圧や高気圧は地表付近の流れが上昇流や下降流とつながり，それが上空で逆向きの流れによって緩和されるが，このような状況は単一な層を扱う浅水波モデルでは表現できない．ここで調べるのは地表の低気圧や高気圧の様相ではなく，上空の偏西風との相互作用であると理解しよう．

大気層の厚さの変動量 $\zeta$ の $t=0$ における初期擾乱を式（4.17）と類似な次式で設定する．

$$\zeta = \zeta_d \exp\left(-\frac{(x-x_d)^2+(y-y_d)^2}{r_d^2}\right) \qquad (4.27)$$

これに式（4.22）で設定される南北間の勾配を加えるわけである．変動の振幅 $\zeta_d$ が正ならば高気圧，負ならば低気圧を表す．高気圧や低気圧の中心 $(x_d, y_d)$ は計算領域の中心に置いて，$x_d = L/2$，$y_d = H/2$ とする．

以下の例題では，緯度 $\theta$ として北緯 $40°$ を想定し，$f_0 = 9.37 \times 10^{-5}$ rad/s，$\beta = 1.75 \times 10^{-11}$ rad/s·m として式（4.21）からコリオリ力を決める．計算領域は温帯を想定して南北の幅を決め，$L = H = 3{,}000$ km とする．$m = n = 150$ とすれば $\Delta x = \Delta y = 20$ km となる．$h = 10$ km，$\rho = 1$ kg/m$^3$ として，緯度方向の温度差 30 K を表現するために，式（4.22）で $\zeta_b = 300$ m とする．この値を温帯領域間の圧力

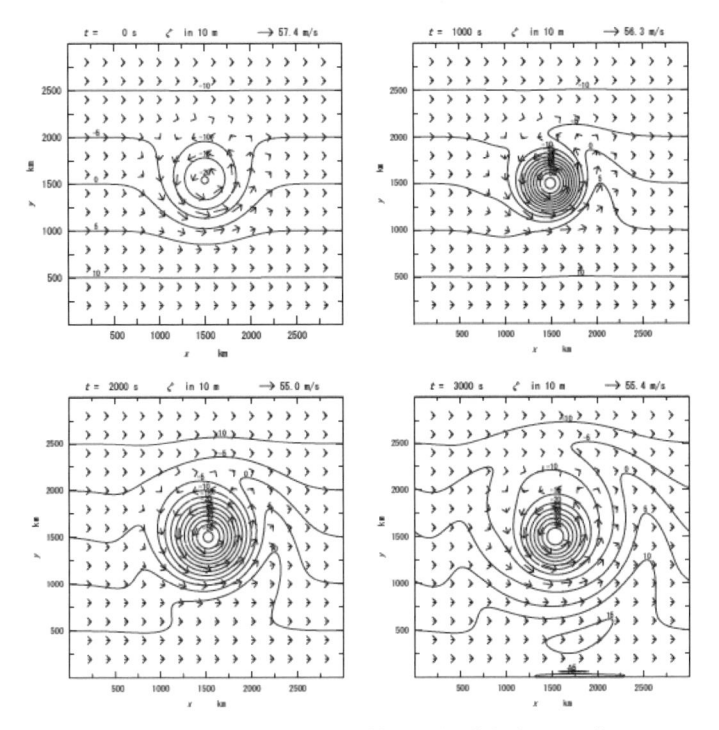

**図 4.12** 浅水波モデルによる低気圧の時間変化［例題 4-B］
$t=0$（左上），1,000 s（右上），2,000 s（左下），3,000 s（右下）における層厚の変動量 $\zeta$ の分布を 50 m 間隔の等高線で示す．$\zeta$ の初期分布は $r_d=400$ km，$\zeta_d=-200$ m から決めた．流速は速度ベクトルの矢印で 200 m 間隔ごとに示し，流速の大きさは各図右上の矢印で規格化する．

に換算すると 30 hPa 程度になる．

時間刻み $\Delta t$ を決めるには収束条件を考慮する必要がある．実は，式（4.19）と式（4.20）を連立すると，津波を表す式（2.28）と類似な方程式になる．そこで，解には津波のように表面を伝播する「重力波」が含まれる．重力波の伝播速度は $(gh)^{1/2}=310$ m/s になるので，時間刻みは重力波が空間刻みを通過する時間 66 s より短くしなければならない．ここでは $\Delta t$ として 5 s を選ぶ．

図 4.12 は低気圧についての計算例をあげる．$\zeta$ の初期分布は，式（4.27）で $r_d=400$ km，$\zeta_d=-200$ m として計算した分布に，式（4.22）に対応する地衡風によるものを加えた．流速 $(u, v)$ の初期分布は式（4.26）から計算した．

図では，$\zeta$ の分布は 50 m 間隔の等高線で表し，等高線の値は 10 m を単位とす

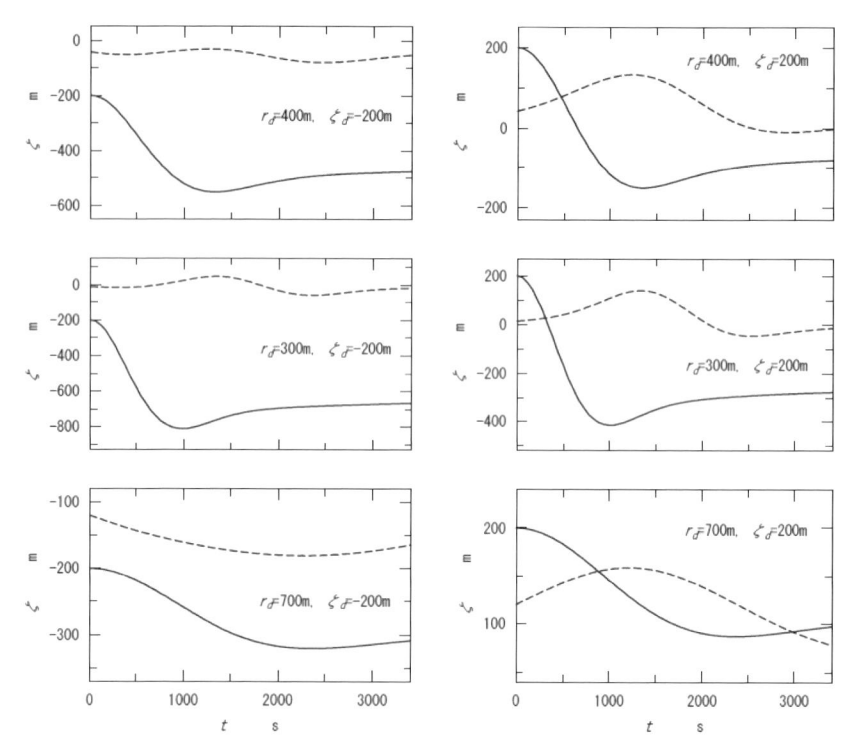

**図 4.13** 低気圧や高気圧の中心（実線）と中心から西に 500 km 離れた点（破線）における層厚の変動量 $\zeta$ の時間変化［例題 4-B］
左側に低気圧，右側に高気圧に対する計算結果を初期半径 $r_d$ の 3 通りの場合について示す．

る数値で表示する．流速は格子点を 10 本おきに（200 km 間隔で）選んで速度ベクトルを矢印で表す．矢印の長さは流速に比例させ，その大きさは各図の右上の矢印で規格化する．

図 4.12 で低気圧の推移を見ると，$t=1{,}000$ s では中心の気圧（$\zeta$ は圧力変化に比例するので，単に気圧とよぶ）は初期状態より著しく下がり，$t=2{,}000$ s ではその領域が拡大する．質量保存則（4.20）に従って大気がまわりに流れ出すのである．時間とともに低気圧は著しく発達しているように見えるが，流速の大きさは初期分布からあまり変わらない．$t=3{,}000$ s になると，中心の気圧は多少回復し，初期分布より低い状態でほぼ落ち着く．

図 4.13 は計算領域の中心（実線）とそこから西に 500 km 離れた点（破線）

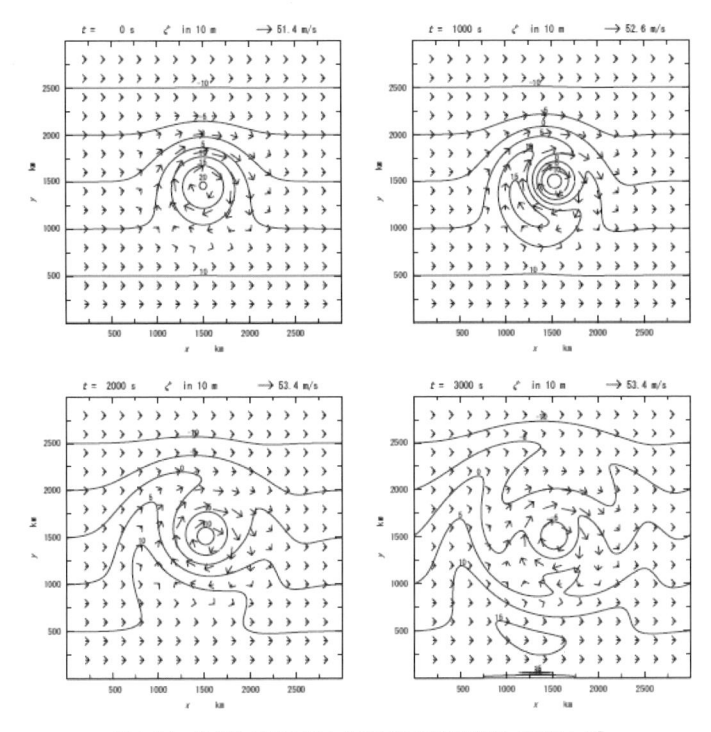

**図 4.14** 浅水波モデルによる高気圧の時間変化 [例題 4-B]
層厚の変動量 $\zeta$ の初期分布は $r_d = 400\,\mathrm{km}$, $\zeta_d = 200\,\mathrm{m}$ から決めた.図の様式は図 4.12 と同じ.

で $\zeta$ の時間変化を見る.この図の左上段が図 4.12 で考えた計算例である.低気圧の中心では,気圧は $t = 1{,}000\,\mathrm{s}$ の付近で初期値の 3 倍近くまで下がり,多少回復してからほぼ落ち着く.周辺では気圧は中心よりずっと高い状態でゆっくりと小さく振動する.

図 4.14 は高気圧に対する計算例で,初期半径は $400\,\mathrm{km}$ のままにして $\zeta_d$ を正 ($200\,\mathrm{m}$) にした.計算結果は低気圧の場合と対称にはならない.$t = 1{,}000\,\mathrm{s}$ で見ると,初期条件で中心のまわりにおかれた高気圧は南西側に移動し,中心には逆に低気圧が出現する.さらに時間が経つと,中心の低気圧も弱まり,気圧の変動はならされて消散する.図 4.13 の右上段で中心と周辺の $\zeta$ の時間変化を見ると,中心の気圧は正から大きく動いて負に変わり,そのまま負の状態にとどまる.

図 4.15 は低気圧と高気圧の空間的な広がりがもっと小さい場合 ($r_d = 300\,\mathrm{km}$)

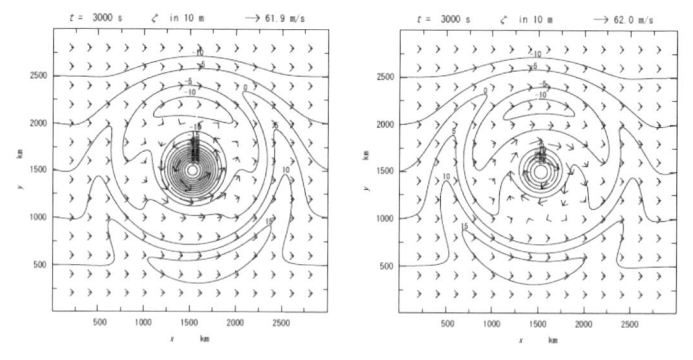

**図 4.15** 浅水波モデルによる小規模な低気圧（左）と高気圧（右）の計算例［例題 4-B］初期条件は $r_d = 300\,\mathrm{km}$, $\zeta_d = -200\,\mathrm{m}$（左）と $200\,\mathrm{m}$（右）とし, $t = 3{,}000\,\mathrm{s}$ の状態を見る.

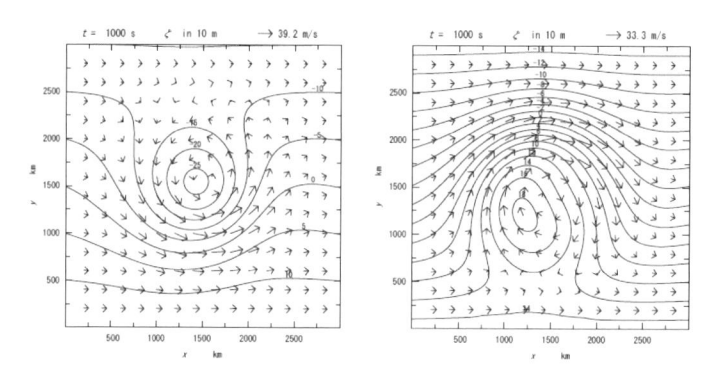

**図 4.16** 浅水波モデルによる大規模な低気圧（左）と高気圧（右）の計算例［例題 4-B］初期条件は $r_d = 700\,\mathrm{km}$, $\zeta_d = -200\,\mathrm{m}$（左）と $200\,\mathrm{m}$（右）とした. $t = 1{,}000\,\mathrm{s}$ の状態を見る.

の計算例で，それを $t = 3{,}000\,\mathrm{s}$ における状態で見る．図 4.12 と図 4.14 で見たように，時間とともに低気圧は発達し，高気圧は低気圧と転ずる．注目されるのは，低気圧や高気圧のまわりに顕著な変動が見られることである．この変動は時間とともに広がるので，重力波とみなされる．初期条件として中心のまわりに与えた変動は，重力波としてまわりに散逸するものと理解される.

図 4.16 は低気圧と高気圧の広がりが逆に大きい場合（$r_d = 700\,\mathrm{km}$）の計算例で，$t = 1{,}000\,\mathrm{s}$ の状態を見る．図を見やすくするために，高気圧（右図）は等高線間隔を $200\,\mathrm{m}$ にして表示する．この場合には気圧の時間変化がかなり抑えられ，時間が経っても高気圧（$\zeta > 0$）の状態を保つ．このことは図 4.13 下段の時間変化

からも確認できる.

これらの計算結果から読み取れる内容を議論しよう.まず,低気圧や高気圧は空間的な広がりが小さい場合はまわりに重力波（$\zeta$の変化が一定速度 $(gh)^{1/2}$ で伝わる波）を発生させながら激しく変化する.空間的な規模が大きくなると,重力波の発生が抑えられて気圧や流速の分布が安定する.

現象の空間的な広がりへの依存性は,式 (4.19) で非線形な移流項を無視すると,解析的に議論できる.それによると,空間的な広がりが $(gh)^{1/2}/f$（これをロスビー半径とよぶ）より十分に小さい場合には,変動は重力波として伝播し,振動のエネルギーが失われる.逆に空間的な広がりが十分に大きいと,重力波の効果は無視でき,振動が同じ場所で継続する.物理的に解釈すれば,大気が低気圧や高気圧を循環する時間が重力波で気圧の分布が崩れる時間より短ければ,低気圧や高気圧は保持される.

次に,低気圧や高気圧の中心付近の気圧は,計算結果によると両方とも時間とともに低くなる.そこで低気圧は発達するのに対して,高気圧は気圧が下がって衰え気味になる.規模が小さい場合には,高気圧は低気圧に変貌する.これは偏西風との相互作用の効果を示すものと理解できる.偏西風の流速は,式 (4.15) に従って緯度とともに小さくなるので,左回りの運動を駆動する傾向がある.そのために低気圧は強められ,高気圧は弱められるのである.

低気圧や高気圧の位置の変化を見ると,時間とともに低気圧は北側（高緯度側）に,高気圧は南側（低緯度側）に移動する傾向がありそうである.同時に低気圧も高気圧もともに西側に移動する.$\beta=0$ とおいて計算した結果と比べて,この移動はコリオリ力の緯度依存性に原因があることがわかる.コリオリ力の緯度依存性のために西向きに移動する波は,ロスビー波として広く知られている（木村,1983；小倉,2000）.ここで見出された西向きの移動にはロスビー波と同様な物理機構が働いている.

浅水波モデルには,熱の効果や,下層の流れと対をなす上層の反流が考慮されていないので,シミュレーションで得られた結論は実際の現象にそのまま適用できるとは限らない.この点は注意する必要がある.

### e. 偏西風の蛇行

浅水波モデルを用いて偏西風の蛇行についてシミュレーションを試みよう.大気層の厚さの変動 $\zeta$ の初期分布として,$y$ 方向に幅 $w$ と変動の振幅 $\zeta_w$ をもち,$x$ 方向には波数 $n_w$ と振幅 $y_w$ で蛇行する強い流れ（ジェット気流）を計算領域の

中央に導入する．この初期分布は数式で次のように表現できる．

$$\zeta = \frac{\zeta_w y}{2 y_l} \quad (y < y_l); \quad \zeta = \frac{\zeta_w (y_c - y)}{2w} \quad (y_l < y < y_u);$$

$$\zeta = \frac{\zeta_w (H - y)}{2(H - y_u)} \quad (y > y_u) \tag{4.28}$$

ただし

$$y_c = \frac{H}{2} - y_w \cos\left(\frac{2\pi n_w x}{L}\right), \quad y_l = y_c - \frac{w}{2}, \quad y_u = y_c + \frac{w}{2} \tag{4.29}$$

これを式 (4.22) で決まる地衡風の場に重ね合わせる．

ここでも前の例題と同じく緯度として北緯 40°を想定して，コリオリ力のパラメータ $f_0$ と $\beta$ を決める．計算領域も $L = H = 3,000$ km，$m = n = 150$ で設定し，$h = 10$ km，$\zeta_b = 300$ m とする．積分の時間刻み $\Delta t$ も 5 s に設定する．

初期条件を $n_w = 3$，$y_w = 100$ km，$w = 200$ km，$\zeta_w = 20$ m で設定した計算例を図 4.17 に示す．ここでは $\zeta$ の分布は 10 m 間隔の等高線で描かれ，流速ベクトルは矢印で示す．図の左上が初期分布で，場の中央に蛇行する帯状の高速域がつくられている．$x$ の両端は周期境界条件で結ばれるので，この状況が計算領域の両側に周期的に繰り返されるわけである．変数の時間的な変化は $t = 10,000$ s，20,000 s，30,000 s に対して図の右上，左下，右下に示される．

この計算結果からジェット気流の特徴がいくつか読み取れる．まず，蛇行の形状は時間とともに波として東に移動する．波の伝播速度は図からほぼ 15 m/s と読み取られるが，これはジェット気流付近の流速と同じ程度の速さである．したがって，波が伝播するのは大気の流れに運ばれるためだと理解できる．この場合にもロスビー波として西向きに移動する効果は存在するはずだが，流速がその伝播速度より大きいので，結果として東向きの移動が見られるのである．

変化を詳細に見ると，高速帯の南側（低緯度側）が北側（高緯度側）より波が早く伝播するために，高速帯は少しずつ変形していく．この変形のために，波の北に向かう部分は次第に幅が狭くなり，南に向かう部分は逆に幅が広くなる．この変化が続くと，2 つの部分をつなぐ南北の折り返し点付近で何らかの不安定が発生しそうである．

波の振幅には時間とともに増大する傾向が見られ，同時にジェット気流の幅が広がる．この傾向は，$n_w$ が大きくなるほど，すなわち波長が短くなるほど顕著になることが，$n_w$ を可変にしたシミュレーションを実行して確かめられる．振幅の増大が続けば，偏西風のわずかなゆらぎから大きな蛇行も生み出される可能

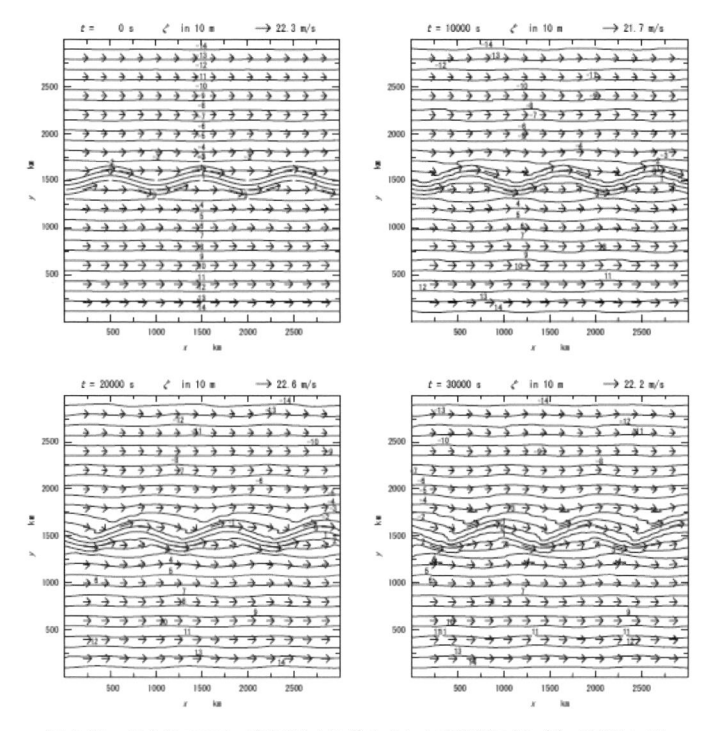

**図4.17** 浅水波モデルで偏西風中に導入された高速帯の波（1）［例題 4-B］ 10,000 s ごとの時間間隔で層厚の変動 $\zeta$ の分布（10 m 間隔の等高線）と流速ベクトル（矢印）を示す．波の初期状態は式（4.28）と式（4.29）で $n_w = 3$, $y_w = 100$ km, $w = 200$ km, $\zeta_w = 20$ m として決めた．

性があるが，大気上層と下層の流れの違いを無視した浅水モデルでは実際のジェット気流の蛇行は表現できない．

図 4.18 はジェット気流内部で $\zeta$ の勾配を大きくしたときの計算例で，初期条件は $n_w = 1$, $y_w = 100$ km, $w = 200$ km, $\zeta_w = 50$ m と設定した．この例題では，時間が経過すると波の北端と南端の付近で大気の流れに不安定が生じ，気圧の等高線が波を打つ．最初はそこから高気圧と低気圧が隣接して現れるが，その後はジェット気流の南側でも北側でも低気圧の発達が顕著になる．ただし，北側には高気圧の芽も認められる．

この不安定は，ジェット気流の内部と外部の間に大きな速度差があることが原因であろう．速度差のために境界付近で片方が巻き込まれて渦状の不安定が生じ，それが低気圧や高気圧に成長するものと理解できる．

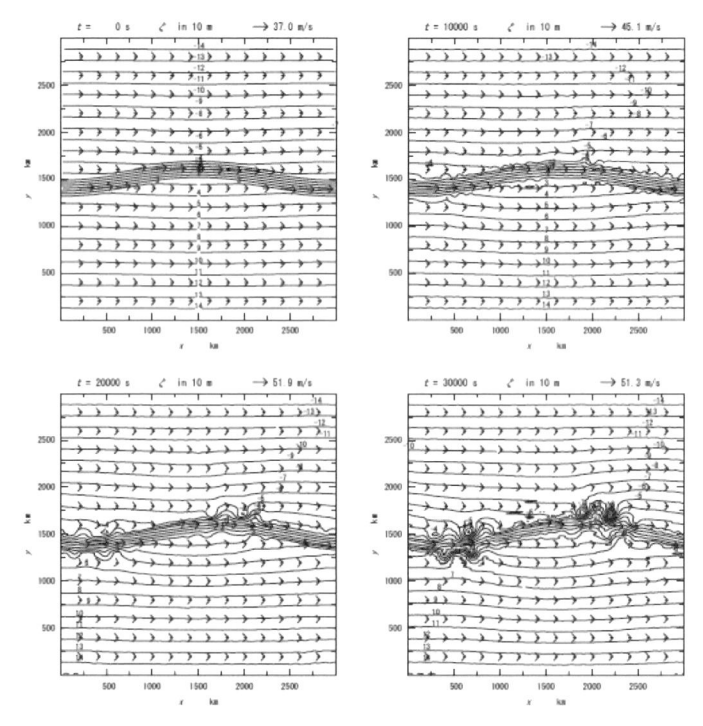

**図 4.18** 浅水波モデルで偏西風中に導入された高速帯の波（2）［例題 4-B］
波の初期状態は式（4.28）と式（4.29）で $n_w=1$, $y_w=100\,\mathrm{km}$, $w=200\,\mathrm{km}$, $\zeta_w=50\,\mathrm{m}$ として決めた．波の北端と南端付近で不安定が生じ，そこから次第に低気圧が発達する．

## 4.3 対　　　　流

　対流は熱に駆動される典型的な流体運動で，温度の不均一を緩和するように生ずる．流体内部に温度の不均一があると，熱膨張を通して密度が不均一になり，そのために浮力や圧力勾配が発生して対流が誘発されるのである．
　現実の大気の運動は複雑だが，4.1 節 d 項で見たように，大気の運動の基礎には緯度方向の温度差に駆動される対流がある．ここではコリオリ力は無視し，定常状態にある 2 次元流体のモデルを用いて，鉛直方向や水平方向の温度差で駆動される対流の性質を調べる．

### a. 対流の基礎方程式

対流は熱膨張による浮力が駆動力になるので，対流にまともに取り組むには密度変化を許容する圧縮流体を扱う必要がある．しかし，圧縮流体の扱いは面倒なので，通常はブジネスク近似に従って計算を簡略化する．この近似では，熱膨張の効果は運動方程式の重力の項だけに作用し，流れ自体は非圧縮流体で表現できると仮定する．流体の膨張や収縮は浮力の原因にはなるが，体積変化から直接派生する流れは対流の本質ではないとみなすのである．

ブジネスク近似のもとでは，定常状態にある流体の運動は非圧縮流体の関係式 (1.19)，すなわち次の偏微分方程式で決められる．

$$-\frac{\partial p}{\partial x_i} + \eta \sum_j \frac{\partial^2 v_i}{\partial x_j^2} + g_i \Delta\rho = 0, \quad \sum_j \frac{\partial v_i}{\partial x_i} = 0 \quad (4.30)$$

ここで $x_i$ は座標，$v_i$ は流速の座標成分，$p$ は基準状態（静水圧平衡を満たす状態）からの圧力の差，$\Delta\rho$ は基準状態からの密度の差である．また，定数 $\eta$ は粘性率，$g_i$ は重力加速度の座標成分である．ブジネスク近似によって，密度変化の効果は第1式の運動方程式の重力項のみに現れ，第2式の質量保存則には非圧縮性が仮定される．

2次元の流体を考えて $v_3=0$ とおき，座標 $x_1$, $x_2$ を $x$, $y$，流速 $v_1$, $v_2$ を $u$, $v$ と書く．$x$ は水平方向，$y$ は鉛直上向きにとる．2次元の流体については，非圧縮の流れを解くのに流れ関数 $\phi$ を使って，流速 $u$, $v$ を次のように表現できる（河村, 2014）．

$$u = \frac{\partial \phi}{\partial y}, \quad v = -\frac{\partial \phi}{\partial x} \quad (4.31)$$

この定義から，$\phi$ が一定値をとる曲線は，接線が流れの向きと平行になり，流線を表すことがわかる．式 (4.31) は非圧縮の条件を自動的に満たすので，以下の議論では運動方程式だけを考えればよい．

流れ関数を使うと，応力の3成分は次のように表される．

$$\sigma_{xx} = -p + 2\eta \frac{\partial^2 \phi}{\partial x \partial y}, \quad \sigma_{yy} = -p - 2\eta \frac{\partial^2 \phi}{\partial x \partial y}, \quad \sigma_{xy} = \eta\left(\frac{\partial^2 \phi}{\partial y^2} - \frac{\partial^2 \phi}{\partial x^2}\right) \quad (4.32)$$

流れ関数に加えて，渦度 $\omega$ を次式で定義する．

$$\omega = \frac{\partial v}{\partial x} - \frac{\partial u}{\partial y} \quad (4.33)$$

式 (4.31) から

$$\omega = -\left(\frac{\partial^2 \phi}{\partial x^2} + \frac{\partial^2 \phi}{\partial y^2}\right) \tag{4.34}$$

が得られる．

渦度を使うと，運動方程式は以下のように書き換えられる．

$$-\frac{\partial p}{\partial x} - \eta \frac{\partial \omega}{\partial y} = 0, \quad -\frac{\partial p}{\partial y} + \eta \frac{\partial \omega}{\partial x} - g\Delta\rho = 0 \tag{4.35}$$

ここで $g$ は下向きに働く重力加速度の大きさを表す．式 (4.35) の 2 式から $p$ と $\omega$ の一方を消去して次式が得られる．

$$\frac{\partial^2 \omega}{\partial x^2} + \frac{\partial^2 \omega}{\partial y^2} = \frac{1}{\eta} \frac{\partial}{\partial x}(g\Delta\rho), \quad \frac{\partial^2 p}{\partial x^2} + \frac{\partial^2 p}{\partial y^2} = -\frac{\partial}{\partial y}(g\Delta\rho) \tag{4.36}$$

密度変化 $\Delta\rho$ は状態方程式によって温度差 $T$ と圧力差 $p$ の関数となる．状態方程式としては次の線形の関係を仮定しよう．

$$\Delta\rho = \rho_0 \left(\frac{p}{K} - \alpha T\right) \tag{4.37}$$

ここで定数 $K$ は流体の体積弾性率，$\alpha$ は熱膨張率である．$\rho_0$ は基準状態の密度で，一定値と仮定する．流体が理想気体の場合には，$K$ は基準となる圧力（1 気圧など），$\alpha$ は基準となる絶対温度（300 K など）の逆数に等しい．

新しい変数 $T$ も含めて変数の空間分布を決めるために，エネルギー保存則 (4.11) を条件に加える．その左辺に式 (4.12) を適用して $U$ を $T$ で置き換える．時間についての全微分は時間の偏微分と移流項の和になるが，定常状態を考えるので，時間の偏微分は 0 にする．しかし，移流項は対流による熱輸送を表現するので無視できない．一方，式 (4.11) の右辺では摩擦熱，内部発熱，体積変化による仕事の効果を無視し，熱の移動は式 (1.30) で扱ったように熱伝導によるとすると，エネルギー保存則は次のように書ける．

$$\rho_0 C \sum_i v_i \frac{\partial T}{\partial x_i} = k \sum_i \frac{\partial^2 T}{\partial x_i^2} \tag{4.38}$$

ここで，比熱 $C$ と熱伝導率 $k$ は一定値とする．

座標を $x, y$ と書き，流速を式 (4.31) の流れ関数で表現すれば，式 (4.38) は左辺と右辺を入れ替えて次のようになる．

$$\frac{\partial^2 T}{\partial x^2} + \frac{\partial^2 T}{\partial y^2} = \frac{1}{\kappa}\left(\frac{\partial \phi}{\partial y}\frac{\partial T}{\partial x} - \frac{\partial \phi}{\partial x}\frac{\partial T}{\partial y}\right), \quad \kappa = \frac{k}{\rho_0 C} \tag{4.39}$$

$\kappa$ は熱拡散率である．

式 (4.34) と式 (4.36) に式 (4.37) と式 (4.39) を加えることで，4 変数 $p$,

$\phi, \omega, T$ の空間分布を計算するための関係式がそろった．代数的な関係式 (4.37) を除けば，すべての式はポアソン方程式の形をとるが，その数値解法は以下に述べるようによく知られている．

**b. 対流の数値計算法**

対流は水平方向の長さ $L$，鉛直方向の長さ $H$ の長方形の内部で発生するものとしよう．独立な定数の数を減らすために，まず方程式系に含まれる定数と変数を整理する．座標は $H$ を単位に無次元化して $x'=x/H$, $y'=y/H$ と表す．

変数 $p, \phi, \omega$ の代わりに，無次元の変数 $p', \phi', \omega'$ を次のように導入する．

$$p' = \frac{H^2 p}{\kappa \eta}, \quad \phi' = \frac{\phi}{\kappa}, \quad \omega' = \frac{H^2 \omega}{\kappa} \tag{4.40}$$

また重力加速度 $g$ と体積弾性率 $K$ の代わりに次の定数を導入する．

$$g' = \frac{g \rho_0 \alpha H^3}{\kappa \eta}, \quad K' = \frac{\alpha K}{\kappa \eta} \tag{4.41}$$

ただし，この2つの定数は無次元量ではない．

新しい変数と定数を使えば，$T, p', \phi', \omega'$ が満たす方程式は，式 (4.34), (4.36), (4.37), (4.39) で形式的に $g$ を $g'$，$K$ を $K'$，$\eta = \alpha = \kappa = \rho_0 = 1$ とおくことによって得られる．新しい方程式系に含まれる定数は $g'$ と $K'$ だけになる．記号が煩雑になるのを避けるために，以下の記述では $x', y', p', \phi', \omega'$ を単に $x, y, p, \phi, \omega$ と書く．

数値計算には差分法を採用することにして，長方形を等間隔に分割した格子点
$$x_i = i\Delta x \ (i=0, \cdots, m), \quad y_j = j\Delta y \ (j=0, \cdots, n), \quad m\Delta x = L, \quad n\Delta y = H \tag{4.42}$$
を考え，格子点 $(i, j)$ での変数の値を $\phi_{i,j}$ などと書く．新しい定数系で表せば，$H$ は1，$L$ は $L/H$ となる．

ポアソン方程式の形をとる式 (4.34) を2次の差分の式 (1.3節a項) を用いて離散化し，項を移動して整理すると，次の関係式が得られる．

$$\phi_{i,j} = \frac{\dfrac{\phi_{i+1,j}+\phi_{i-1,j}}{(\Delta x)^2} + \dfrac{\phi_{i,j+1}+\phi_{i,j-1}}{(\Delta y)^2} + \omega_{i,j}}{2\left[\dfrac{1}{(\Delta x)^2} + \dfrac{1}{(\Delta y)^2}\right]} \tag{4.43}$$

$\omega_{i,j}$ が既知だとすると，式 (4.43) は $\phi_{i,j}$ を計算するために使える．ただし，$\phi_{i,j}$ は右辺にも含まれるので，計算は反復法で行うことになる．すなわち，$\phi_{i,j}$ の近似解を式 (4.43) の右辺に代入して，もっと精度の高い解を左辺から求める．こ

の操作を解が収束するまで繰り返す．

式（4.36）や式（4.39）も式（4.43）と同様な形式に離散化できる．ただし，これらの方程式には未定の変数が絡み合って入っているので，それぞれの方程式を反復法で解いた後で，新たに得られた値を使って，またすべての方程式を解き直す必要がある．そこで解は反復法を二重に用いて計算することになる．

具体的な手順としては，反復計算の各ステップで，まず密度差 $\Delta\rho$ を式（4.37）から求める．次に式（4.36）の第1式から渦度 $\omega$ を，第2式から圧力 $p$ を計算し，さらに式（4.34）から流れ関数 $\phi$ を計算する．最後に温度 $T$ を式（4.39）から計算して，このステップを完了する．

この計算は領域内部のすべての格子点（$1<i<m; 1<j<n$）に適用される．計算には境界 $i=0, m$ と $j=0, n$ での変数の値が必要になるが，それは次の境界条件から求める．

まず，対流の原因となる温度差を境界条件として設定する．温度は下面 $y=0$ で $x$ の関数として与え，上面 $y=H$ では一定値（これを0とする）に設定する．両側面は対称境界とする．この条件を数式で書くと次のようになる．

$$T = T(x) \quad (y=0\text{ のとき}); \quad T=0 \quad (y=H\text{ のとき});$$

$$\frac{\partial T}{\partial x} = 0 \quad (x=0, L\text{ のとき}) \tag{4.44}$$

下面の温度は，両側面で勾配が0になるように，次の関係式で定めることにしよう．

$$T(x) = T_0 + A\cos\left(\frac{\pi x}{L}\right) \tag{4.45}$$

$T_0$ と $A$ は温度の次元をもつ定数である．離散化された温度を用いると，式(4.44)は次のように書かれる．

$$T_{i,0} = T(x_i), \quad T_{i,n} = 0, \quad T_{0,j} = T_{1,j}, \quad T_{m,j} = T_{m-1,j} \tag{4.46}$$

流速については，上面と下面は摩擦のない面で抑えるという条件 $v=0, \sigma_{xy}=0$ が扱いやすいので，それを採用する．両側面は対称境界とする．これらの条件を式（4.31），（4.32）などを用いて書き直せば，流れ関数と渦度について次の簡単な境界条件が得られる．

$$\phi_{i,0} = \phi_{i,n} = \phi_{0,j} = \phi_{m,j} = 0, \quad \omega_{i,0} = \omega_{i,n} = \omega_{0,j} = \omega_{m,j} = 0 \tag{4.47}$$

圧力差に関する境界条件は式（4.35）から次のように離散化できる．

$$p_{i,n} - p_{i-1,n} = -\eta(\omega_{i,n} - \omega_{i,n-1}), \quad p_{i,0} - p_{i-1,0} = -\eta(\omega_{i,1} - \omega_{i,0}),$$

$$p_{m,j} - p_{m,j-1} = \eta(\omega_{m,j} - \omega_{m-1,j}) - g\Delta\rho_{m,j}, \quad p_{0,j} - p_{0,j-1} = \eta(\omega_{1,j} - \omega_{0,j}) - g\Delta\rho_{0,j} \quad (4.48)$$

ここで境界での微分の計算には1次の差分式を適用した．式 (4.40) で導入した変数を使うには，ここでも $\eta$ は 1，$g$ は $g'$ で置き換える．

#### c. 対流の計算例

以上の定式化により，流体の性質を表現する定数 $g'$, $K'$ と，流体下部で温度の境界条件を決める定数 $T_0$, $A$ を設定すれば，対流の計算ができる．

$g'$ と $K'$ を定義する式 (4.41) には不確定性の大きい物理量が含まれていないように見え，例えば $H = 10 \,\mathrm{km}$, $g = 9.81 \,\mathrm{m/s^2}$, $\rho_0 = 1 \,\mathrm{kg/m^3}$, $\alpha = 3 \times 10^{-3}/\mathrm{K}$, $K = 10^5 \,\mathrm{Pa}$, $\kappa = 2.5 \times 10^{-5} \,\mathrm{m^2/s}$, $\eta = 2 \times 10^{-5} \,\mathrm{Pa \cdot s}$ を仮定して，$g'$ と $K'$ の大きさを適切に見積もれそうに思える．実はこの見積もりには問題がある．

上にあげた $\kappa$ と $\eta$ の値は分子としての空気の性質を表すが，実際の大気では熱や運動量はほとんどが乱流状態の流れによって輸送される．そこで，実効的な熱拡散率や粘性率は分子の性質から得られる値よりずっと大きいはずだが，その値は流れの状況に依存する．そこで $g'$ と $K'$ にはいろいろな可能性を考慮する必要がある．式 (4.41) に $\kappa$ と $\eta$ は積の形でしか寄与しないので，仮に $\kappa\eta = 1\,\mathrm{N}$ とすれば，$g' = 3 \times 10^{10}/\mathrm{K}$, $K' = 3 \times 10^2/\mathrm{m^2 \cdot K}$ が得られる．

$g'$ と $K'$ の設定には別な問題もある．$g'$ が大きくなると，反復計算が収束しなくなるのである．反復計算の発散は，出発値の精度を上げたり，式 (4.43) などを重みづけなどで修正したりすることで，ある程度は回避できる．しかし，これは単なる計算技術上の問題ではなく，対流が非定常になることを表現する場合もあるので，完全には防げない．

これらの事情を考慮して，$g'$ は計算が収束する範囲で可変にして定性的な議論を進めることにする．$K'$ は便宜的に $3 \times 10^2/\mathrm{m^2 \cdot K}$ に固定する．反復計算の出発値は，$T_{i,j}$ には式 (4.46) で決まる境界値を計算領域の内部で内挿し，それ以外の変数にはすべて 0 を設定する．

図 4.19 は $g' = 100/\mathrm{K}$ としたときの計算結果で，流れ関数 $\phi'$，温度差 $T$，渦度 $\omega'$，圧力差 $p'$ の分布を等高線で表示する．ただし，記号の簡略化のために，無次元化された $\phi'$, $\omega'$, $p'$ は単に $\phi$, $\omega$, $p$ と記す．各図の上に記されるように，等高線の表示値は $\phi$ については 1/10 にし，$\omega$ と $p$ については 10 倍すると真の値になる．$\phi$ の図には，流線上の 1 点を適当に選んで，式 (4.31) から計算される流速の大きさと方向を矢印で示す．

この計算では計算領域の形は $L/H = 3$ で指定し，格子間隔が 0.02 になるよう

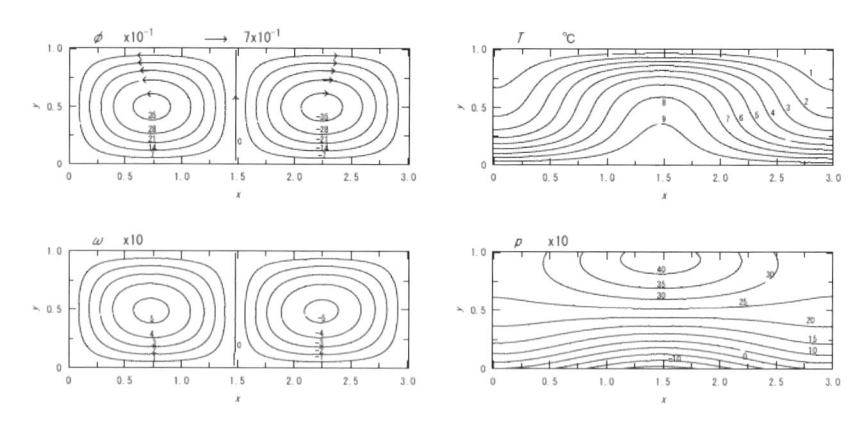

**図 4.19** $g' = 100 /\mathrm{K}$ に対する対流の定常解 ［例題 4-C］
他の定数は $K' = 300 /\mathrm{m}^2 \cdot \mathrm{K}$, $T_0 = 10\,°\mathrm{C}$, $A = 0.1\,°\mathrm{C}$ とした．流れ関数 $\phi$, 温度差 $T$, 渦度 $\omega$, 圧力差 $p$ の分布を等高線で示す．$\phi$, $\omega$, $p$ は式 (4.40) によって無次元化されている．等高線の値は各図の上に示す倍率で，流速ベクトル（左上の図）の大きさは矢印で補正される．

に $m = 150$, $n = 50$ とした．温度の境界条件は，鉛直方向には $T_0 = 10\,°\mathrm{C}$ の温度差を設定し，計算領域の底には水平方向に $A = 0.1\,°\mathrm{C}$ で決まるわずかな温度差を加えた．

　計算結果は，$\phi$ の図に示されるように，対流が 2 つのセルから構成される．流体は計算領域の中央で湧き上がり，両側に分かれて水平に移動してから，両端付近で沈み込む．この流れの分布に対応して，温度 $T$ は相対的に高温の部分が中央で盛り上がり，両端では低温の部分が深部まで広がる．渦度 $\omega$ は流線関数 $\phi$ と似た分布をとる．圧力 $p$ は中央部の深部では両側から流れを引き込むように負になり，浅部では両側に押し出すように正になる．

　直感的に推測されるように，同じ温度差 $T_0$ に対して中央で下降流，両端で上昇流となる解も同等な解として存在する．反復計算がこのうちのどちらに落ち着くかは，変数の初期分布や計算の具体的な進め方による．この計算で 0 でない小さな $A$ を設定したのは，初期分布にゆらぎを与えて，反復計算の落ち着き先を定めるためである．

　図 4.20 は，$K'$, $T_0$, $A$ などの条件は前の計算と同じにして，$g'$ を $10 /\mathrm{K}$ に変えたときの計算結果である．この場合には，温度はほとんど鉛直方向だけに依存し，その勾配もほぼ一定である．水平方向にわずかな温度勾配があるので，横に細長い単一の対流セルができるが，等高線の倍率からわかるように，対流はきわ

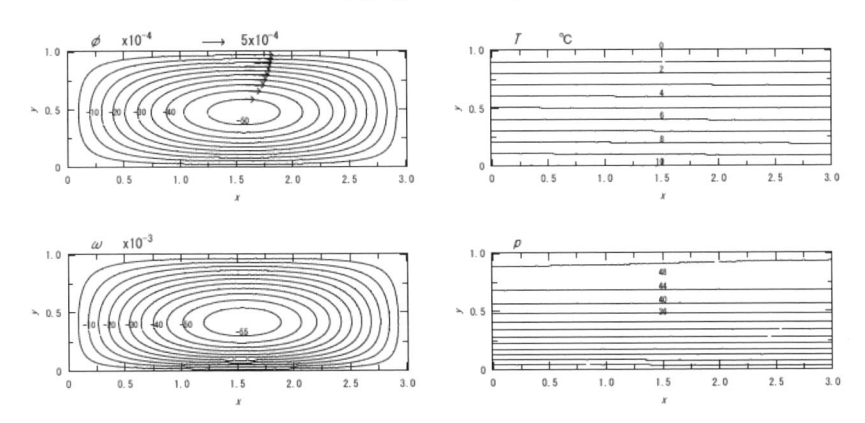

**図 4.20** $g'=10/\text{K}$ に対する対流の定常解 [例題 4-C]
他の定数や図の様式は図 4.19 と同じ．水平温度差による対流は微弱で，鉛直方向の温度差はほとんどが熱伝導による．

めて微弱である．鉛直方向の温度差は熱伝導に支配され，対流は熱輸送にほとんど寄与しない．

図 4.19 と図 4.20 を比較して推測されるように，鉛直方向の温度差に駆動される対流（これをレイリー–ベナール型の対流とよぶ）は $g'$ がある程度より大きくならないと生じない．これはよく知られた事実で，微小振幅の対流の安定性を解析的に調べて，対流の発生には次の条件が必要なことが示される（木村，1983）．

$$R>R_c, \quad R=g'T_0=\frac{g\rho_0\alpha T_0 H^3}{\eta\kappa} \tag{4.49}$$

$R$ はレイリー数とよばれる無次元数で，対流は $R$ が臨界値 $R_c$ を超えたときに発生する．

臨界レイリー数 $R_c$ の値は境界条件に依存するが，ここで採用した境界条件に対しては $R_c=(27/4)\pi^4=657.5$ となる．温度差 $T_0$ は 10℃ なので，図 4.19 と図 4.20 の事例で $R_c$ は 1,000 と 100 になり，シミュレーション結果は式 (4.49) の条件を満たす．レイリー数が臨界値に近いときには，対流セルの横と縦の長さの比が $\sqrt{2}$ になることが導かれるが，これも図 4.19 の計算結果と整合的である．ただし，シミュレーションに用いた定式化は，状態方程式 (4.37) が圧力差の寄与を含む点で解析モデルとは異なる．

図 4.21 は $g'=3\times10^3/\text{K}$ ($R=3\times10^4$) のときの計算結果である．$K'$, $T_0$, $A$ の値は前の 2 つの計算と同じである．この計算では，大きさの異なる 4 つの対流

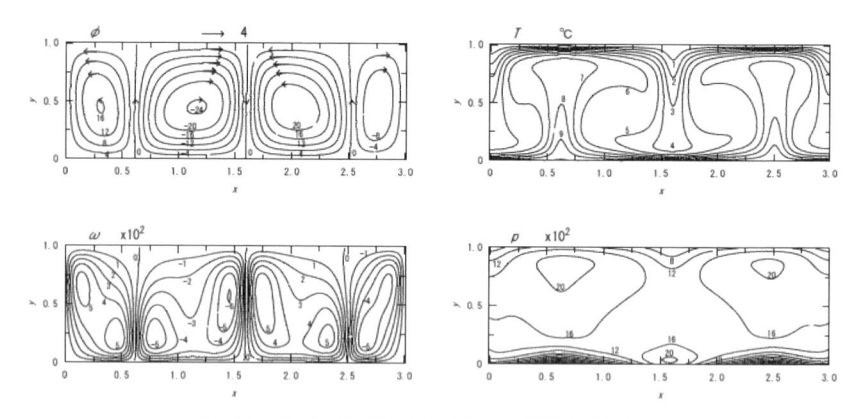

**図4.21** $g' = 3\times 10^3$/K に対する対流の定常解 ［例題 4-C］
他の定数や図の様式は図 4.19 と同じ．対流セルの形が乱れる．

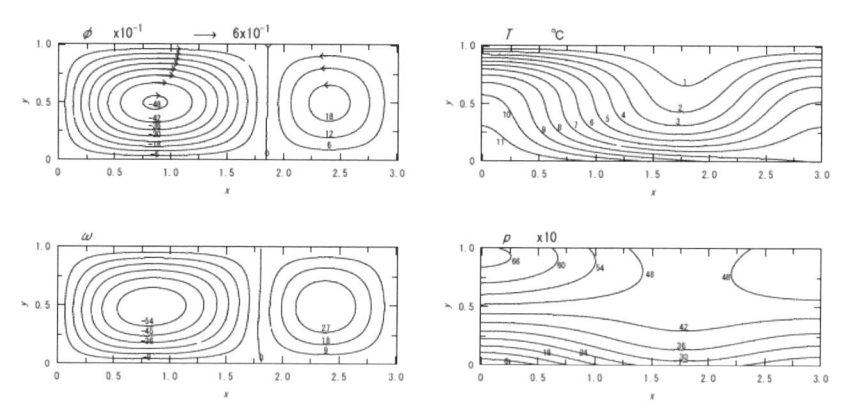

**図4.22** $g' = 100$/K，$A = 2℃$ に対する対流の定常解 ［例題 4-C］
他の定数は $K' = 300$/m²·K，$T_0 = 10℃$ とした．水平温度差の影響で対流セルの対称性が失われる．

セルが見られる．レイリー数が大きくなるにつれて，対流のセルの形は次第に不規則になるのである．

レイリー数がさらに大きくなると，対流は次第に乱流状態になり，時間変化がいつまでもおさまらなくなる．このときには対流の定常解がなくなるので，ここで定式化した計算方法は適用できない．対流の性質は，レイリー数ばかりでなく，動粘性率（$\eta/\rho_0$）と熱拡散率（$\kappa$）の比で定義されるプラントル数にも依存するようになる．

4.4 水蒸気の凝結を伴う大気の上昇

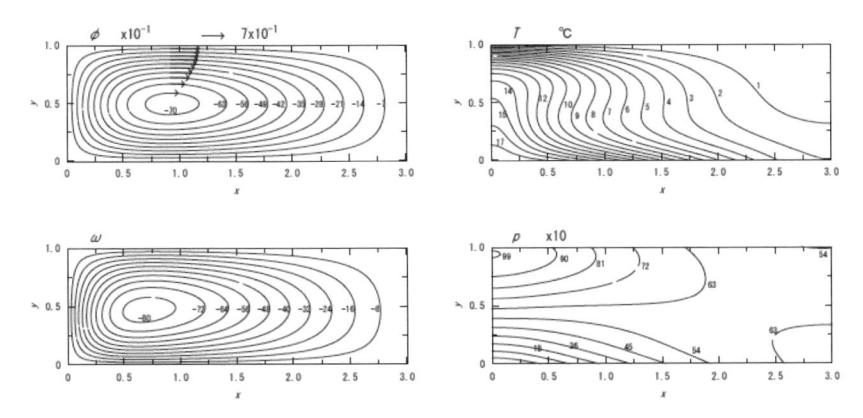

**図 4.23** $g'=100/K$, $A=8\,°C$ に対する対流の定常解［例題 4-C］
他の定数や図の様式は図 4.22 と同じ．対流はおもに水平温度差に支配されて単一のセルをつくる．

図 4.22 は $g'=100/K$ の状態で $A=2\,°C$ にしたときの計算結果で，$K'=3\times 10^2/\mathrm{m}^2\cdot\mathrm{K}$ と $T_0=10\,°C$ は前の計算と同じである．$A$ が小さいときは同じ大きさであった 2 つの対流セル（図 4.19）が，この計算では水平方向の温度差の効果で非対称になり，左側のセルの勢いが強まっている．

さらに水平方向の温度差を強めて $A=8\,°C$ にしたときの計算結果を図 4.23 に示す．このときには水平方向の温度差の効果が鉛直方向の温度差に勝り，横に長い単一の対流セルが形成される．ただし，鉛直方向の温度差のために，上昇流は下降流よりも流れが速い．

水平方向の温度差で駆動される対流は，温度変化が存在する範囲でひとつながりのセルをつくり，横方向にはいくらでも長くなる．また，図 4.20 で示唆されるように，対流は微小な温度差によっても駆動され，温度差の大きさに式 (4.49) のような制約がない．

## 4.4 水蒸気の凝結を伴う大気の上昇

大気の上昇は水蒸気の凝結を伴って雲を生み，しばしば降雨や降雪をもたらす．上昇流は水蒸気の凝結で発生する潜熱によって加速され，周囲から大気を取り込んで，時に積乱雲のように激しく急成長する（4.1 節 e 項）．ここでは孤立して上昇する大気の塊（サーマル）のモデルを用いて簡単なシミュレーションを実行

する．ただし，雲粒はサーマル内の大気と一緒に移動すると仮定するので，降雨や降雪は表現されない．

### a. 大気上昇過程の定式化

大気の上昇過程をサーマルのモデルを用いて定式化する．解析を簡単にするために，サーマルの内部はよくかき混ぜられて一様になっており，それが乾燥大気の間を空間的に均一な速度 $v$ で上昇するものと仮定する．実際の上昇気流は周辺から大気を集めて徐々に成長するが，扱いを簡単にするために，ある大きさのサーマルが地表から突然上昇を開始するものと仮定する．サーマルの上昇を時間 $t$ とともに追跡する上で基礎となる方程式は，質量，運動量，エネルギーの保存則から導かれる．

質量保存則は，周囲からの大気の取り込みを考慮して次のように書かれる．

$$\frac{dm}{dt} = J_e, \quad J_e = k_e \rho_e v S, \quad v = \frac{dz}{dt} \tag{4.50}$$

ここで $m$ はサーマルの質量，$J_e$ はサーマルに単位時間あたりに流入する周辺大気の質量，$z$ はサーマルの重心の高さである．

式 (4.50) の第2式は，乱流混合によって周囲から取り込まれる流量が周囲との速度差に比例するとする経験則である．この経験則はエントレインメント仮説とよばれ，ノズルから噴出するジェット噴流の室内実験などから得られた．無次元の比例定数 $k_e$ はエントレインメント定数とよばれ，0.1 程度の値をとる．この式で $\rho_e$ は静止する周辺大気の密度である．$S$ は周辺大気との接触面積で，サーマルの形状として球を考えれば，体積 $V$ から次のように求まる．

$$S = (36\pi V^2)^{1/3} \tag{4.51}$$

サーマルの質量は次のように乾燥大気 $m_g$，水蒸気 $m_v$，水滴（氷滴も含む）$m_w$ の寄与からなる．

$$m = m_g + m_v + m_w, \quad m_v + m_w = m_0 \tag{4.52}$$

以下の計算では周辺大気は乾燥大気のみからなると仮定するので，水蒸気と水の総質量 $m_0$ は一定であり，式 (4.50) 第1式左辺の $m$ は $m_g$ で置き換えられる．

運動量保存則は次の形をとる．

$$\frac{d}{dt}(mv) = g(\rho_e - \rho)V - F, \quad m = \rho V, \quad F = \eta V^{1/3} v \tag{4.53}$$

第1式の右辺第1項は浮力で，$g$ は重力加速度，$\rho$ はサーマルの平均密度である．第2項の $F$ はサーマルに働く摩擦抵抗で，それが流速 $v$ に比例すると仮定する

## 4.4 水蒸気の凝結を伴う大気の上昇

と，次元解析から第3式が導かれる．この式で係数 $\eta$ は粘性率の次元をもつ．

サーマルの密度は温度，圧力，水蒸気や水滴の量の関数である．気体の密度が理想気体の状態方程式（4.10）に支配され，サーマル中で水滴の占める体積は無視できると仮定すれば，サーマルと周辺大気の密度は次のように書かれる．

$$\rho = \frac{p}{R_t T} + \frac{m_w}{V}, \quad \rho_e = \frac{p}{R_g T_e} \tag{4.54}$$

ここで $T$ と $T_e$ はサーマルと周辺大気の温度（絶対温度）であり，圧力 $p$ はサーマルと周辺大気の間で共通であると仮定する．$R_t$ と $R_g$ はサーマルの気体部分（乾燥大気と水蒸気の混合気体）と周辺大気の比気体定数である．

エネルギー保存則は次のように書ける．

$$\frac{d}{dt}(m_g U_g + m_v U_v + m_w U_w) = J_e U_e + \Delta U \frac{dm_w}{dt} - p\left(\frac{dV}{dt} - \frac{J_e}{\rho_e}\right) + [g(\rho_e - \rho)V - F]v \tag{4.55}$$

ここで左辺の $U_g$, $U_v$, $U_w$ はサーマル内の乾燥大気，水蒸気，水滴の各部分がもつ単位質量あたりの内部エネルギーである．右辺第1項は流入する周辺大気がもち込むエネルギーで，$U_e$ は周辺大気の単位質量がもつ内部エネルギーである．第2項は水蒸気の凝結のために放出されるエネルギーで，$\Delta U$ は単位質量の水蒸気が凝結するときに発生する潜熱である．第3項は圧力 $p$ が外部にする仕事であり，断熱膨張の効果を表現する．第4項は浮力と摩擦力のする仕事である．

式（4.55）に含まれる乾燥大気などの内部エネルギーは，熱エネルギー，重力ポテンシャル，運動エネルギーの和として次のように書ける．

$$U_g = C_g T + gz + \frac{v^2}{2}, \quad U_v = C_v T + gz + \frac{v^2}{2}, \quad U_w = C_w T + gz + \frac{v^2}{2},$$
$$U_e = C_g T_e + gz \tag{4.56}$$

ここで $C_g$, $C_v$, $C_w$ は乾燥大気，水蒸気，水滴の定圧比熱である．熱エネルギーは絶対温度に比例するとは必ずしもいえないが，定圧比熱に適当な値を選べば，考慮する温度範囲で実質的に温度への依存性を線形関係で表現できる．

水蒸気の凝結は，実際には過飽和状態で起こることが多いが，ここでは熱力学的な平衡条件を満たして進行すると仮定する．その場合には，温度の関数として決まる飽和蒸気圧 $P(T)$ と，サーマル内の水蒸気の分圧 $p_v$ の兼ね合いで，凝結の可否や凝結量が決まる．水蒸気の分圧は全体の圧力に占める水蒸気の寄与から次のように書かれる．

$$p_v = \frac{M_t m_v}{M_v(m_g + m_v)} p \qquad (4.57)$$

ここで $M_t$ と $M_v$ はサーマルの気体部分と水蒸気の平均分子量である.

水蒸気量は飽和蒸気圧から次のように求まる.

$$m_v = \frac{M_v m_g P(T)}{M_t p - M_v P(T)} \quad (p_v > P(T)); \quad \frac{dm_v}{dt} = 0 \quad (p_v < P(T)) \qquad (4.58)$$

この第1式は分圧が飽和蒸気圧に拘束されるという条件である.水滴の量は $m_w = m_0 - m_v$ から求まる.第2式は不飽和状態では凝結が生じないことを表す.

周辺大気の状態は高さ $z$ の関数としてあらかじめ定まっていることを想定する.それが乾燥大気の断熱過程の条件を満たすとすれば,式 (4.14) から次式が得られる.

$$p = p_s \left(1 - \frac{g\gamma}{R_g T_s} z\right)^{1/\gamma}, \quad T_e = T_s - \frac{g\gamma}{R_g} z \qquad (4.59)$$

ここで,周辺大気は地表 $z=0$ では $p = p_s$ と $T_e = T_s$ の状態にあるとする.$\gamma$ には2原子分子に対する 2/7 を使う.

以上でサーマルの上昇過程を記述する方程式系が得られた.基本となるのはサーマルの質量 $m$,上昇速度 $v$,温度 $T$ がそれぞれ質量保存,運動量保存,エネルギー保存の関係から制約されることであり,その関係式に状態方程式と凝結の条件が組み合わされる.降雨の発生条件は考慮していないので,凝結で生じた水滴はサーマル内を浮遊することになる.

**b. サーマル上昇過程の計算方法**

サーマルの状態を時間とともに追跡するには,前項で述べた連立常微分方程式を解けばよいが,その計算には多少工夫を要する.計算方法を定数の見積もりや関数の扱い方とともに以下に考える.

計算方法で問題になるのは時間微分の扱いである.連立常微分方程式は,計算に使う基礎変数を適当に選んで,左辺が各変数の1次の時間微分,右辺がそれらの変数を用いて時間微分を計算する代数演算という形に書ければ,ルンゲ-クッタ法などの標準的な方法で容易に数値積分ができる(1.3節 b 項).そこで,サーマルの計算に関与する常微分方程式をこの形に整理する.

質量保存則 (4.50) と運動量保存則 (4.53) は,微分方程式を解くための基礎変数に $m$ と $X = mv$ を選ぶことでそのまま使える.式 (4.50) 第3式は $z$ も基礎変数に加えることで対処できる.しかし,エネルギー保存則 (4.55) は,右辺に

も時間微分を含むので書き換えが必要になる．

まず，式 (4.55) の右辺第 2 項は左辺に移して時間微分に組み入れる．また，右辺第 3 項で $V$ の時間微分を含む項は次のように書き換える．

$$p\frac{dV}{dt} = \frac{d}{dt}(pV) - vV\frac{dp}{dz} \tag{4.60}$$

この第 1 項は式 (4.55) の左辺に移す．第 2 項は $dp/dz$ の解析的な表現を式 (4.59) から導いて，それを計算に用いる．

この操作によって，式 (4.55) は次式で定義する $Y$ を基礎変数にする形に書き換えられる．

$$\frac{dY}{dt} = J_e U_e + vV\frac{dp}{dz} + \frac{pJ_e}{\rho_e} + [g(\rho_e - \rho) - F]v,$$
$$Y = m_g U_g + m_v U_v + m_w(U_w - \Delta U) + pV \tag{4.61}$$

以上により，サーマルの上昇と状態変化を計算する常微分方程式系は $m$, $X = mv$, $Y$, $z$ の 4 変数を基礎にする形に整理された．

この方法を使うと，計算の各時間ステップで 4 変数 $m$, $X$, $Y$, $z$ の値がまず求まる．次の時間ステップに進むには，4 変数を用いてそれ以外の変数を見積もり，各常微分方程式の右辺を計算する必要がある．この見積もりで $v$ は $X/m$ から，$m_g$ は $m - m_0$ から，$p$ と $T_e$ は式 (4.59) を使って $z$ から求められる．$T$ は式 (4.61) 第 2 式の $Y$ から求めることになるが，この式には $m_v$, $m_w$, $V$ が未定のまま残されているので，値がすぐには求まらない．

そこで，$T$ は他の未定変数と一緒に反復法で計算することにする．式 (4.61) 第 2 式に式 (4.56) を代入して，$T$ の表現を次のように得る．

$$T = \frac{Y - m(gz + v^2/2) + m_w \Delta U - pV}{m_g C_g + m_v C_v + m_w C_w} \tag{4.62}$$

未定の変数 $m_v$, $m_w$, $V$ に仮の値を仮定して，式 (4.62) から $T$ を計算し，それを用いてさらに精度の高い $m_v$ を式 (4.58) から，$m_w$ を $m_0 - m_v$ から，$V$ を式 (4.54) の第 1 式と式 (4.53) の第 2 式から計算する．それから式 (4.62) に戻って $T$ の計算をやり直す．この操作を $T$ などの未定の変数の値が十分に収束するまで繰り返すわけである．繰り返し計算の初期値には前の時間ステップの値を使えばよい．

連立常微分方程式の積分には，$t=0$ で 4 変数 $m$, $X$, $Y$, $z$ の初期値を設定する必要がある．サーマルの追跡を地表での静止した状態から始めることにすれば，初期条件として $X=0$ と $z=0$ が得られ，$p$ は 1 気圧（$10^5$Pa）としてよい．$m$ と

$Y$の初期値は$V$と$T$の初期値$V_0$と$T_0$で代え,水蒸気量の初期値は比の形で$r_0 = m_0/m$で設定するのが扱いやすい.初期状態では凝結は起こらないとすれば,$m_w = 0$となるので,式(4.54)の第1式から$\rho$の初期値が,式(4.53)の第2式から$m$の初期値が得られる.この段階で$r_0$から$m_0$を計算し,$m_g = m - m_0$と$m_v = m_0$に注意して,式(4.54)と式(4.61)第2式から$Y$の初期値を得る.

　計算に用いる定数や関数の見積もりに移ろう.大気の平均的な分子量$M_g$を29 g/mol,水蒸気の分子量$M_v$を18 g/molとする.サーマル中の気体成分の分子量$M_t$は,大気と水蒸気のモル比$m_g/M_g : m_v/M_v$で加重平均をとって$M_g$と$M_v$から計算する.これらの気体成分の比気体定数$R_g$, $R_v$, $R_t$は,式(4.10)の第2式から普遍気体定数(8.31 J/mol·K)をそれぞれの分子量で割って求める.$M_t$と$R_t$は時間とともに変化する.

　式(4.56)で導入した定圧比熱(圧力一定の条件下での熱エネルギーの温度変化率)は,式(4.12)で考えた定積比熱(体積一定の条件下での熱エネルギーの温度変化率)と熱力学的な関係で結ばれており,理想気体の場合は定積比熱に比気体定数を加えたものが定圧比熱になる.そこで,2原子分子で構成される乾燥大気については$C_g = (7/2)R_g$となる.同様に水蒸気の定圧比熱$C_v$は$(9/2)R_v$から求められる.液体状態の水の比熱$C_w$は,よく知られた1 cal/℃·gの値から$4.2 \times 10^3$ J/K·kgとする.

　飽和蒸気圧の見積もりにはアントワン式とよばれる次の実験式を用いることにする.

$$\log_{10} P(T) = A - \frac{B}{T-C}, \quad A = 10.1524, \quad B = 1705.62, \quad C = 41.76 \quad (4.63)$$

この式で絶対温度$T$の単位はK,$P(T)$の単位はPaである.この式は見積もりに1%程度の誤差を含むが,ここでの目的には使えるだろう.0℃以下の低温では,氷の蒸気圧が水より多少低めになるが,ここではその差は無視する.

　水の蒸発熱$\Delta U$は温度に多少依存するが,25℃に対する$2.4 \times 10^6$ J/kgを採用する(国立天文台編,2011).エントレインメント定数としては,経験的に知られる$k_e = 0.1$を使う.

　サーマルに働く摩擦抵抗は係数$\eta$の見積もりが難しい.空気の分子粘性は約$2 \times 10^{-5}$ Pa·sの粘性率をもつが,乱流状態にあるサーマルの運動を表現する実質的な$\eta$の値は,これよりずっと大きいはずである.ここでは$\eta$に複数の値を設定してその効果を見る.ただし,サーマルの体積が十分に大きくなれば,浮力に比べて摩擦抵抗の寄与が無視できるようになるので,$\eta$の不確定さにあまり神経

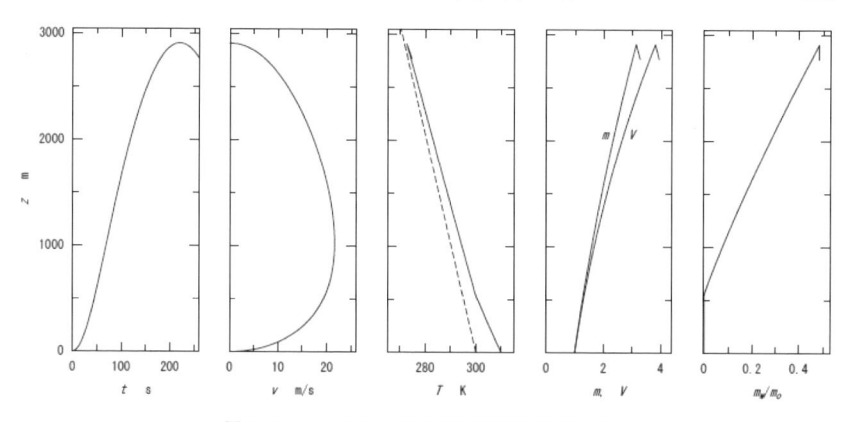

**図 4.24** サーマル上昇過程の計算例［例題 4-D］

$z$ は地表からの高さ，$t$ は時間，$v$ はサーマルの上昇速度，$T$ は温度である．$T$ の図で破線は周辺大気の温度である．サーマルの質量 $m$ と体積 $V$ は地表での値との比を示す．$m_w/m_0$ は凝結した水の割合である．サーマルの初期条件は体積 $1\times10^9\,\mathrm{m}^3$，温度 310 K，水蒸気の質量比 0.03 に設定し，摩擦を表現する係数 $\eta$ は 0 とした．地表での周辺大気の温度は 300 K である．

質になる必要はない．

要約すれば，初期条件として地表でサーマルの体積 $V_0$，温度 $T_0$，水蒸気の質量比 $r_0$ を周辺大気の地表温度 $T_s$ とともに設定すると，それ以後のサーマルの上昇過程が追跡できる．

### c. サーマル上昇過程の計算例

サーマル上昇過程の典型的な計算例を図 4.24 に示す．変数の値は元々時間 $t$ の関数として計算されるが，比較の便宜を考えて，図は高さ $z$ に対比させて表示する．$z$ と $t$ の関係は一番左の図にあげる．この計算では地表での周辺大気の温度は 300 K とし，サーマルの初期条件は体積 $V_0=1\times10^9\,\mathrm{m}^3$，温度 $T_0=310\,\mathrm{K}$，水蒸気の質量比 $r_0=0.03$ に設定した．この条件に対応するサーマルの初期質量は $1.12\times10^9\,\mathrm{kg}$ となる．摩擦力を表現する係数 $\eta$ は 0 とした．

サーマルは周辺大気より初期温度が 10 ℃高く，水蒸気を含む分だけ密度が小さくなるので，地表で浮力を受けて上昇を開始し，220 s をかけて最高高度 2,910 m まで達する．この間に，上昇速度 $v$ は高度 1,000 m 付近までは増加し，その後減少に転ずる．周辺からの大気の取り込みのために，質量 $m$ と体積 $V$（図ではともに地表での値との比で示す）は 3 倍程度にまで増える．温度 $T$ は周辺

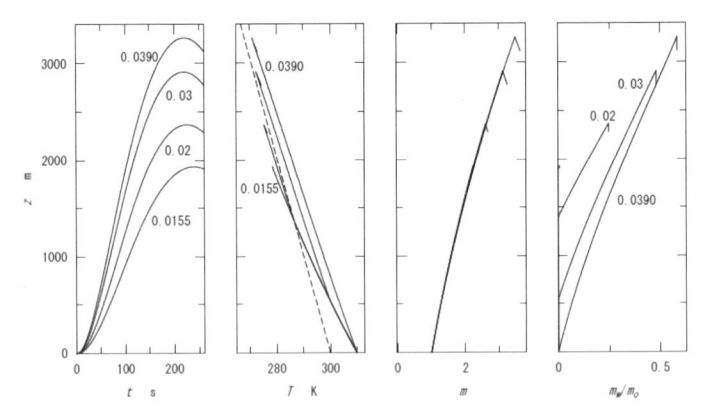

**図 4.25** サーマルの上昇過程に対する水蒸気の質量比（各曲線につけた値）の効果［例題 4-D］それ以外の条件は図 4.24 と同じである．質量比が 0.0155 より小さいと，サーマルの上昇途上で水蒸気の凝結は起こらず，質量比が 0.0390 より大きいと，凝結が地表で始まる．

大気との混合と断熱膨張の効果で次第に下がっていく．$T$ の図で破線は周辺大気の温度を高さの関数として示す．

$m_w/m_0$ の図で示されるように，水蒸気の凝結はサーマルが高度 560 m 付近に達したときに始まる．この高さより上では温度の下がり方が急に小さくなるが，それは凝結によって潜熱が放出されるためである．最高高度に達したときには，最初に保持した水蒸気の質量の約 48％が水滴に変わっている．

$v$ の図（左から 2 つ目）で示されるように，サーマルの運動は高度 1,000 m 付近まで加速され，それより上では上昇速度が次第に下がっていく．それは周辺大気との温度差が減り，凝結で生じた水滴が密度を増加させるためである．浮力が釣り合う高さを超えてもサーマルは慣性で上昇を続け，最高高度に達してから落下に転ずる．サーマルの温度は落下が開始する高度でも周辺大気より高いが，水滴の重みで浮力はすでに失われている．

図 4.25 は水蒸気量の割合の初期値 $r_0$ を変えてその効果を見る．各曲線につけた値は $r_0$ であり，それ以外の条件は図 4.24 と同じである．$r_0$ が 0.0155 より低いと，水蒸気の凝結が起こる前にサーマルは最高高度に達する．$r_0$ がこの値を超える範囲では，その増加につれて凝結の始まる高さが下がり，サーマルの到達する最高高度が高くなる．$r_0$ が 0.0390 より大きくなると，上昇を始める前に地表で凝結が起きてしまう．

図 4.26 は初期温度 $T_0$ の効果で，その値（単位は K）で曲線を区別する．$T_0$

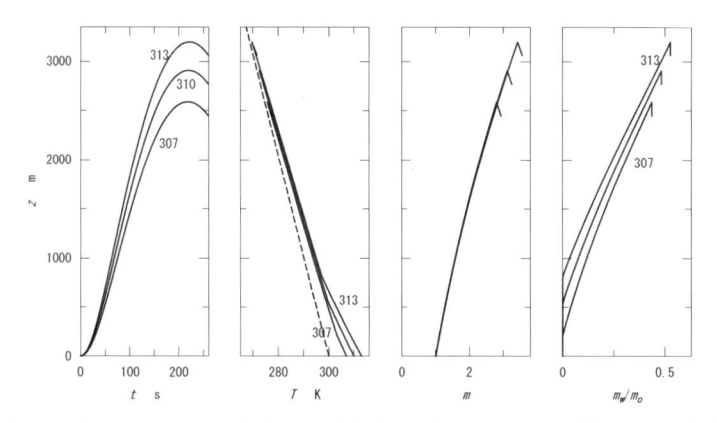

4.4 水蒸気の凝結を伴う大気の上昇　　　217

**図 4.26** サーマルの上昇過程に対する初期温度（各曲線につけた値，単位は K）の効果
［例題 4-D］
それ以外の条件は図 4.24 と同じである．

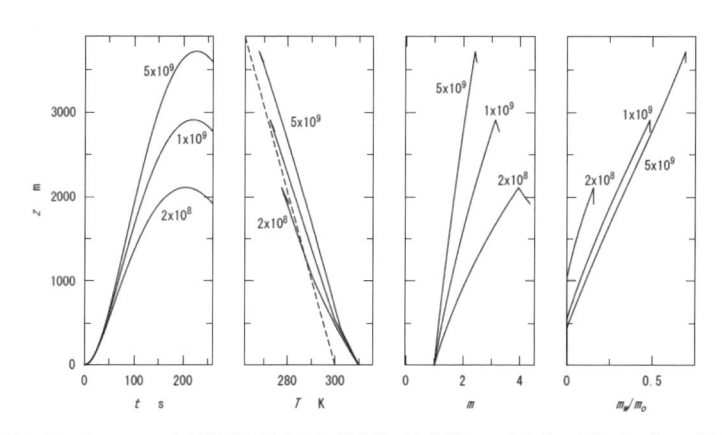

**図 4.27** サーマルの上昇過程に対する初期体積（各曲線につけた値，単位は m$^3$）の効果
［例題 4-D］
それ以外の条件は図 4.24 と同じである．

以外の条件は図 4.24 と同じである．$T_0$ が高くなるにつれて初期に働く浮力が大きくなるために，サーマルの到達高度は高くなる．途中の温度も高まるので，凝結の始まる高度は高くなる．

図 4.27 はサーマルの初期体積 $V_0$ の効果である．曲線を区別する $V_0$ の単位は m$^3$ である．初期体積が大きくなると，表面積と体積の比が減少するために，空気を取り込む割合が減り，温度が降下する割合も下がる．そのために上昇の加速

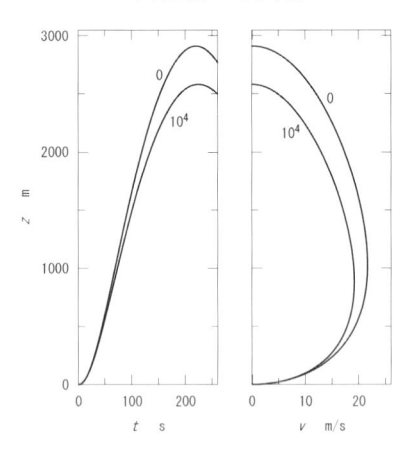

**図 4.28** サーマルの上昇過程に対する摩擦力の係数 $\eta$ (各曲線につけた値, 単位は Pa・s) の効果 [例題 4-D]
それ以外の条件は図 4.24 と同じである. 温度, 質量, 凝結量などの図には, 摩擦力の影響がほとんど現れない.

が長く続いて, 凝結も早く始まるので, サーマルは高くまで到達する.

　最後に, 摩擦力の効果を見よう. 摩擦力の係数 $\eta$ が分子粘性に対応する $2\times 10^{-5}$ Pa・s 程度の大きさだとすると, 計算結果は $\eta$ が 0 の場合とまったく区別がつかない. 実際にはサーマルのまわりでは渦が生じて大気が周辺から取り込まれる. したがって, ここで採用すべきなのは分子粘性ではなく, 渦の効果を考慮した実効的な渦粘性である.

　大気の渦粘性については済州島の風下側にできたカルマン渦の存在から $10^2 \sim 10^4$ Pa・s 程度だという見積もりがある (木村, 1983). $V_0 = 1\times 10^9$ m$^3$ を仮定すると, $\eta$ として $10^2$ Pa・s を採用してもサーマルの上昇過程にほとんど影響はないが, $10^4$ Pa・s とすると計算結果に多少影響が出てくる.

　図 4.28 は $\eta = 10^4$ Pa・s の計算結果を $\eta = 0$ の場合と比較する. この図に見られるように, 摩擦力の効果で上昇過程は多少減速され, サーマルが到達する最高高度も低くなる. ただし, 高さ $z$ と速度 $v$ 以外の温度, 質量, 凝結量には図に現れるような影響は見られない. なお, 摩擦力の効果はサーマルの体積が小さくなるほど顕著になる.

　以上の解析では降雨を考慮していないので, 凝結によって形成された水滴はサーマルの内部に永久に保持される. もし何らかの条件を設定して降雨の発生が考慮できれば, 雨として水滴が除かれる分だけ浮力が増え, 雨粒の落下が逆にサー

マル上昇運動の抵抗力となる.

## 4.5 太陽エネルギーと地球表層環境

　地球の表層環境は電磁波として太陽から入射するエネルギーを大気,海洋,固体地球が相互に作用しながら分配することによって成立する.この節は,簡単なシミュレーションを用いて地球表層の温度がどのように決まるかを考える.ここでは太陽からの入射に対する地球の反射率(アルベド)に関する問題をおもに取り上げるが,温室効果ガスによる温暖化なども同様な方法で議論できる.表層環境の維持に生命も関与する可能性についても簡単なモデルを用いて最後に議論する.

### a. 赤道と極の間の温度分布

　太陽から入射するエネルギー流量の緯度依存性を緩和するために,大気と海洋は活発な対流を起こして熱を輸送する.その実態は 4.1 節 d 項などで述べたように複雑だが,ここでは単純なモデルを用いて緯度による温度変化を計算する.大気の運動(海洋の効果も含む)は直接扱わず,緯度方向の熱輸送は熱伝導方程式 (1.31) に支配されると考える(渡邊ほか,2008).ただし,熱伝導率に対応する熱輸送の係数は大気の運動の効果を表現する実効的な値をとるものと理解する.

　地球表層の各点の温度(絶対温度)$T$ は,経度や高さへの依存性を無視して,緯度 $\theta$ と時間 $t$ だけの関数であると仮定する.地表の単位面積にエネルギー保存則を適用して,熱の収支による温度変化を記述する次の関係式を得る.

$$C\frac{\partial T}{\partial t} = \frac{J_s}{\pi}(1-a-b_i)\cos\theta - \sigma(1-b_0)T^4 - \frac{1}{2\pi r_e^2 \cos\theta}\frac{\partial Q}{\partial \theta} \quad (4.64)$$

左辺の係数 $C$ は地表の単位面積あたりの熱容量である.地表の熱容量は陸と海で異なるし,熱がしみ込む深さも温度変化の周期に依存するので,$C$ は厳密には定数でないが,ここでは定数とみなす.

　式 (4.64) の右辺第 1 項は太陽エネルギーの吸収を,第 2 項は赤外線などを放射して失うエネルギーを表す (4.1 節 a 項).$\sigma$ はステファン-ボルツマン定数,$a$ は太陽光線に対する地球の反射率(アルベド),$b_i$ と $b_0$ は入射波および放射波が大気を透過する割合である.$J_s$ は太陽から地表の単位面積あたりに入射するエネルギーの平均値で,各点に入射するエネルギーは地軸の傾きを無視して式 (4.3)

で表現した．

　右辺第 3 項は水平方向の熱輸送の寄与で，$Q$ は緯度 $\theta$ の緯線を超えて赤道側から極側に流入する総熱流量である．$\cos\theta$ に反比例する係数は，緯線の球面上の長さを補正するために加えた．$r_e$ は地球の半径である．$Q$ は，熱輸送を担う現象の実態が複雑なので簡単には見積もれない．しかし，熱は平均的には温度の高いほうから低いほうへ流れるはずなので，それを定性的に表現するために，熱流量の大きさが温度勾配に比例すると仮定する．

$$Q = -2\pi k \cos\theta \frac{\partial T}{\partial \theta} \tag{4.65}$$

ここでも緯線の長さを補正して $\cos\theta$ に比例する係数を加えた．

　式 (4.65) は熱伝導や拡散の法則と同等の関係式で，比例定数 $k$ は熱伝導率や拡散定数に対応する（単位は異なる）．しかし，物理現象としての熱伝導や拡散は効率が悪くて地球規模の熱輸送にはほとんど寄与しない．実質的に熱を運ぶのはさまざまな様式の大気の運動なので，$k$ は実効的な熱輸送を表現する定数と理解する．

　式 (4.65) を式 (4.64) に代入して，地球の温度分布を計算する次の微分方程式を得る．

$$C\frac{\partial T}{\partial t} = \frac{J_s}{\pi}(1-a-b_i)\cos\theta - \sigma(1-b_0)T^4 + \frac{k}{r_e^2}\left(\frac{\partial^2 T}{\partial \theta^2} - \tan\theta \frac{\partial T}{\partial \theta}\right) \tag{4.66}$$

以下の議論では，式 (4.66) の左辺を 0 にする $T$ の定常解をおもに問題にする．時間依存性を含む左辺は解の安定性を調べるときにのみ考慮する．

### b．温度分布の定常解

　地球表層の温度が定常状態に達しているときには，式 (4.66) の左辺は 0 とおけるので，温度分布を決める次の微分方程式が得られる．

$$\frac{d^2 T}{d\theta^2} - \tan\theta \frac{dT}{d\theta} = \frac{r_e^2}{k}\left[\sigma(1-b_0)T^4 - \frac{J_s}{\pi}(1-a-b_i)\cos\theta\right] \tag{4.67}$$

この式に含まれる定数は，熱輸送の効率を表す係数 $k$ を除けば大まかに見積もれる．以下のシミュレーションでは $k$ にさまざまな値を想定してその効果を見る．

　$k$ 以外の定数のうち，太陽エネルギーの入射率 $J_s$ は 342 W/m$^2$ とする（4.1 節 a 項）．太陽エネルギーはおもに可視光として入射するので，大気の吸収は無視して $b_i = 0$ とする．地球が放射する赤外線の吸収については $b_0 = 0.43$ を仮定する．反射率 $a$ は，雲の量，植生，氷床の有無などに依存する．以下のシミュレーショ

ンでは, $a$ が一定の場合（c 項）と氷床の有無に依存する場合（d 項）を考察する.

　緯度方向に熱輸送がない場合は $k=0$ で表現される. このときは式（4.67）の右辺括弧内を 0 にするように絶対温度 $T$ が緯度 $\theta$ の関数として求まる. この解は放射平衡で決まる温度分布を表し, 太陽から熱の供給が受けられない極（北極と南極）では $T=0\,\mathrm{K}$ の極寒状態になる.

　式（4.67）は北半球（$\theta>0$）と南半球（$\theta<0$）で対称なので, 温度分布は $0<\theta<\pi/2$ の範囲で求めればよい. 解には次の境界条件を課すことができる.

$$\frac{\partial T}{\partial \theta}=0 \quad \left(\theta=0,\ \frac{\pi}{2}\right) \tag{4.68}$$

この境界条件は赤道 $\theta=0$ では解の対称性から要求される. 極 $\theta=\pi/2$ では, この境界条件が満たされないと熱の余剰が生じて定常状態が破れる.

　式（4.67）は, 左辺に含まれる $\tan\theta$ が極 $\theta=\pi/2$ で発散するので, そのままでは数値積分で扱えない. 極付近の状況を調べるために, $\theta=\pi/2$ のまわりで $T$ を $\cos\theta$ で展開して 2 次の項までとる.

$$T=T_p+\frac{1}{2}A\cos^2\theta \tag{4.69}$$

展開の 1 次の項は式（4.68）から 0 にした. 極の温度 $T_p$ と 2 次の項の係数 $A$ は定数である.

　式（4.69）を $\theta$ で微分して

$$\frac{\mathrm{d}T}{\mathrm{d}\theta}=-A\cos\theta\sin\theta,\quad \frac{\mathrm{d}^2T}{\mathrm{d}\theta^2}=A(\sin^2\theta-\cos^2\theta) \tag{4.70}$$

この式を式（4.67）に代入して, $\theta=\pi/2$ で 0 次の項を比較すると, 次式が得られる.

$$A=\frac{r_e^2}{2k}\sigma(1-b_0)T_p^4 \tag{4.71}$$

極における解の発散は, この関係が満たされれば除かれる.

　この準備のもとに, 式（4.67）を数値的に解く方法を考える. 式（4.67）は 2 階の微分方程式なので, 境界の一端（$\theta=0$ と $\pi/2$ のどちらか）で $T$ の値と $\mathrm{d}T/\mathrm{d}\theta=0$ を設定すれば, もう一方の境界まで積分して解を計算することができる. 式（4.69）〜（4.71）を利用するためには, 積分を $\theta=\pi/2$ から実行するほうが都合がよい.

　数値積分で用いる $\theta$ の刻みを $\varDelta\theta$ として, 計算の手順を述べよう. まず極の温度 $T_p$ を設定し, 式（4.71）を用いて $A$ を求める. 次に $\theta=\pi/2-\varDelta\theta$ における $T$

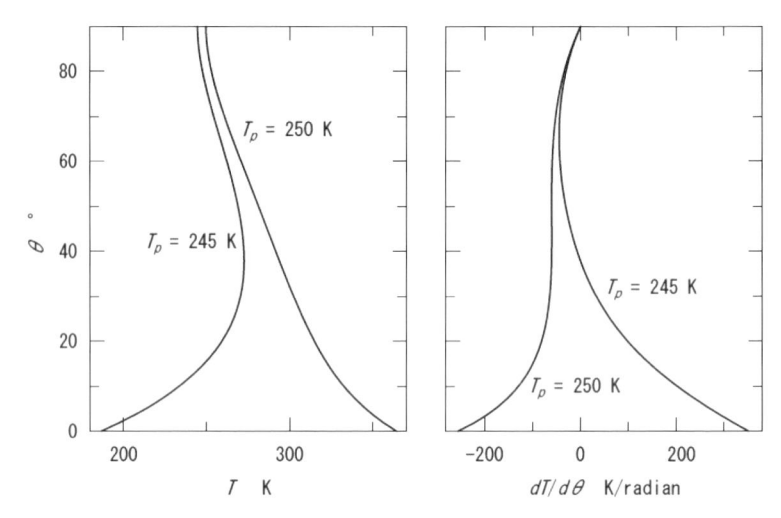

**図 4.29**　温度分布の計算方法 [例題 4-E]

極 $\theta = 90°$ ($\pi/2$) で温度 $T = T_p$ と $dT/d\theta = 0$ を仮定して計算した温度分布は，赤道 $\theta = 0$ で $dT/d\theta = 0$ を満たさない．その条件を満たす $T_p$ は 245 K と 250 K の間にあり，248.65 K と決められる．

と $dT/d\theta$ の値を式 (4.69) と式 (4.70) から決める．この値を出発値として，式 (4.67) を $\theta$ の小さな側に $\theta = 0$ まで積分する．積分はルンゲ-クッタ法などの通常の数値解法で実行できる (1.3 節 b 項参照)．

計算例を図 4.29 に示す．この計算では $k = 10^{13}$ W/K と $a = 0.34$ を仮定し，$T_p$ には 2 つの値 245 K と 250 K を選んだ．実際の計算では $\theta$ として弧度を用いるが，図の縦軸ではそれを度で表示する．積分の結果として $\theta = 0$ で $T$ と $dT/d\theta$ の値が得られるが，その値は一般に式 (4.68) の境界条件 $dT/d\theta = 0$ を満たさない．右図から見ると，境界条件が満たされるのは $T_p$ が 2 つの値の中間で適切な値をとるときである．

境界条件を満たす $T_p$ の値は，試行錯誤で探してもよいが，もっと効率的に計算することもできる．適当に選んだ 2 つの解から $\theta = 0$ における $dT/d\theta$ と $T_p$ の関係を直線で近似して，$dT/d\theta = 0$ をさらに精度よく満たす $T_p$ の値を求めるのである．最初の解を新しい解で置き換えてこの操作を繰り返せば，$T_p$ の計算精度はいくらでも高めることができる．

図 4.29 で取り上げた例では，$\theta = 0$ における境界条件は $T_p = 248.65$ K で満たされる．そのときの温度と温度勾配の分布を図 4.30 に示す ($k = 10^{13}$ W/K に対

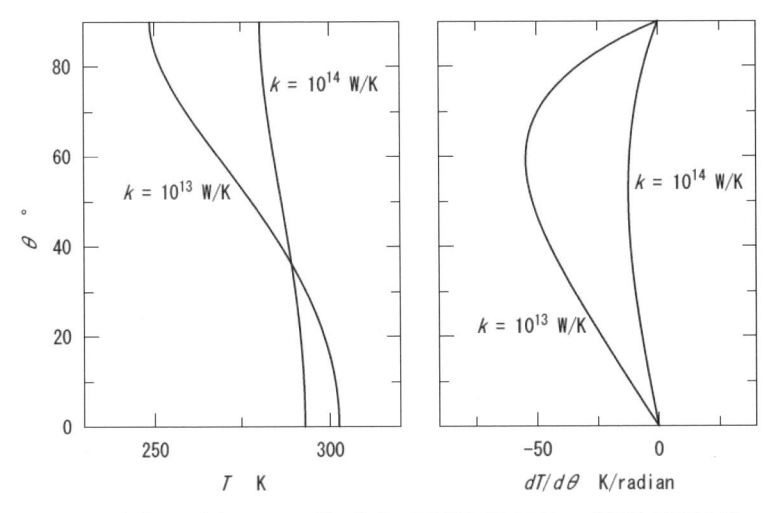

図 4.30 赤道 $\theta=0$ と極 $\theta=90°$ の間の温度 $T$ と温度勾配 $dT/d\theta$ の定常解 [例題 4-E]．熱輸送の係数 $k$ が $10^{13}$ W/K と $10^{14}$ W/K の場合を示す．太陽光に対する反射率 $a$ は 0.34 とする．

する曲線)．これが温度分布の定常解である．

### c. 一様な反射率をもつ地球

太陽からの入射に対する地球の反射率が緯度によらず一様な場合を考えて，反射率を $a=0.34$ とする（4.1 節 a 項）．さらに熱輸送の効率を表す係数 $k$ を設定すれば，前項で述べた方法で温度分布の定常解が極と赤道の温度を含めて求まる．

図 4.30 は $k=10^{13}$ W/K と $10^{14}$ W/K に対する 2 つの定常解である．温度は極の温度 $T_p$ と赤道の温度 $T_0$ の間にあり，おもに中緯度でその差が埋まる．熱輸送はおもに温度勾配の大きい中緯度で生ずるのである．2 つの解を比較すると，$k$ が大きい解のほうが熱輸送の効率が高いために温度の変化幅が小さい．

極と赤道の温度 $T_p$ と $T_0$ が $k$ にどう依存するかを図 4.31 に示す．$k$ が大きくなるにつれて，$T_p$ は上がり $T_0$ は下がって，両方とも放射平衡から決まる平均的な温度に近づく．逆に $k$ が小さくなると $T_p$ と $T_0$ の差が広がるが，$k$ を約 $4.5 \times 10^{12}$ W/K より小さくすると，定常解が見つからなくなる．対応して，温度の範囲も 233 K から 304 K の間より広がらない．

実際の地球は赤道と極の間で数十度以上の温度差があり，それを表現する $k$ は $10^{13}$ W/K 付近にくる．$k$ は緯線の単位長さを横切る熱流の大きさで定義されるの

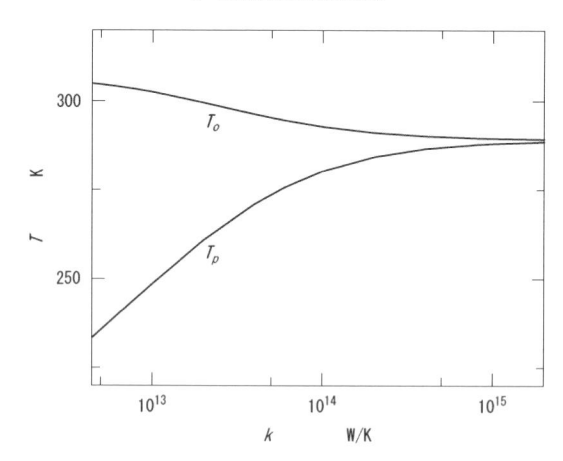

**図 4.31** 熱輸送の係数 $k$ に対する極の温度 $T_p$ と赤道の温度 $T_0$ の依存性 [例題 4-E] 太陽光に対する反射率 $a$ は 0.34 とする.

で,その値を熱輸送に関与する層の厚さで割ると熱伝導率に換算できる.層の厚さとして対流圏の厚さ 10 km を選べば,熱伝導率は $10^9$ W/m·K になる.この値は分子運動による空気の熱伝導率 $3×10^{-2}$ W/m·K より 10 桁も大きいが,それは大気の地球規模の運動による熱輸送の効果を表現するためである.

ここで定常解の安定性を調べておこう.$k = 10^{13}$ W/K の場合について定常解に適当なゆらぎを加えて,式 (4.66) から温度の時間変化を計算した結果を図 4.32 に示す.ゆらぎとしては振幅が 10 ℃,波長が $\pi/8$ で波打ち,両端 $\theta = 0$ と $\pi/2$ で 0 になるものを考え,時間は $t/C$ の形で扱った.計算された温度 $T$ の時間変化は適当に選んだ $\theta$ の 5 点で見る.時間の経過とともに初期に与えたゆらぎが減少し,温度は定常解に近づく.このことから,定常解は安定な状態を表すと判断できる.

図 4.31 に戻って定常解の意味を考えよう.熱輸送の係数 $k$ が大きくなると,赤道と極の間の温度差は小さくなる.ただし,実際の地球では熱輸送の効率は温度分布を調整するように自然に決まるはずなので,シミュレーションで仮定したように $k$ は独立には選べない.

例えば,熱輸送に影響する重要な要素にコリオリ力がある.4.2 節で見たように,コリオリ力は熱輸送に好都合な方向から流れを大きくずらす働きがある.そのために,流れが激しくなっても熱輸送の効率はなかなか上がらない.この効果で $k$ は増大を阻まれ,赤道と極の温度差は縮まらずに維持される.

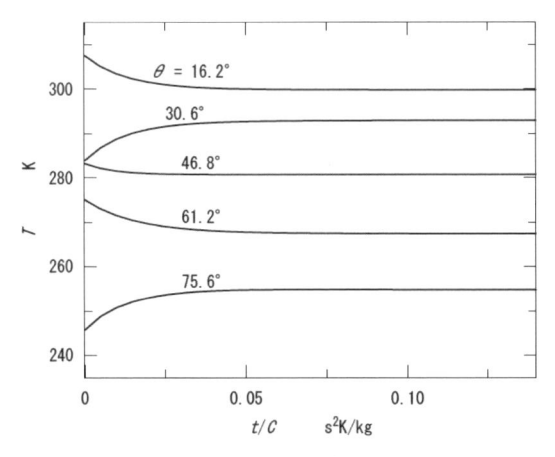

#### 4.5 太陽エネルギーと地球表層環境

**図 4.32** 定常解の安定性の検討［例題 4-E］
振幅が 10℃, 波長が $\pi/8$ で変化し, 両端 $\theta=0$ と $\pi/2$ で 0 になるゆらぎを定常解に加えて, $\theta$ の 5 点でその後の温度変化を見る.

　熱輸送の効率が下限より下がると温度分布の定常解が存在しなくなることは, むしろ予想外の結論であった. おそらく, 熱輸送の効率が低い大気の運動は, 放射平衡と調和させながら赤道と極の間の温度分布を定常的に保つことができなくなるのだろう. 図 4.31 では $k$ の下限付近で $T_0$ が極大になるように見えるので, 定常解が破綻するときはまず赤道付近の熱輸送が定常性を維持できなくなるのかもしれない. なお, $k$ の下限は $a$, $b_0$, $b_i$ に多少依存するが, その依存性はあまり強くない.

#### d. 氷床の分布

　氷床が覆うと地表の反射率が大きくなるので, そこでは太陽からの入射エネルギーを吸収する割合が減る. この可能性を考慮に加えて, 温度分布の計算を見直そう.

　問題を単純化して, 気温が氷の融点 $T_m = 273\,\mathrm{K}$ より低い地点は地表が氷床で完全に覆われ, 気温がそれより高い場所は氷が完全に消えるとする. 太陽光に対する反射率は, 氷床に覆われた範囲が $a=0.6$, 氷床の存在しない範囲が $a=0.3$ になると仮定する.

　この条件で式 (4.67) を解いて, 温度分布の定常解を求めた計算例を図 4.33 に示す. 熱輸送の効率を表す係数は, 図 4.30 と同じく $k=10^{13}\,\mathrm{W/K}$ と $10^{14}\,\mathrm{W/K}$

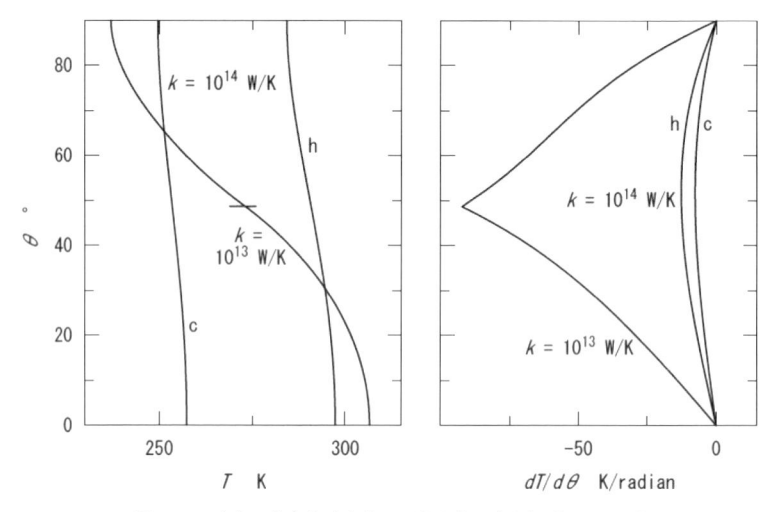

**図 4.33** 氷床の存在を許容する温度分布の定常解［例題 4-F］
太陽光に対する反射率 $a$ は，温度が氷の融点 $T_m=273\,\mathrm{K}$ より低いと氷床を表す 0.6 に，高いと通常の地面の値 0.3 に設定する．熱輸送の係数 $k$ が $10^{13}\,\mathrm{W/K}$ の場合は，48.7°より高緯度で地表が氷床に覆われる．$k$ が $10^{14}\,\mathrm{W/K}$ の場合には，地表全体が凍結する解 c と，氷床が完全に消失する解 h が両方存在する．

の 2 つの場合を選んだ．

計算結果を見ると，$k=10^{13}\,\mathrm{W/K}$ の場合は，緯度が 48.7°（位置を横線で示す）より高い極側では地表が氷床に覆われ，それより低緯度では氷床が消える．この緯度を境に温度勾配が変わり，低緯度側では緯度とともに減少，高緯度側では増加する．赤道と極の温度差は図 4.30 の計算結果より多少大きくなるが，これは選択した反射係数の値に依存する．

一方，熱輸送の効率を高めた $k=10^{14}\,\mathrm{W/K}$ の場合は，氷床が地表の一部を覆う解は得られなくなる．それに代わって，地表のどこにも氷床が見られない高温の解 h と，地表全体が氷床で覆われる低温の解 c が得られる．2 つの解は，温度自体は違うものの，どちらも赤道と極の温度差が小さく，地球全体が均一に近い温度状態におかれる．

図 4.34 は極の温度 $T_p$ と赤道の温度 $T_0$ が $k$ にどう依存するかを示す．同じ図に氷床が覆う南限の緯度 $\theta_i$ を破線で表示する．反射率が一様な場合と同様に，$k$ が $3.5\times10^{12}\,\mathrm{W/K}$ より小さいと温度の定常解が存在しなくなる．$k$ がそれより大きいときには，$\theta_i$ より高緯度が氷床に覆われる解が得られるが，氷床の覆う範

**図 4.34** 氷床の存在を許容する場合の温度分布の範囲［例題 4-F］
熱輸送の係数$k$に対する依存性を示す．$T_p$と$T_0$は極と赤道の温度，$\theta_i$は氷床が覆う南限の緯度である．$k$が$3.5\times10^{13}$ W/K より大きくなると，氷床をもたない高温の解 h と，地表全体が氷床で覆われる低温の解 c が得られる．

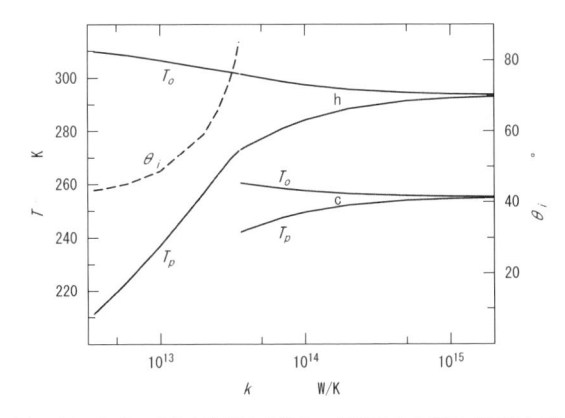

囲は緯度43°より南には広がらない．この範囲は$k$が大きくなるにつれて極側に押しやられる．

熱輸送の係数$k$が$3.5\times10^{13}$ W/K を超えると，氷床は極の近傍からも消えて，定常解はどこもが氷の融点を超える h に移行する．同時に地表全体が凍結する解 c が別の解として出現する．実際の地球には氷床が部分的に存在するが，このような解は$k$が$10^{13}$ W/K 付近の狭い範囲でしか実現しない．

白亜紀とよばれる数千万年前は，地表は温暖で氷床が存在しなかったらしい．また，スノーボール・アース仮説によると，6～8億年前には地球全体が氷で覆われたらしい（川上・東條，2009）．これらの状況は，そのときの熱輸送の効率が今より数倍程度高かったことを示唆する．

#### e. デージーワールド

地球の表層は35億年間かそれ以上にわたって生命の生存を許す温暖な環境を保ってきた．この間に太陽から入射するエネルギーは約30％増えたと推定されるから，温度変化が狭い範囲に限定される安定な表層環境は，偶然に維持されたとは考えにくい．環境を維持する作用が積極的に働いたと推測できる．その作用の1つに，生命自身が環境を整える機能をもつ可能性があげられる．それを象徴的に示すモデルにデージーワールドがある（渡邊ほか，2008）．

デージーワールドは，白と黒の花をもつデージー（雛菊）が生い茂る仮想的な

惑星である．この惑星の表面はどこも温度が一様で，デージーは惑星全体を覆うものとしよう．惑星は地球と似た大気に囲まれ，惑星には太陽（あるいは，この惑星にとって太陽とみなされる恒星）から地球と同程度の放射エネルギー流量が入射するものとする．

太陽エネルギーの入射と惑星の宇宙空間への放射が釣り合う条件（4.2）はここでも満たされる．この条件で，宇宙空間に放射されるエネルギー流量に黒体放射の式（4.1）を使えば，次の関係式が得られる．

$$J = \frac{\sigma(1-b_0)T^4}{1-a} \qquad (4.72)$$

ここで入射エネルギー流量を $J$，惑星表面の温度（絶対温度）を $T$ と書いた．$\sigma$ はステファン-ボルツマン定数，$a$ は惑星が電磁波を反射する反射率（アルベド），$b_i$ は惑星から放射される電磁波が大気に吸収される割合である．入射が大気に吸収される割合 $b_i$ は，地球との類推で無視した．

太陽光に対する反射率は白のデージーが黒より大きいものとする．白と黒のデージーの反射率を $a_w$ と $a_b$ とし，デージー全体の中で白が占める割合を $x$ とすれば，惑星全体の反射率は以下のように書ける．

$$a = a_w x + a_b (1-x) \qquad (4.73)$$

白のデージーは黒に比べて太陽光の吸収が少ないので，高温になるほど生息が有利になり，白の割合 $x$ は温度とともに増加するはずである．デージーは温度が $T_l$ と $T_h$ の間で生息し，$T_l$ ですべて黒，$T_h$ ですべて白になるものとしよう．その間で白と黒の割合が温度の1次式に従って変化するとすれば

$$x = \frac{T-T_l}{T_h-T_l} \qquad (4.74)$$

温度が生息条件からはずれる場合には，生息の最後の状態が保たれるものとして

$$a = a_b \quad (T < T_l); \qquad a = a_w \quad (T > T_h) \qquad (4.75)$$

式（4.72）～（4.75）から，温度 $T$ の関数として入射エネルギー流量 $J$ が計算できる．$T_l = 270\,\mathrm{K}$，$T_h = 330\,\mathrm{K}$，$a_b = 0.1$，$a_w = 0.9$ としたときの計算結果を図4.35に実線で示す．破線は反射率 $a$ を一定値 0.34 に固定したときの関係であり，その $T = 300\,\mathrm{K}$ のときの放射エネルギー流量を $J$ の単位とした．$b_0$ として地球に適合する値を選べば，$J = 1$ は地球の受ける放射エネルギー流量とほぼ同じになる．

図4.35から，入射するエネルギー流量 $J$ に対応して惑星の温度 $T$ がどう決まるかが読み取れる．そのとき温度が $T_l$ と $T_h$ の間に入れば，デージーの生息で

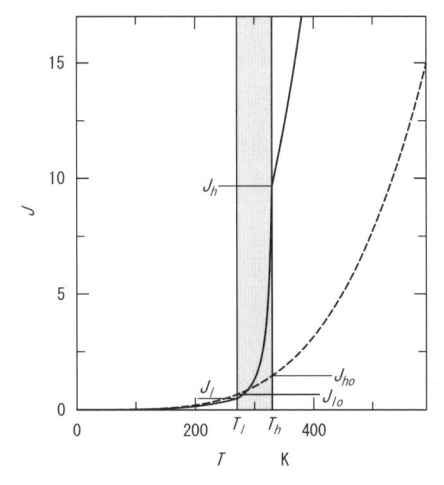

**図 4.35** 仮想的な惑星デージーワールドの安定性［例題 4-G］
太陽からの入射エネルギー流量 $J$ と惑星表面の絶対温度 $T$ の関係を，デージーの寄与がある場合（実線）と反射率が一定値 0.34 をとる場合（破線）で比較する．デージーは温度が $T_l$ ($=270\,\mathrm{K}$) と $T_h$ ($=330\,\mathrm{K}$) の間にあるとき（影をつけた範囲）に生息し，反射率は黒のデージーが 0.1，白のデージーが 0.9 である．黒と白のデージーの割合は温度の 1 次式に従って変化する．

きる環境となる．図ではこの温度範囲に影がつけられている．

　まず，反射率一定の場合（破線）を見る．この場合には，デージーの生息が許されるのは，入射エネルギー $J$ が $J_{l0}$ と $J_{h0}$ の間にあるときである．この $J$ の範囲には 2 倍あまりの許容度があるが，$J$ がその範囲を逸脱すれば，デージーは死滅する．

　デージーが惑星の反射率に寄与する場合（実線）には，デージーが生息できるのは $J$ が $J_l$ と $J_h$ の間に入るときである．図から読み取れるように，入射エネルギーの許容範囲は 10 倍にも広げられる．デージーが作用することで，惑星の表層環境は外部条件の変動を大きく緩和しうる強固なものに変わったのである．この強靭さをもたらしたのは，デージーが温度変化に対応して種類を変えるという単純なメカニズムである．

　デージーワールドは仮想的な世界であり，その解析結果は地球に直接適用できるものではないが，生命が自己の生存に都合のよい環境を自分で維持する力を有する可能性を明快に示唆する．

　生命の環境への作用は現実に確かに存在する．植物が炭酸同化作用によって二

酸化炭素を酸素と水に分解したために，地球の大気は二酸化炭素を主成分とする原始大気とまったく異なる組成をもつに至った．この働きは，温室効果によって地球が金星のように高温になるのを防ぐ上で最も重要な寄与をしたに違いない．

陸上の植物が岩石の風化を促進する働きも，カルシウムイオンの供給を速めて海洋が二酸化炭素を固定するのを助け，温室効果を抑制する．デージーワールドと類似な効果としては，海洋藻類がエタン硫化物を放出して雲の生成を助け，太陽エネルギーに対する反射率を制御する働きが知られている．

## 4.6 シミュレーションの展望と課題

気象現象のシミュレーションに関連して，予測や研究の現場にはどんな問題があり，何が追求されているのだろうか．本節ではそれを展望する．取り上げるのは，気象災害に大きくかかわる雲や降雨の問題，やや長期にわたる予測が抱えるカオスとテレコネクションの問題，地球環境の形成と変動に関する問題である．

### a. 雲 と 雨

気象災害をもたらす恐れのある集中豪雨や強風は，積雲や積乱雲を伴って大気が激しく上昇するときに発生する．大気が不安定な状態で上昇するのは，水蒸気の凝結による潜熱が浮力を生み出して上昇を加速するためである（4.4節）．このような現象の予測は天気予報や気象災害の防止にとって重要であるが，そのシミュレーションには課題も多い．

乾燥大気の大局的な運動が比較的大きな格子間隔を用いて均一な流体の運動方程式を解けば決まるのに対して，水蒸気の凝結を含む現象には物理機構や空間スケールの異なる複数の素過程が介在する．水滴や氷晶の成長は気相から液相・固相への転移を伴って数mm以下のスケールで進行するが，それが組織化されて発達すると，現象全体の規模は時には数百km以上に及ぶ．中間には複雑な雲の発生や移動を生ずるような多様なスケールの対流運動が関与し，その多くは乱流状態にある．

これらすべての素過程を同じ格子間隔で統一的に扱うことは，コンピュータの能力が通常想定されるよりはるかに向上しない限り不可能である．現実的な対処法は，数～数十kmの格子間隔で現象全体の枠組みを表現し，それ以下の素過程はパラメータ化することである（4.1節g項）．積雲対流のパラメータ化とよばれるこの対処法は，数値予報でも採用されている．熱帯低気圧や集中豪雨などの

シミュレーションの妥当性は，このパラメータ化の信頼性に全面的に依存する．

積雲対流のパラメータ化で処理される最も重要な効果は水蒸気の凝結による潜熱の放出である．潜熱は大気の上昇を局所的に加速するばかりでなく，エネルギー源として現象全体の発達を支え，結果的に広域にわたる大気の状態にも影響する．水蒸気や雲粒による太陽光の吸収や放射，大気境界層での乱流による熱輸送，雲の内部で起こる降水粒子間の相互作用などもパラメータ化によって表現される重要な効果である．

積雲対流のパラメータ化は，各格子点で鉛直方向の速度や温度勾配などから水蒸気の凝結の可否を判断して，潜熱の発生や運動量の輸送から温度や流速の変化を求め，同時に雲や降雨・降雪の発生を予測する．凝結を伴う大気の上昇過程は，断熱条件で内部エネルギーを保存するようにパラメータ化する方法（眞鍋の湿潤対流調節）もあるが，周辺大気の取り込みが重要な関与をするので，それを考慮する荒川-シュバート方式などの方法が考案されている（二宮，2004；時岡ほか，1993）．

実際のパラメータ化の方法はコンピュータの性能の向上とともに多様な発展をとげてきた（Tao and Moncrieff, 2009）．近年は積雲対流を1km程度の格子間隔を用いて非静力学モデル（鉛直方向の静水圧平衡を仮定しないモデル）で解析する手法も開発され，積乱雲の急速な発達による局所的な突風や集中豪雨の発生を予測し再現する目的に使われるようになった．

高層気象観測，人工衛星，気象レーダーなどの近代観測の進歩（上村・明石，2005）もパラメータ化の発達を促進した．これらの観測手段を用いて雲の分布，雲粒や雨滴の大きさ，局所的な流れの状態などが詳細に把握されると，物理的なパラメータ化の工夫に役立ち，パラメータ化で導入される物理量やそこから導かれる解析結果が観測と直接比較できるようになる．

積雲対流の定式化の基礎になるのは，水蒸気の凝結，雲粒の成長や合体などを扱う雲物理とよばれるミクロな素過程である．定式化のために今まで提案されてきた方法はバルク（bulk）法とビン（bin）法に大別できるだろう．

バルク法は，微小粒子の統計的な分布を平均粒径や標準偏差などの少数の物理量で表現して，水蒸気の凝結や雲粒の成長を定式化する．この方法は簡単な計算で必要な情報が得られるが，降水粒子間の相互作用などは画一的な経験則で近似せざるをえない．それに対して，ビン法は微小粒子を粒径で分けてそれぞれの存在量の時間発展を計算する方法で，ミクロな素過程を一般的な物理法則に従って定式化できる．しかし，その計算量は膨大になる．

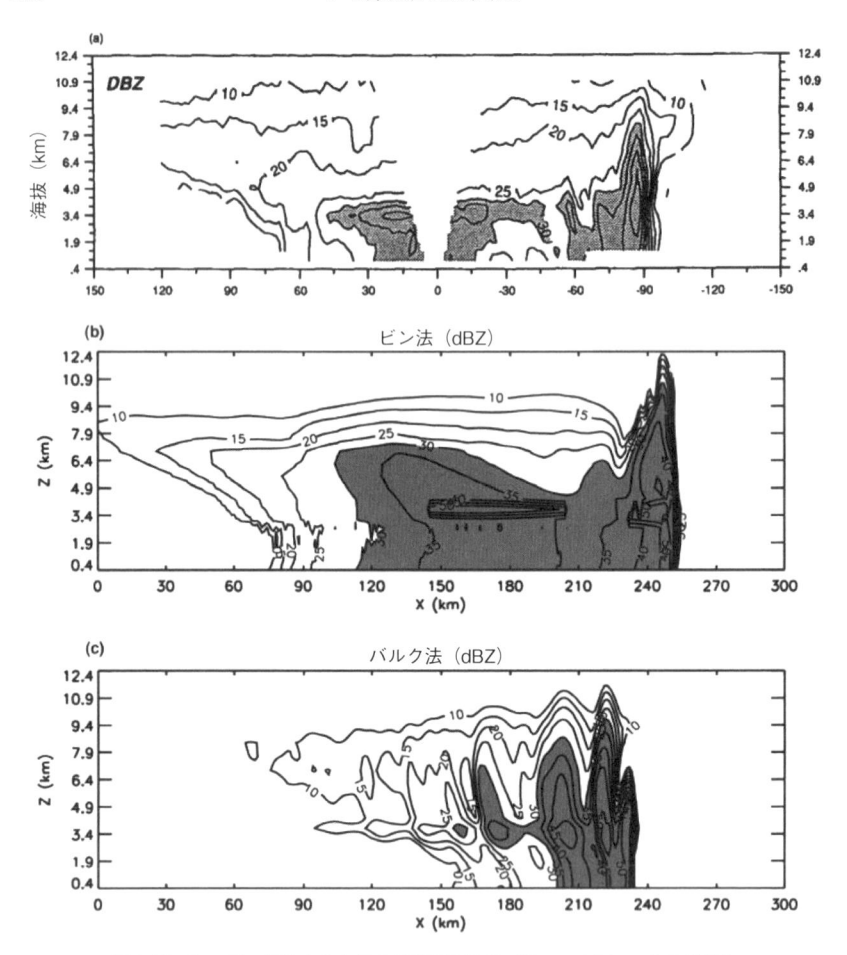

**図 4.36** レーダーに対する大気の反射率の分布（Tao and Moncrieff, 2009）観測データ（上段）をバルク法（中段）とビン法（下段）による計算結果と比較する．観測データは米国のカンザス州とオクラホマ州でなされた PRE-STORM 計画で 1985 年 6 月 11 日の突風発生時に得られた．

　バルク法やビン法で雲粒の濃度分布が計算されると，気象レーダーに対する反射率が見積もれ，観測と比較できる（Tao and Moncrieff, 2009）．図 4.36 の上段は米国のカンザス州とオクラホマ州で実行された PRE-STORM 計画で 1985 年 6 月 11 日の突風発生時に得られた観測データであり，横軸が水平方向，縦軸が高さ方向の 2 次元の断面で反射率の分布を見る．バルク法（中段）とビン法（下段）

の計算結果と比較すると,両方とも観測データの全体的な傾向を再現するにとどまるが,バルク法が大まかな雲粒の分布を見積もるのに対して,ビン法が分布のきめ細かい様相を表現できる点が注目される.

バルク法とビン法の欠点を克服する方法として超水滴法が提案されている(Shima *et al.*, 2009). 超水滴法は無数の雲粒から粒径を代表する比較的少数の粒子(超水滴)を選び出し,その運動を雲粒間の相互作用や雲粒の合体も含めて通常の力学法則に従って追跡して,雲の成長過程を描き出す.雲粒の運動や成長を支配する法則が適切に選択できると同時に,超水滴の数を適当に選べばビン法より計算負荷を減らすことができる.

激しい降雨や強風を伴って雲が集中的に発達する現象に熱帯低気圧がある(時岡ほか,1993).熱帯低気圧は積乱雲の集合体と見ることができるが,それがどのように組織化されて形成され,発達し,移動するかを正確に予測することは防災上重要である.熱帯低気圧を駆動するおもなエネルギーは水蒸気の凝結による潜熱なので,それに寄与する積乱雲を雲物理学に基づいて正確に表現することはシミュレーションの中心課題である.

熱帯低気圧は海面から熱と水蒸気の供給を受けて成長するので,海面との相互作用を含めて海面に接する大気境界層のパラメータ化がもう1つの重要課題である.熱と水蒸気は海面に沿って熱帯低気圧の中心に吹き込む流れに取り込まれ,流れは海面からの摩擦を受ける.その際に生ずる風波の破砕によるしぶきなどのミクロな素過程も重要な効果をもつといわれている.

水蒸気の凝結が本質となる現象について,最近は予測や再現のためのシミュレーションが各種の観測と比較されるようになった.しかし,局所的な風や降雨の発生は相変わらず予測が容易でない.ミクロな素過程の役割を含めて現象の物理機構を明確にし,予報や防災の要請に応えるシミュレーション技術を確立するために,今後の研究の進展が待たれる.

### b. 長期にわたる予測の問題点

数日以内の気象現象が現状の天気予報でも大局的にはうまく予測できるのに対して,それより長期にわたる予測は精度がかなり落ちる.その原因の1つは気象現象のもつカオスの性質であり,もう1つは局地的な気象現象がずっと離れた地域の変動の影響を受けることである.この2つの問題について以下に概観しよう.

カオスは複雑で予測が難しい現象を指す概念として現在では工学や理学などの広い分野で定着し,それに関する広範な研究や応用が進められている.このカオ

スの概念を生み出すきっかけとなったのは，気象現象への応用を目的としたローレンツの研究（Lorenz, 1963）であった．ここでもその研究に沿ってカオスについて学ぶことにする．

ローレンツは鉛直方向の温度勾配に支配される2次元の対流（4.3節）を簡略化して，流速の大きさを表現する$X$，上昇流と下降流の温度差$Y$，対流によって生ずる鉛直温度分布の乱れ$Z$の時間変化を記述する次の連立常微分方程式（ローレンツ方程式）を導いた．

$$\frac{dX}{dt} = -pX + pY, \quad \frac{dY}{dt} = -XZ + rX - Y, \quad \frac{dZ}{dt} = XY - cZ \quad (4.76)$$

時間$t$と変数$X$, $Y$, $Z$はすべて適当に無次元化されている．定数$p$は流体の動粘性率と熱拡散率の比（プラントル数），$r$は上面と下面の温度差に比例する無次元量，$c$は対流セルの縦と横の比で決まる無次元量である．

定数のうち$r$はレイリー数に比例する．レイリー数が臨界値より小さいときは，温度の不均一は熱伝導によって解消され，対流は生じない（4.3節）．このことに対応して，$r$が1より小さいときは，式（4.76）の解は初期条件にかかわらず$X = Y = Z = 0$に収束する．$r$が1より大きくなると，定常的な対流が形成されるのに対応して，解は$X$, $Y$, $Z$の有限な一定値に収束するようになる．

興味深いのは，$r$がさらに大きくなって，もう1つの臨界値（25程度の大きさ）を超えたときの状況である．このときには現実の対流は乱流状態になっている．$r = 30$, $p = 10$（水のプラントル数に近い値），$c = 8/3$（臨界レイリー数を超えたときに最初に現れる対流セルの横と縦の比$\sqrt{2}$に対応）として，式（4.76）を数値的に解いた結果を図4.37に示す．初期条件は$t = 0$で$X = Y = 25$, $Z = 0$とした．

図4.37では$X$, $Y$, $Z$は時間$t$とともに不規則な振動を繰り返す．解は式（4.76）の右辺を0とする2点（$X = Y = 8.79$, $Z = 29$と$X = Y = -8.79$, $Z = 29$）のまわりで振動し，ときに2点間を行き来する．この状況を$(X, Y, Z)$の3次元空間で見ると，解の軌跡は2点のまわりをつかず離れずの状態でいつまでもまわり続け，軌跡が交差することもない．この2点のように，解を有限な距離に引きつけて離さない点のことを奇妙なアトラクター（ストレンジ・アトラクター）とよぶ．

現象の予測との関係で重要なのは初期条件と解の関係である．例として，上記の初期条件で$Y$と$Z$は同じに保って$X$を25.01にしたときの計算結果を，同じ図上に破線で示す．初期条件の変化はごくわずかなので，解は最初のうちは元の解と区別できない．ところが，$t$が6をすぎるあたりから違いが認識できるようになり，8を超えるあたりからまったく別な挙動を示すようになる．

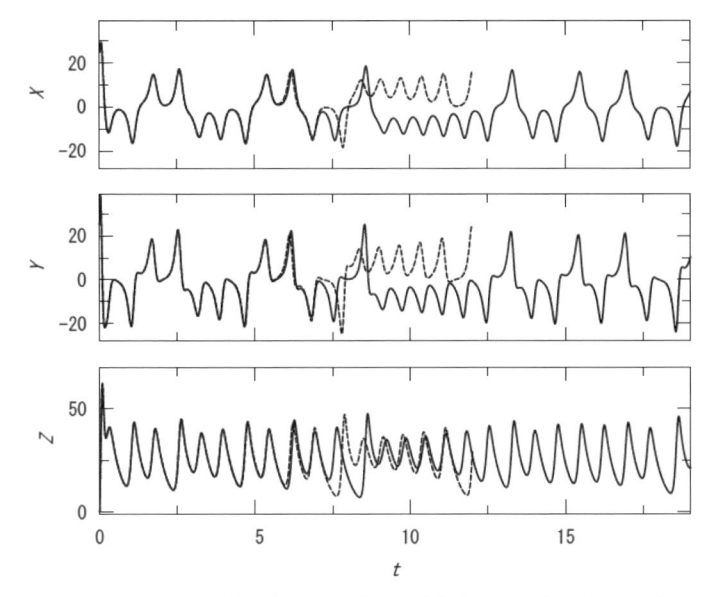

**図 4.37** カオスの性質をもつ連立常微分方程式（4.76）の解［例題 4-H］
乱流状態の対流に対応させて定数は $r=30$, $p=10$, $c=8/3$ と設定し，初期条件は $t=0$ で $X=Y=25$, $Z=0$（実線）と $X=25.01$, $Y=25$, $Z=0$（破線）とした．

詳細な解析によると，初期条件の微小な違いは時間とともに指数関数的に増大し，ある程度時間が経過すると，解はまったく別物になる．いいかえれば，初期条件は実質的にはある有限な時間範囲でしか解を制約できない．このような現象がカオスである．

気象現象を支配する方程式は式（4.76）よりずっと複雑だが，やはりカオスの性質をもつことが知られている．そこで，気象現象はある期間よりも長期にわたる予測が原理的に難しい．カオスの性質のために，数値予報が直接予測に適用できるのは最長でも 10～15 日間程度であると考えられている（二宮，2004）．

このような原理的な予測の困難は回避できるのだろうか．天気予報の1カ月予報や季節予報の目的には，初期条件を適当に変えた複数の計算を実行して計算結果の平均をとるアンサンブル予測が採用されている．この方法をとると，計算結果のばらつきから予測の信頼性を見積もることができる．

長期的な予測に関するもう1つの問題に，ある地域の気象現象がずっと離れた地域の変動から影響を受けることがある．これをテレコネクションとよぶ（吉野・福岡，2003；Liu and Alexander, 2007）．テレコネクションは，現時点では地球

全体を対象にするシミュレーションでも十分な精度で予測できないので，各地域で進行する現象の予報を狂わせる原因の1つになる．ここではテレコネクションの例として，現象の性質が比較的よくわかっているエルニーニョ南方振動（ENSO）を取り上げる．他の現象としては北大西洋振動などが知られている．

エルニーニョとは東太平洋の赤道付近で海水の表面温度が異常に（0.5〜5℃程度）高くなる現象で，それが発生すると，ペルーやエクアドルの沖合ではひどい不漁で漁業が打撃を受ける．ところが，同じ時期に遠く離れたインドネシアやフィリピン周辺などの西太平洋の赤道付近では海水の温度が逆に低くなる．

エルニーニョとは逆に東太平洋で海水温度が異常に下がるラニーニャ現象も起こり，そのときには西太平洋赤道付近の海水温度は高くなる．エルニーニョとラニーニャは，通常は温度の異常が1年前後継続し，4〜5年程度の間隔で交互に繰り返す．海面の温度に呼応して大気の温度も変化するので，大気の密度変化によって気圧も変動する．結局，赤道付近の太平洋で，温度と気圧が東と西でシーソーのように振動することになり，この現象をエルニーニョ南方振動とよぶ．

エルニーニョ南方振動で東と西の変動をつなぐのは，赤道付近の浅海を西向きに流れる赤道海流だと考えられている．東太平洋では深部から冷たい海水が常時湧き上がってくるが，この上昇が弱まると表面海水は高温になってエルニーニョ現象が発生する．そのときには赤道海流も弱まるので，赤道海流が移動とともに温められて熱を運ぶ機能が衰えて，西側では温度が下がることになる．ラニーニャ現象の発生時には赤道海流は逆に強まっている．

エルニーニョ南方振動はさらに世界各地に猛暑や冷夏，大寒波や豪雪，大雨や干ばつなどの異常気象をもたらす．影響は太平洋にとどまらず，ヨーロッパにまで及ぶ．日本では，エルニーニョの発生時には冷夏と暖冬，ラニーニャの発生時には猛暑と寒冬になることが多いが，中緯度の天候は熱帯の影響だけでは決まらないので，逆になることも異常が見られないこともある．

赤道太平洋の変動が地球規模に拡大するのは，気圧の変動が大気にロスビー波のような定在的な波動を生み出すためと考えられる（新田，1992）．エルニーニョやラニーニャの発生時には地球規模の波動が生じ，その山や谷に対応して各地の広域的な気圧が変化し，それが異常気象を生み出すと理解するのである．

赤道海流は貿易風（4.1節d項）が重要な駆動力になるので，エルニーニョ南方振動の原因は大気と海洋の相互作用にある．その解明は大気と海洋の運動を結合した気候モデルによるシミュレーションを用いて進められている（Liu and Alexander, 2007）．

#### c. 地球環境の変動

　気象現象のシミュレーションはさまざまな時間スケールの環境問題とかかわりをもつ．地球表層環境の変動には自然現象ばかりでなく人為的な要因も関与するので，その対応は政治や経済を巻き込んでしばしば複雑なものとなる．

　シミュレーションがかかわる数分〜数カ月の時間スケールの環境問題に，火山噴火による降灰予測，黄砂の飛来による被害の想定，原子力事故の影響評価などがある．これらの問題は，災害の原因となる粒子を大気の運動に乗せて拡散や重力落下の効果を加味することで，シミュレーションが実行できる．大気の運動は数値予報の目的で常時把握されているので，粒子の初期分布が正確に入力できれば精度の高い予測が可能になる．

　数年〜数十年スケールの現象で世界中が強い関心を寄せる問題に地球温暖化がある．その自然現象としての本質は，地球環境に対する二酸化炭素などの温室効果ガスの効果を評価するところにある．

　温暖化の進行は，海水面の上昇による陸地の埋没，異常気象の誘発，生態系の破壊，食料や水資源の枯渇などにつながりかねないので，その対応は国際的な規模で進められてきた．対応策の中心となる二酸化炭素排出量の規制は，工業生産やエネルギー問題に影響するので，先進国と発展途上国間での利害衝突の原因となり，各国の国内でも政治的な対応を要求する．

　二酸化炭素などの温室効果ガスの一部は海に吸収され，地球からの赤外線放射の変化も大気や海洋の対流，氷床の融解，生態系の順応などによって緩和されるので，温暖化に関する原因の解明や将来の予測は，過去のデータの単純な解釈や外挿には委ねられない．現象に関与しうる多数の要素を含めて気候モデル（あるいは地球システムモデル）を構築し，その定量的な性質をシミュレーションで解明することが必要になる．

　将来の予測にシミュレーションを用いることは，それが過去のデータを正しく再現することで正当化される．図4.38はIPCC（気候変動に関する政府間パネル）の第4次報告書を気象庁が翻訳した資料（IPCC, 2007）からとったもので，過去100年あまりにわたる世界の平均気温の実測値（太線）をさまざまな研究機関が実行した14のシミュレーション結果（細線）と比較する．この図で，太線はシミュレーション結果の平均値であり，気温は1901〜1950年の平均からの差で表示される．

　アグン（インドネシア）やエルチチョン（メキシコ）などの火山で大規模な爆発的噴火が発生すると，成層圏に拡散するエアロゾルのために世界中の気温が一

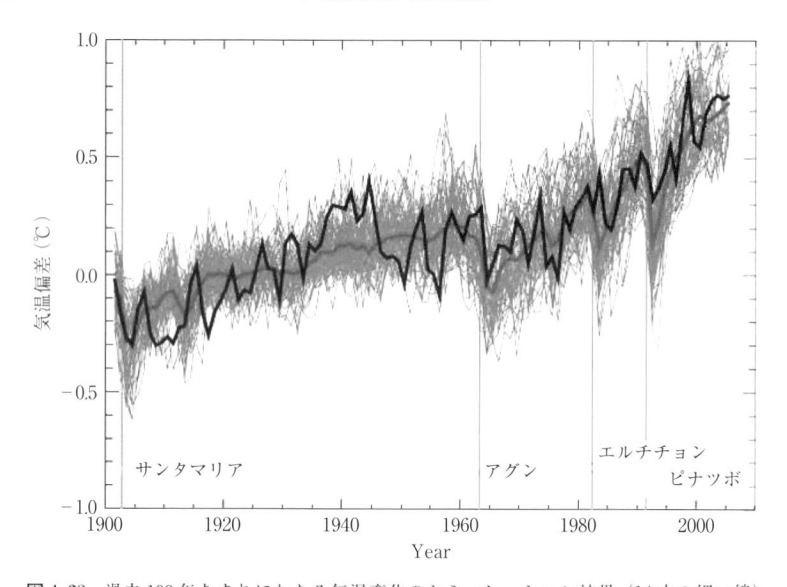

**図 4.38** 過去100年あまりにわたる気温変化のシミュレーション結果（14本の細い線）と実測（黒線）の比較（IPCC, 2007）（口絵8参照）
薄い太線はシミュレーション結果の平均である．気温は1901～1950年の平均からの差で表示する．

時的に下がる．図4.38のシミュレーション結果は，噴火の効果も含めて実際の温度変化の傾向をうまく説明しているように見える．異なるシミュレーション間にかなり大きなばらつきがあるにしても，温暖化の解析や将来予測にシミュレーションが役立ちそうである．

大気中に含まれる温室効果ガスの量は，産業革命が始まった1750年ごろから明確に増えはじめ，1970年ごろをすぎると急増した．世界の平均気温も1970年ごろから温暖化の傾向を著しく早めている．この結果を分析して，過去数十年の温暖化の原因はほとんどが人工的な温室効果ガスの増加にありそうだとIPCCは結論する．シミュレーションが予測する今後の温暖化の進行は，人工的な温室効果ガスの排出量の規制に強く依存する．

地球環境の変動で数千～数十万年の時間スケールをもつ現象に氷期がある．高緯度の広い範囲が氷床に覆われた最終氷期は約1万年前に終わり，現在の地球表層は温暖な状態にある．しかし，それ以前の数十万年間は寒冷な氷期と温暖な間氷期が何度も繰り返し出現した．

過去の気温変化は海底堆積物や氷床に取り込まれた大気成分の酸素同位体比に

記録されており，そこには周期が10万年程度の大きな変動や，もっと短周期の細かい変動が複雑に混ざり合う．気温の変化は二酸化炭素の割合の変化と強い相関をもつので，気温に温室効果が関与したことは間違いない．

氷期と間氷期が繰り返される現象は，地球の公転軌道や自転軸の変動による日射量の変化が原因であると考えられている．地球の公転軌道の離心率，自転軸の傾き角度，自転の歳差運動は，太陽，月，木星，土星などの引力の兼ね合いで微妙に変化する．この天文学的な効果は20世紀前半に詳しく計算され，地球の気温変化の主要な周期がそこから導かれることが示された．この変動は研究者の名前からミランコビッチ・サイクルとよばれる．

氷期の気温変化には数千年程度の短い期間に大きくゆらぐ変動も含まれ，その中には世界中に及ぶ変動も確認されている（Clement and Peterson, 2008）．このような地球規模の急激な変動は，極域で氷から生じた融水の流れ，氷床の発達によるアルベドの変化，エルニーニョ南方振動による調整などが関与して生じた可能性があり，気候モデルを用いたシミュレーションによって究明が進められている．

地球環境のさらに長期にわたる変動は地球全体の進化と関係する．地球が誕生して間もなく大気と海が形成され，その後大陸地殻が成長し，生命が誕生して時代とともに進化の速度を上げた（川上・東條，2006）．この歴史の背後にある重要な事実は地球環境の安定性である．生命の存在を許容する温暖な環境が形成され，それが長期間安定に維持されてきたことは，他の惑星には見られない地球だけの特徴である．

この特殊な環境を生み出す上で海洋の形成は最も重要なできごとであった．海水は熱容量がきわめて大きい点で，また大気に含まれる二酸化炭素を多量に溶解して温室効果を抑制する点で，気温の安定化に大きな貢献をした．この環境が長期間維持されたのは，大気，海洋，固体地球の間に適切な相互作用があったせいである．生命は二酸化炭素から酸素を生み出して大気の組成を変えたばかりでなく，気温の安定化にも積極的にかかわったと考えられる（4.5節 e 項）．

地球環境の形成と変動の実態を解き明かす上でシミュレーションは最も重要な手段となる．シミュレーションには地球環境がどれだけ強固か，あるいはどれだけ脆弱かを評価する役割も課される．これらの目的を果たす上で，複雑な気候モデルによる巨大なシミュレーションに加えて，4.5節で取り上げたような簡単なモデルを使うことも有効だろう．

## 引用文献

青木 孝:気象災害,新装版地球惑星科学14・社会地球科学(鳥海光弘,松井孝典,住 明正,平 朝彦,鹿園直建,青木 孝,井田喜明,阿部勝征著),岩波書店,p.72-88,2011.

浅井冨雄・新田 尚・松野太郎:基礎気象学,朝倉書店,202pp.,2000.

Clement, A. C., and Peterson, L. C.: Mechanisms of abrupt climate change of the last glacial period, *Rev. Geophys.*, **46**, RG4002, doi:10.1029/2006RG000204, 2008.

IPCC ウェブサイト:http://www.data.kishou.go.jp/crimate/cpdinfo/ipcc/ar4/

上村 喬・明石秀平:気象のしくみと天気予報,ナツメ社,270pp.,2005.

川上紳一・東條文治:地球史がよくわかる本,秀和システム,382pp.,2009.

河村哲也:流体解析の基礎,朝倉書店,259pp.,2014.

木村龍治:地球流体力学入門,東京堂出版,247pp.,1983.

国立天文台編:理科年表,丸善,1108pp.,2011.

Liu, Z., and Alexander, M.: Atmospheric bridge, oceanic tunnel, and global climatic teleconnections, *Rev. Geophys.*, **45**, RG2005, doi:10.1029/2005RG000172, 2007.

Lorenz, E. N.: Deterministic nonperiodic flow, *J. Atmospher. Sci.*, **20**, 130-141, 1963.

小倉義光:総観気象学入門,東京大学出版会,289pp.,2000.

Shima, S., Kusano, K., Kawano, A., Sugiyama, T., and Kawahara, A.: The super-droplet method for the numerical simulation of clouds and precipitation: A particle-based and probabilistic microphysics model coupled with a non-hydrostatic model, *Quarterly J. Royal Meteolog. Soc.*, **135**, 1307-1320, 2009.

Tao, W.-K., and Moncrieff, M. W.: Multiscale cloud system modeling, *Rev. Geophys.*, **47**, RG4002/1-41, doi:10.1029/2008RG000276, 2009.

時岡達志・山岬正紀・佐藤信夫:気象の数値シミュレーション,東京大学出版会,247pp.,1993.

二宮洸三:数値予報の基礎知識,オーム社,218pp.,2004.

二宮洸三:気象と地球の環境科学,オーム社,256pp.,2012.

新田 勅:熱帯の気象と日本の天候,天気,39,769-773,1992.

吉野正敏・福岡義隆編:環境気候学,東京大学出版会,392pp.,2003.

渡邊誠一郎・檜山哲哉・安成哲三編:新しい地球学,名古屋大学出版会,341pp.,2008.

# 索　引

## 欧　文

CFL 条件（CFL condition）29
GPS（global positioning system）95
LES 法（large eddy simulation method）162
P 波（P wave）16, 42
$Q$（quality factor）92
S 波（S wave）16, 42

## ア　行

アウターライズ（outer rise）46
アスペリティー（asperity）99
アセノスフェア（asthenosphere）90
圧力（pressure）15, 16, 37, 124
（奇妙な）アトラクター（strange attractor）234
雨（rain）178
アルベド（albedo）167
アンサンブル予測（ensemble prediction）235

移流項（advective term）16, 96, 202
陰解法（implicit method）27
インバージョン（inversion）92, 97

渦度（volticity）201, 205
渦粘性（eddy viscosity）20, 218
宇宙（universe）31
宇宙空間（space）33
運動方程式（equation of motion）11, 15-17, 50, 67, 73, 150, 171, 186
運動量保存則（momentum conservation）11, 12, 118, 140, 210

永久変形（permanent deformation）66, 68
液状化（liquefaction）48
エネルギー保存則（energy conservation）12, 21, 140, 172, 202, 211

エルニーニョ（El Niño）185
エルニーニョ南方振動（El Niño southern oscillation）236
遠心力（centrifugal force）169
エントレインメント仮説（entrainment hypothesis）140
エントレインメント定数（entrainment constant）140, 162, 210, 214

応力（stress）11, 13, 44, 201
温室効果（green house effect）32, 34, 168, 185, 230, 237
音速（sound velocity）123
温帯低気圧（extratropical low）179
温暖前線（warm front）177
温度（temperature）12, 37

## カ　行

海溝（ocean trench）38
海洋（ocean）35, 239
海嶺（mid-ocean ridge）38
カオス（chaos）233-235
核（core）35, 89
拡散の方程式（diffusion equation）22
火口（crater）111
火砕丘（cinder cone）111
火砕流（pyroclastic flow）109, 114, 145, 161, 162
傘型領域（umbrella region）149-153, 160, 162
火山（volcano）109
火山災害（volcanic hazard）112
火山灰（volcanic ash）109, 114
火山爆発指数（volcanic explosivity index）109
可視光（visible light）34, 168
活火山（active volcano）116
活断層（active fault）42, 46

過飽和（supersaturation） 178
カルデラ（caldera） 112
環境問題（environmental problem） 237
完全流体（perfect fluid） 16, 23
乾燥大気（dry atmosphere） 173, 212
乾燥断熱減率（dry adiabatic lapse rate） 173
寒冷前線（cold front） 177

気候変動（climatic change） 182
気候モデル（climatic model） 185, 237
気象災害（weather hazard） 180
揮発性成分（volatile component） 106, 118
気泡流（bubbly flow） 107, 124, 125
逆断層（reverse fault） 43
境界条件（boundary condition） 17, 22, 28, 29, 52, 75, 134, 190, 204, 221
凝結（condensation） 211, 216, 230

屈折（refraction） 85
苦鉄質（mafic） 105
雲（cloud） 178
クーラン条件（Courant condition） 29, 50, 54, 75
グリーン関数（Green function） 93, 97

ケイ酸塩マグマ（silicate melt） 105
ケイ長質（felsic） 105
減圧融解（decompression melting） 104
玄武岩質マグマ（basaltic magma） 105

コア（core） 35
高緯度低圧帯（high latitude low pressure zone） 177
高気圧（high pressure） 176, 188, 195
光球（photosphere） 166
構成方程式（constitutive equation） 10
剛性率（rigidity） 14
後退（後方）差分（backward difference） 25
固化（solidification） 129, 132, 136
黒体放射（black-body radiation） 166, 228
誤差関数（error function） 132
固定境界（fixed boundary） 53, 66
コリオリ・パラメータ（Coriolis parameter） 169, 186, 190
コリオリ力（Coriolis force） 35, 96, 169-171, 175, 176, 185, 186, 192, 198

コンパイラー（compiler） 5
コンパイル（compiling） 5
コンピュータ（computer） 4

## サ 行

差分法（finite difference method） 24
差分方程式（finite difference equation） 51, 67
サーマル（thermal） 209
酸素（oxygen） 32
山体崩壊（collapse of volcanic edifice） 112
散乱（scattering） 92

ジェット気流（jet stream） 177, 198
磁気圏（magnetosphere） 33
地震（earthquake） 41
地震計（seismograph） 41
地震災害（earthquake hazard） 47
地震波（seismic wave） 16, 22, 35, 41
地震波速度（seismic wave velocity） 35, 37, 54, 59, 88, 89
地震波トモグラフィー（seismic tomography） 90
質量保存則（mass conservation） 10, 11, 73, 117, 130, 139, 172, 190, 210
自転（rotation） 169
シミュレーション（simulation） 1, 2, 8, 239
周期境界条件（periodic boundary condition） 191
自由境界（free boundary） 53, 74
収束条件（convergence condition） 27, 29, 193
自由表面（free surface） 66, 68
重力加速度（gravitational acceleration） 12, 171
重力波（gravity wave） 193, 197
重力平衡（gravity balance） 142
衝撃波（shock wave） 17, 163
状態方程式（equation of state） 16, 118, 122, 202
蒸発熱（heat of evaporaton） 214
常微分方程式（ordinary differential equation） 25
初期条件（initial condition） 22, 23, 28, 29, 73, 76, 134, 191, 213, 234
震央（epicenter） 87
震源（focus） 41
震源域（focal region） 42, 52, 62
震度（intensity scale） 41, 48

索　引

浸透率（permeability）155
浸透流（permeable flow）155
深発地震（deep earthquake）46

数値計算（numerical calculation）24
数値予報（numerical weather prediction）2, 183, 230
スタガード格子（Staggered grid）91
ステファン-ボルツマン定数（Stefan-Boltzmann constant）219
ステファン-ボルツマンの法則（Stefan-Boltzmann law）166
ステファン問題（Stefan problem）132
ストークス抵抗（Stokes resistance）19
スネルの法則（Snell's law）86

静水圧平衡（hydrostatic equilibrium）73, 171, 183, 189
成層火山（strato-volcano）111
成層圏（stratosphere）34, 143
正断層（normal fault）43
生命（life）227, 239
積雲対流（cumulus convection）231
赤外線（infrared rays）34
積乱雲（cumulonimbus）179, 230, 231
セル・オートマトン（cellular automaton）158
遷移層（transition zone）37
前進（前方）差分（forward difference）25, 134
前兆現象（precursory phenomenon）115
潜熱（latent heat）178, 211, 216, 231

走時（travel time）87
走時曲線（travel-time graph）35, 87, 88
層流（laminar flow）20, 21
ソースプログラム（source program）4, 6
ソリダス（solidus）105

タ　行

大気境界層（atmosphere boundary layer）184, 233
対称境界（symmetric boundary）204
体積弾性率（bulk modulus）15, 17, 106
太陽系（solar system）31
太陽定数（solar constant）167
太陽風（solar wind）33
対流（convection）174, 201

対流圏（troposphere）35, 143, 190
脱ガス（degassing）108, 155
竜巻（tornade）179
盾状火山（shield volcano）111
縦波（longitudinal wave）16
単成火山（monogenetic volcano）112
弾性体（elastic body）10, 12, 14
弾性定数（elastic constant）14, 37
弾性反発モデル（elastic rebound model）43, 99
断層（fault）41, 42, 59
断層すべり（fault slip）42, 51, 59, 70, 94
断熱過程（adiabatic process）172
断熱膨張（adiabatic expansion）178, 211

地殻（crust）37
地殻変動（crustal deformation）47, 66, 94
地球（Earth）32
地球温暖化（global warming）182, 237
地球型惑星（terrestrial planet）31
地球振動（free oscillation of the Earth）90
地衡風（geostrophic wind）175, 191
中緯度高圧帯（horse-latitude）177
中間圏（mesosphere）34, 143
中心差分（central difference）25

津波（tsunami）47, 49, 73, 74, 77, 80, 82, 95, 96, 115

定圧比熱（specific heat at constant pressure）141, 143, 214
低気圧（low pressure）176, 177, 189, 193
抵抗力（resistive force）150
定常解（stationary solution）220, 223-227
定積比熱（specific heat at constant volume）173
低速度層（low velocity layer）90
泥流（mud flow）114
テキストファイル（text file）5
デージーワールド（daisy world）227-230
テレコネクション（tele-connection）235
天気予報（weather forecast）182
テンソル（tensor）11
伝播速度（propagation velocity）16, 17, 74, 77, 85

トランスフォーム断層（transform fault） 38

## ナ 行

内部エネルギー（internal energy） 141, 172, 211
内陸地震（inland earthquake） 46
流れ関数（stream function） 201, 205
ナビエ-ストークスの方程式（Navier-Stokes equation） 17

二酸化炭素（carbon dioxide） 32
入力データ（input data） 6
ニュートンの法則（Newton's law） 17

熱エネルギー（thermal energy） 12, 21
熱拡散率（thermal diffusivity） 21, 202
熱圏（thermosphere） 34
熱帯低気圧（tropical depression） 179-181, 233
熱伝導方程式（thermal conduction equation） 26, 131, 219
熱伝導率（thermal conductivity） 21, 224
熱膨張率（coefficient of thermal expansion） 106
熱流量（heat flow） 132
粘性率（viscosity） 17, 106
粘性流体（viscous fluid） 17, 20, 23, 130

## ハ 行

爆発（explosion） 62, 70
爆発的な噴火（explosive eruption） 107
破砕（fragmentation） 107, 119, 122, 155-157
ハザードマップ（hazard map） 115
波線（ray） 85-88
波線パラメータ（ray paramater） 86
波線理論（ray theory） 83, 84
発散（divergence） 205
発泡（bubbling） 108, 124, 127
波動方程式（wave equation） 15, 28, 47, 73
ハドレー循環（Hadley circulation） 175
パラメータ化（parameterization） 184, 230
バリア（barrier） 100
パンゲア大陸（Pangaea） 37
反射（reflection） 85
反射波（reflected wave） 57, 78
反射率（reflectivity） 167, 219, 223, 225, 228, 232

反復法（iteration method） 54, 142, 203
非圧縮流体（incompressible fluid） 18, 201
比気体定数（specific gas constant） 119, 143, 172, 214
非晶質（amorphous） 14
歪（strain） 13
比熱（specific heat） 21, 106
氷期（ice age） 182, 239
氷床（ice sheet） 225
表面波（surface wave） 61, 62, 90
ビンガム流体（Bingham fluid） 157

複成火山（polygenetic volcano） 112
ブジネスク近似（Boussinesq approximation） 201
フックの法則（Hooke's law） 13
部分融解（partial melting） 104
フラクタル（fractal） 99
プラズマ（plasma） 33
プラントル数（Prandtl number） 208, 234
フーリエの法則（Fourier's law） 21
プリニー式噴火（Plinian eruption） 109, 117, 139
プリミティブ・モデル（primitive model） 183
浮力（buoyancy force） 145, 174, 201, 210, 215, 216
プレート（plate） 38
プレート間地震（inter-plate earthquake） 45
プレート境界（plate boundary） 45
プレートテクトニクス（plate tectonics） 39
不連続（discontinuity） 88
プログラミング（programming） 4, 6
プログラム（program） 4
噴煙（volcanic column） 109, 139, 144, 147-149, 154, 160
噴火予知（prediction of volcanic eruption） 115, 154
分散（dispersion） 61, 96
噴出温度（eruption temperature） 147
噴出速度（eruption velocity） 146
分子量（molecular weight） 214
噴石（cinder） 108, 114, 147
分別固化（fractional crystallization） 106
噴霧流（gassy flow） 107, 124, 126, 139, 159, 162

索　引

ベクトル（vector）　11
変位（displacement）　12, 54
偏西風（westerly）　149, 175, 176, 188, 192, 197
偏微分方程式（partial differential equation）　11, 22

ポアズイユ流（Poiseuille flow）　18
ポアソン方程式（Poisson equation）　203
貿易風（trade wind）　175
防災教育（disaster prevention education）　3
放射平衡（radiative equilibrium）　167, 221
飽和蒸気圧（saturated steam pressure）　212, 214
保存則（conservation law）　9, 10

## マ　行

マグニチュード（magnitude）　41, 48
マグマ（magma）　103, 107, 117
マグマだまり（magma chamber）　107, 125-127
マグマの海（magma ocean）　37
摩擦則（friction law）　100
摩擦力（frictional force）　119, 171, 218
マール（maar）　111
マントル（mantle）　35, 90, 103
マントル対流（mantle convection）　39

密度（density）　10, 37, 106

無反射境界（non-reflecting boundary）　91

メカニズム解（mechanism solution）　45

木星型惑星（Jovian planet）　31
モデル（model）　2, 9
モデル化（modeling）　2
モホ面（Moho）　90
モホロビチッチ不連続面（Mohorovičič discontinuity）　90

## ヤ　行

融解熱（heat of fusion）　106, 132
有限要素法（finite element method）　24, 94
雪（snow）　178

溶解度（solubility）　106, 107, 119, 122

陽解法（explicit method）　27
溶岩ドーム（lava dome）　108, 111
溶岩トンネル（lava tunnel）　158
溶岩の流出（lava effusion）　107
溶岩流（lava flow）　108, 114, 129, 137, 157-159
横ずれ断層（strike-slip fault）　43
横波（transverse wave）　16
余震（aftershock）　42, 43
4象限型変位分布（quadrant type）　56, 59, 70

## ラ　行

ラージ・エッディ・シミュレーション法（large eddy simulation method）　162
ラーメの定数（Lame's constants）　14
乱流（turbulent flow）　20, 21, 150, 208, 234

リキダス（liquidus）　105
離散化（discretization）　24, 27, 50, 91, 191, 203
理想気体（ideal gas）　119, 141, 172, 211, 214
粒径（grain size）　152
粒子法（particle method）　24, 162
流線（stream line）　201
流速（velocity）　10
流体（fluid）　16

ルンゲ-クッタの公式（Runge-Kutta formula）　26

レイノルズ数（Reynolds number）　20, 150
レイリー-ベナール型の対流（Rayleigh-Bernard convection）　207
レイリー数（Rayleigh number）　207, 234
レイリー波（Rayleigh wave）　61, 62
連続体（continuum）　8, 9, 11
連続の方程式（equation of continuity）　11
連立常微分方程式（simultaneous ordinary differential equations）　26, 120, 141, 212

ロスビー循環（Rossby circulation）　175-177
ロスビー波（Rossby wave）　197

## ワ　行

惑星（planet）　31
割れ目（fissure）　107

### 著者略歴

井田 喜明（いだ よしあき）

1941 年　東京都に生まれる
1970 年　東京大学理学系研究科地球物理学博士課程修了，理学博士
　　　　東京大学物性研究所，同海洋研究所，同地震研究所，兵庫県立大学で研究を
　　　　進める．その間，日本火山学会会長，火山噴火予知連絡会会長などを務める．
現　在　アドバンスソフト(株)研究顧問，東京大学名誉教授，兵庫県立大学名誉教授
専　門　固体地球物理学（マントルの物性とダイナミクス，地震の震源過程，マグマの
　　　　移動や噴火の発生機構など）
著　書　『地震予知と噴火予知』（筑摩書房，2012 年）
　　　　『火山爆発に迫る』（東京大学出版会，2009 年，共編）
　　　　『火山の事典』（朝倉書店，2008 年，共編）
　　　　など

---

## 自然災害のシミュレーション入門

定価はカバーに表示

2014 年 9 月 5 日　初版第 1 刷
2014 年 11 月 20 日　　第 2 刷

　　著　者　井　田　喜　明
　　発行者　朝　倉　邦　造
　　発行所　株式会社　朝倉書店

東京都新宿区新小川町 6-29
郵便番号　162-8707
電話　03 (3260) 0141
FAX　03 (3260) 0180
http://www.asakura.co.jp

〈検印省略〉

© 2014 〈無断複写・転載を禁ず〉　　　　教文堂・渡辺製本

ISBN 978-4-254-16068-0　C 3044　　Printed in Japan

JCOPY　<(社)出版者著作権管理機構 委託出版物>

本書の無断複写は著作権法上での例外を除き禁じられています．複写される場合は，
そのつど事前に，(社)出版者著作権管理機構（電話 03-3513-6969，FAX 03-3513-
6979，e-mail: info@jcopy.or.jp）の許諾を得てください．

| | |
|---|---|
| 防災科学研 岡田義光編<br>**自 然 災 害 の 事 典**<br>16044-4 C3544　　A5判 708頁 本体22000円 | 〔内容〕地震災害-観測体制の視点から（基礎知識・地震調査観測体制）／地震災害-地震防災の視点から／火山災害（火山と噴火・災害・観測・噴火予知と実例）／気象災害（構造と防災・地形・大気現象・構造物による防災・避難による防災）／雪氷環境防災（雪氷環境防災・雪氷災害）／土砂災害（顕著な土砂災害・地滑り分類・斜面変動の分布と地帯区分・斜面変動の発生原因と機構・地滑り構造・予測・対策）／リモートセンシングによる災害の調査／地球環境変化と災害／自然災害年表 |
| 京都大学防災研究所編<br>**防 災 学 ハ ン ド ブ ッ ク**<br>26012-0 C3051　　B5判 740頁 本体32000円 | 災害の現象と対策について、理工学から人文科学までの幅広い視点から解説した防災学の決定版。〔内容〕総論（災害と防災，自然災害の変遷，総合防災的視点）／自然災害誘因と予知・予測（異常気象，地震，火山噴火，地表変動）／災害の制御と軽減（洪水・海象・渇水・土砂・地震動・強風災害，市街地火災，環境災害）／防災の計画と管理（地域防災計画，都市の災害リスクマネジメント，都市基盤施設・構造物の防災診断，災害情報と伝達，復興と心のケア）／災害史年表 |
| 前東大 岡田恒男・前京大 土岐憲三編<br>**地 震 防 災 の 事 典**<br>16035-2 C3544　　A5判 688頁 本体25000円 | 〔内容〕過去の地震に学ぶ／地震の起こり方（現代の地震観，プレート間・内地震，地震の予測）／地震災害の特徴（地震の揺れ方，地震と地盤・建築・土木構造物・ライフライン・火災・津波・人間行動）／都市の震災（都市化の進展と災害危険度，地震危険度の評価，発災直後の対応，都市の復旧と復興，社会・経済的影響）／地震災害の軽減に向けて（被害想定と震災シナリオ，地震情報と災害情報，構造物の耐震性向上，構造物の地震応答制御，地震に強い地域づくり）／付録 |
| 日大 首藤伸夫・東北大 今村文彦・東北大 越村俊一・東大 佐竹健治・秋田大 松冨英夫編<br>**津　波　の　事　典**<br>　　　　16050-5 C3544　　A5判 368頁 本体9500円<br>〔縮刷版〕16060-4 C3544　　四六判 368頁 本体5500円 | 世界をリードする日本の研究成果の初の集大成である『津波の事典』のポケット版。〔内容〕津波各論（世界・日本，規模・強度他）／津波の調査（地質学，文献，痕跡，観測）／津波の物理（津波地震学，発生メカニズム，外洋，浅海他）／津波の被害（発生要因，種類と形態）／津波予測（発生・伝播モデル，検証，数値計算法，シミュレーション他）／津波対策（総合対策，計画津波，事前対策）／津波予警報（歴史，日本・諸外国）／国際的連携／津波年表／コラム（探検家と津波他） |
| 元東大 下鶴大輔・前東大 荒牧重雄・前東大 井田喜明・東大 中田節也編<br>**火 山 の 事 典**（第2版）<br>16046-8 C3544　　B5判 592頁 本体23000円 | 有珠山，三宅島，雲仙岳など日本は世界有数の火山国である。好評を博した第1版を全面的に一新し，地質学・地球物理学・地球化学などの面から主要な知識とデータを正確かつ体系的に解説。〔内容〕火山の概観／マグマ／火山活動と火山帯／火山の噴火現象／噴出物とその堆積物／火山の内部構造と深部構造／火山岩／他の惑星の火山／地熱と温泉／噴火と気候／火山観測／火山災害と防災対応／外国の主な活火山リスト／日本の活火山リスト／日本と世界の火山の顕著な活動例 |

　　　　　　　　　　　　　　　　　　　　　上記価格（税別）は 2014 年10月現在